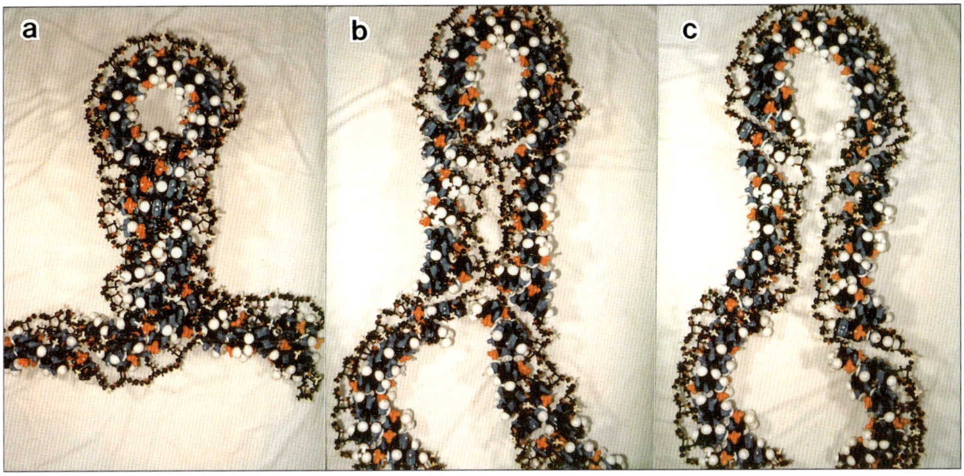

공간모형으로 실현한, 꺽쇠호나선 진핵산Foldback intercoil DNA의 상동재조합에 의한 역위. (왼쪽) 역반복서열의 시냅시스 또는 네가닥 염기쌍 짝짓기. (가운데) 염기쌍 교환 또는 혼성이중나선 형성. (오른쪽) 당인산가닥 교환 또는 해결.

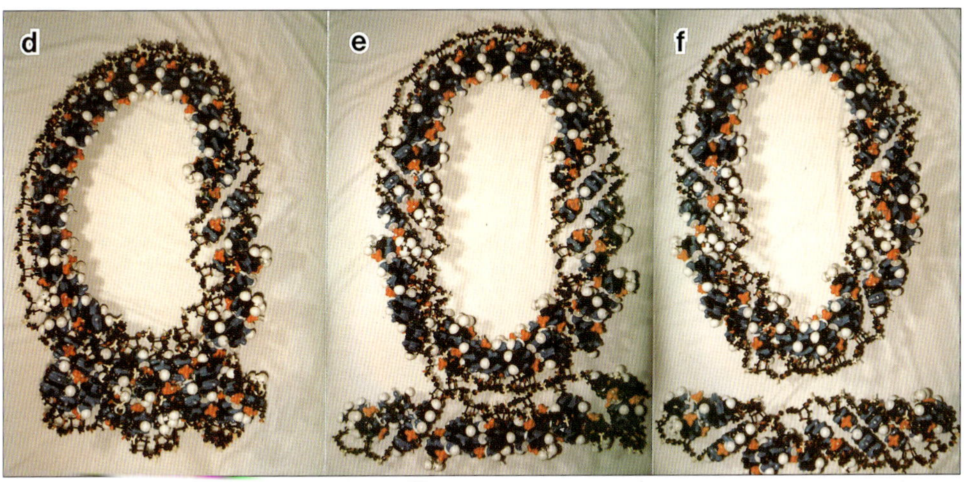

공간모형으로 실현한, 꺽쇠호나선 진핵산Foldback intercoil DNA의 상동재조합에 의한 결실. (왼쪽) 성반복서열의 시냅시스 또는 네가닥 염기쌍 짝짓기. (가운데) 염기쌍 교환 또는 혼성이중나선 형성. (오른쪽) 당인산가닥 교환 또는 해결.

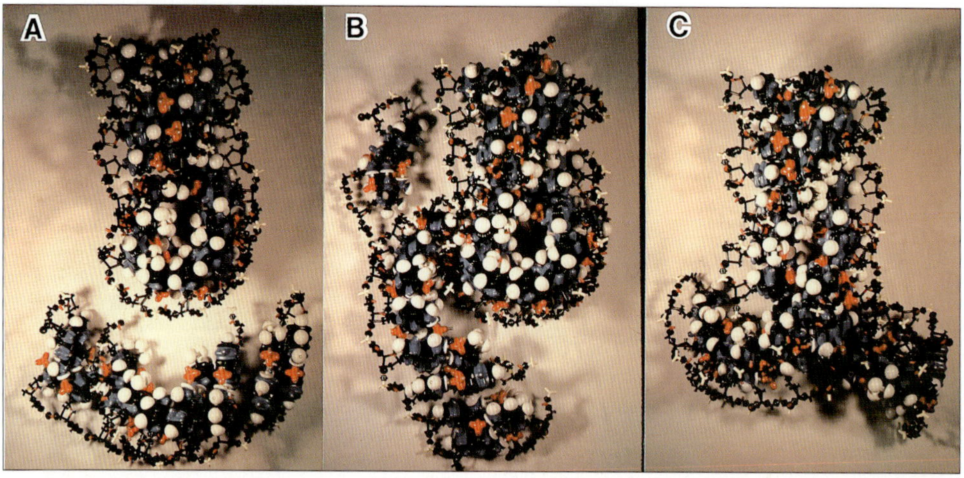

공간모형으로 실현한 꺾쇠호나선 진핵산의 목표 큰홈 수직 삽입. (왼쪽) 목표 진핵산 큰홈에 접근. (가운데) 왼쪽 끝 위 가닥의 외가닥 자르기와 염기쌍 교환의 오른쪽 전파. (오른쪽) 오른쪽 끝 아래 가닥의 외가닥 자르기, 염기쌍 교환 및 가닥 이음으로 삽입 완료.

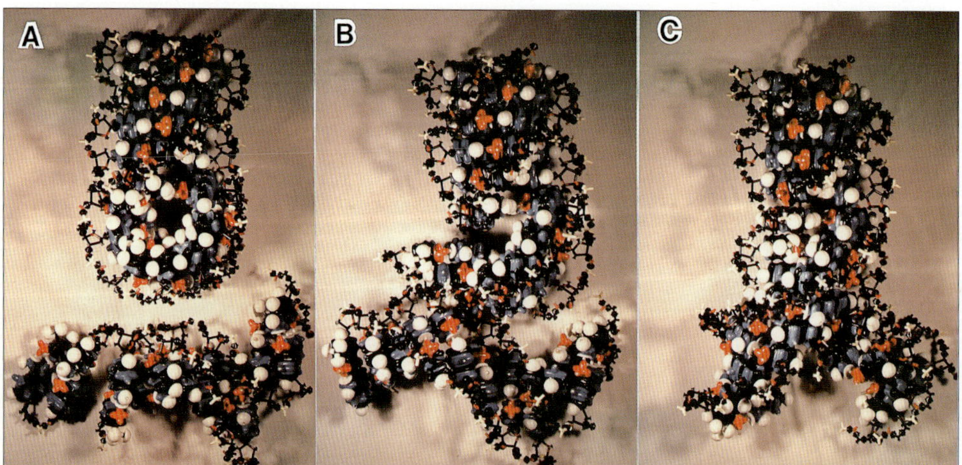

공간모형으로 실현한 꺾쇠호나선 진핵산의 목표 작은홈 수직 삽입. (왼쪽) 목표 진핵산 작은홈에 접근. (가운데) 왼쪽 끝 위 가닥과 목표 아래 가닥의 외가닥 자르기와 염기쌍 교환의 오른쪽 전파. (오른쪽) 오른쪽 끝 아래 가닥과 목표 위 가닥의 외가닥 자르기, 염기쌍 교환 및 가닥 이음으로 삽입 완료. 삽입염기 양끝에서 일어나는 순차적인 엇갈린 외가닥 자르기는 실질적인 두가닥 자르기와 같은 것으로 해석될 수도 있다.

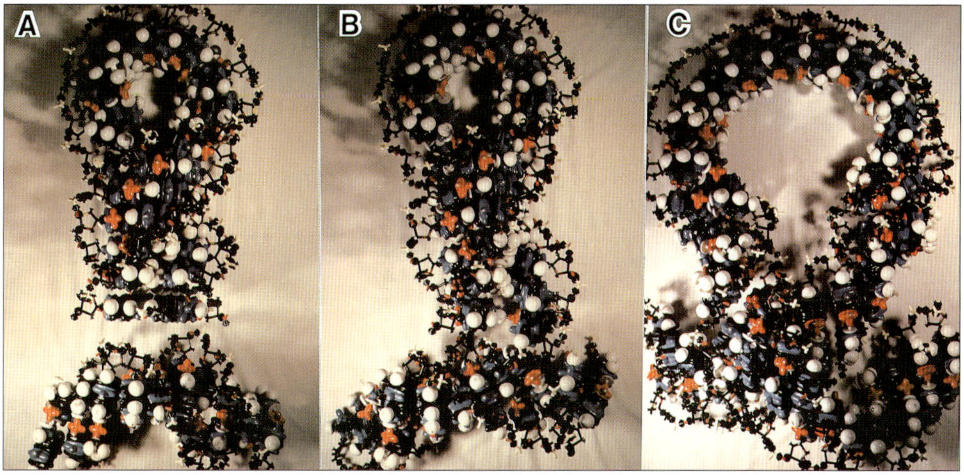

공간모형으로 실현한 꺾쇠호나선 진핵산 양끝 반복서열 네가닥 끝의 수직 전위. (왼쪽) 목표 작은홈에 접근. (가운데) 목표에서 엇갈린 외가닥이 자르기가 일어나고, 목표 긴 끝과 전위요소 두 끝이 이어짐. (오른쪽) 목표 엇갈린 자르기로 생긴 5–7 염기 외가닥 부분은 진핵산 수선에 의해 채워지고 이어지면서 삽입 완료.

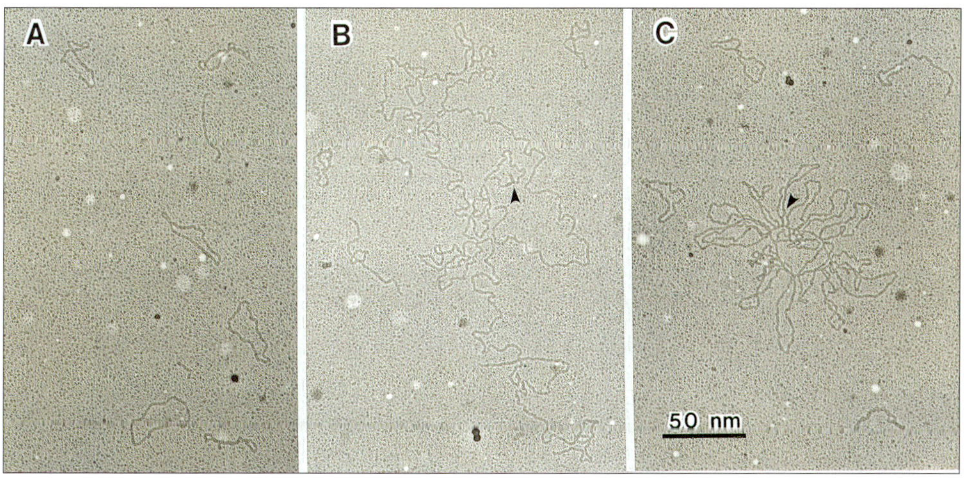

진핵산의 전자현미경 사진들. A) 플라스미드 피비알322 분자들이 초나선, 열린 원형, 그리고 잘라진 선형 진핵산으로 보임. B) 전형적인 미토콘드리아 진핵산과 크기 표지 용도로 더해진 피비알322 진핵산. 중심에 위치한 열린 원형에 달린 꺾쇠호나선을 주목할 것 C) 피비알322 분자의 집합체로서, 초나선 피비알322와 진주조 미토콘드리아 진핵산 혼합액에서 발견되었음. 화살촉이 가리키는 곳에 꺾쇠호나선의 끝이 중심 원형 진핵산에 접촉함을 주목할 것

알록달록한 옥수수와 맥클린토크 여사. 1983년 노벨 생리의학상을 수상한 만 81세 당시의 모습이다. 알록달록한 옥수수는 상품 가치가 없는 잡종이지만 그녀는 그 안에 숨겨진 노벨상 소재를 알아차려 이에 평생을 바쳤다. 간단한 해부현미경에 의한 염색체 관찰과 그녀 특유의 유전분석 능력으로 "뛰어다니는 유전자jumping gene"이론을 1940년대 중반에 발표하였다.

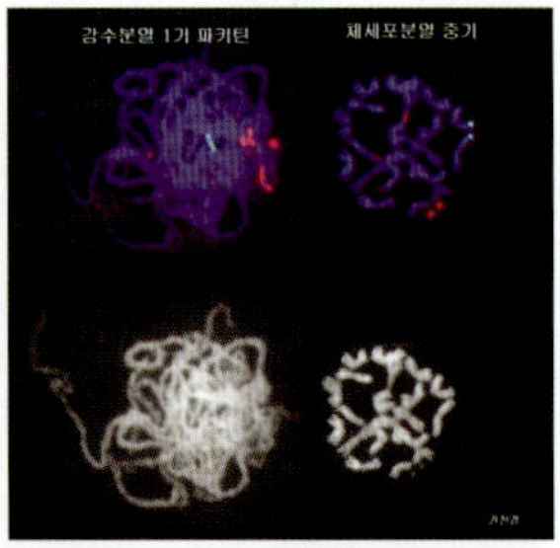

고추의 12 쌍 염색체의 형광현미경(위)과 광학현미경(아래) 사진. 오른쪽은 체세포 분열 중기, 왼쪽은 제1 감수분열 중기인 파키틴pachytin 단계. (사진 권진경)

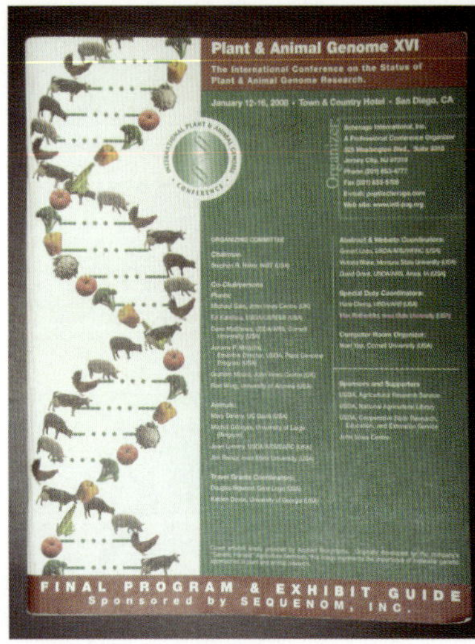

국제식물동물유전체학술대회 프로그램. 매년 1월 중순 미국 캘리포니아 샌디에고San Diego에서 열리는 이 대회는 참가자 수가 매년 증가하여 2008년에 제 15회로서 30여 개국, 2,100명을 넘어섰다. 경제적이나 전략적으로 중요한 거의 모든 식물, 동물, 관련 미생물을 다루는 유전체 연구사업을 종합적으로 다룬다.

절반은 꽃받침, 절반은 꽃잎인 장미. 꽃받침이 끝나고 꽃잎이 나타나는 경계선에서, 유전자 스위치에서 혼선이 일어났다. 중심선을 기점으로 절반은 녹색 꽃받침, 절반은 주홍색 꽃잎으로 발전했다. 이것도 불안정한 전위요소의 소행이다.

옥수수 수꽃 자리에 암꽃이 달리는 수술씨앗 tassel seed 현상. 암술과 수술은 분화 초기에는 구분이 안 되다가 어느 단계 이후에 암꽃과 수꽃의 운명이 확연하게 갈라져 발달한다.

꽃잎 발달의 구분이 불안정한 장미. 오른쪽에서는 꽃받침과 꽃잎이 섞여 있고, 왼쪽 끝에서는 꽃잎 발달이 쇠퇴하여 꽃잎의 중심선만 수술대로 발달하다가, 마지막에 왼쪽 반은 꽃잎으로, 오른쪽 반은 꽃밥으로 변하여 장미꽃 전체가 거치는 발달과 분화의 유전자 발현 조절 과정을 암시한다.

꽃잎 수술 무궁화. 수술이 나타나야 할 위치에 작은 꽃잎이 나타나고 그 정도가 심해지면 겹꽃 무궁화가 된다. 꽃잎 발달에 관한 유전자는 닫히고 수술 발달에 필요한 유전자들이 발현되어야 하는 시간과 공간에서 어떤 혼란이 일어난 것이고, 이에는 전위인자가 관여한다고 볼 수 있다.

알록달록 분꽃. 분꽃이 흰색 또는 빨강색으로 통일되지 못하고 크고 작은 구획으로 색깔의 변이가 일어나는 것은 꽃잎이 초기에 세포분열하는 과정에서 꽃색깔을 결정하는 유전자에 불안정한 전위인자들이 끼어들면서 일어나는 현상이다.

장미꽃잎 발달의 변천과정. 가지에 달린 푸르고 둥근 잎이 위에서는 점차 작고 좁은 꽃받침으로 변한다. 밖의 꽃잎은 크고 둥글지만 안으로 갈수록 작아지다가, 세포분열이 일어나는 중심선이 퇴화하기 시작하면 화청소를 만들지 못하는 흰 세포로 변하여 짧아지거나 반쪽은 만들지 못한다. 급기야 끝에 달리던 작은 꽃잎도 퇴화하며 꽃밥을 만들고 그 안에서는 염색체 수가 반으로 줄어든 꽃가루 세포를 만들어 유전정보를 후대에나마 전할 수 있기를 기약하면서 이 장미 생명체는 일생을 마친다.

리치Alex Rich. 엠아이티MIT 대학교수로, 왼손형 나선인 진핵산인 지-진핵산Z-DNA 구조로 유명하다. 왓슨이 칼텍Cal Tech에서 델브뤼크Delbrueck 연구실에 있을 때 리치는 폴링Pauling 연구실에 있었다.

메젤슨Matthew Meselson. 이중나선 구조 발견의 초기에 논란이 많았던 복제의 문제를, 그 당시 칼텍CalTech에서 스탈Frank Stahl과 함께 최첨단 동위원소 실험을 통하여 반보존적 복제semiconservative replication로 일어난다는 결론을 도출한 과학자이다.

콜린스Francis Collins. 미국 인간유전체사업단장. 50주년 기념 학술대회에서 이중나선 발견 50년 안에 인간 유전체 전체 염기서열을 읽어낸 인간의 위업을 회상하고, 앞으로의 발전 방향을 조망하였다.

홀리데이Robin Holliday. 유전자 개조Gene conversion라는 이상한 현상을 설명하기 위해 상동성 있는 이중나선이 교차하는 구조, 즉 홀리데이 구조Holliday structure를 만든다는 가설을 제안하였다. 이 주제는 아직까지도 많은 연구와 토론의 주제어로 등장한다.

알버츠Bruce Alberts. 이 당시 미국과학한림원National Academy of Sciences 원장을 연임하고 있었다. 하버드Harvard 대학에서 왓슨의 제자였다. 유명한 세포생물학 교재 《The CELL》의 제 1 저자.

스틸만Bruce Stillman. 현재 콜드스프링하버연구소CSHL의 소장. 진핵생물 세포의 진핵산 복제 권위자.

짐 왓슨James D. Watson. 진핵산 이중나선 발견 50주년 기념 특별 학술행사(2003년 2월 26일 ~ 3월 2일)를 주관하였다. 이 행사에 참석한 노벨상 수상자들과 저명한 과학자들의 일부를 소개한다.

프란시스 크릭Francis Crick. 왓슨과 함께 진핵산 이중나선 구조 발견으로 1962년 노벨상 수상. 유전정보가 진핵산-아핵산-단백질로 흐른다는 중심설 주창, 근대 분자생물학 발전의 두뇌 역할을 하였다. 후년에는 뇌 과학의 개척에 몰두하였다. 2004년 타계. 노벨상 공동수상자인 모리스 윌킨스Maurice Wilkins도 2004년 타계하였다.

왓슨의 2003년 진핵산 이중나선 발견 50주년 기념 행사장에서의 모습. 76세인 그는 한겨울에도 실내 테니스를 정기적으로 하여 건강할 뿐 아니라, 왓슨생물학대학원Watson School of Biology을 설립한 후 현재 대폭 확장 공사를 진행하고, 저술 활동을 하는 등 노익장을 과시하고 있다.

시드니 브레너Sydney Brenner. 2002년 노벨상 공동수상. 남아프리카 출생, 영국에서 교육, 연구. 이중나선 구조 발견 당시 증인이 되었던 최초 4인 중 하나로, 그 후 아미노산을 지정하는 진핵산 코돈 연구에 깊이 관여했고, 인간유전체 연구사업에도 깊이 관여했으며, 후반부에는 꼬마선충으로 발생학을 연구하여 노벨상으로 연결됨.

아서 콘버그Arthur Kornberg. 스탠포드 대학 교수. 진핵산중합효소의 발견으로 1959년 오초아Ochoa와 함께 노벨생리의학상 수상. 2007년말 타계. 그의 아들 로저 콘버그Roger Kornberg는 2006년 진핵생물의 아핵산 전사 작동원리의 해명으로 노벨화학상 수상하였다.

월리 길버트Walter Gilbert. 하버드 대학 교수. 진핵산 염기서열 결정방법의 개발로 1980년 영국의 프레드 생거와 노벨화학상을 공동 수상. 같은 해 폴 버그Paul Berg도 재조합 유전자recombinant DNA 개발로 노벨상 공동 수상하였다.

햄 스미스Hamilton Smith (왼쪽). 제한효소 발견으로 1978년 워너 아버Werner Arber, 다니엘 나탄스Daniel Nathans와 노벨생리의학상 공동 수상하였다. 오른쪽은 치발스키Szybalski 위스콘신대 명예교수. 박테리오파지 람다 전문가이다.

필립 샤프Phillip Sharp. 엠아이티MIT 대학 교수로 총장 제의를 사절하고 연구에 몰두하였다. 분열유전자Split gene로 1993년 리챠드 로버츠Richard Roberts와 함께 노벨생리의학상을 공동 수상하였다.

톰 체크Tom Cech. 아핵산도 효소작용을 한다는 리보자임Ribozyme의 발견으로 시드니 알트만Sidney Altman과 함께 1989년 노벨화학상을 수상하였다.

미국 뉴욕시 서부 교외에 위치한 콜드스프링하버연구소 전경. 미국의 두 번째로 오래된 사립연구소로서 근대 분자생물학의 산실이자 세계 각국의 과학자들이 정례적으로 집결하여 수많은 노벨상 수준의 연구결과를 발표하여 역사의 발전을 목격한 유서 깊고 아름다운 곳. 이곳 소속으로는 왓슨, 로버츠, 맥클린토크가 노벨상 수상자이다.

그레이스 대강당에 걸린 왓슨의 초상화. 왓슨은 20대 중반에 시작한 하바드대학 교수를 40대 중반에 은퇴한 후, 그 자신이 20대 초반에 이중나선구조를 발표했던 유서 깊은 콜드스프링하버연구소의 소장으로 부임하여 세계적인 연구소로 확장시키고, 대학원 수준의 왓슨생물대학Watson School of Biology을 설립 운영하는 등 오늘날의 위상으로 크게 발전시켰다.

2002년 10월 콜드스프링하버연구소를 방문하고 왓슨과 대담한 저자.

현재 콜드스프링하버연구소 소장이며 왓슨생물학대학원 교장인 브루스 스틸만Bruce Stillman.

아름다운 콜드스프링하버연구소 구내에 곳곳에 배치된 조형물 중 하나.

베크만 인스티튜트Beckman Institute 종탑의 가운데에 위치한 이중나선 계단.

미국 워싱턴디시 소재 미국과학한림원National Academy of Sciences의 신축 건물에 설치된 이중나선 계단에서 제자이며 당시 미국과학한림원 원장이었던 브루스 알버츠Bruce Alberts와 찍은 기념사진.

미국 워싱턴디시 소재 미국과학한림원National Academy of Sciences의 신축 건물.

미국 워싱턴디시 소재 미국과학한림원National Academy of Sciences의 신축 건물에 설치된 이중나선 계단

단체 사진. 유전적재조합 엠보웍샵EMBO Workshop on Genetic Recombination이 1986년 7월 스코틀랜드 네티브릿지Nethybridge에서 열렸다. 이 분야 국제적 권위자들이 모두 참가하였다. 발표는 일인당 슬라이드 3장으로 제한하여 최신 정보만 얘기하도록 하였다. 저자는 역위와 결실에 관한 네가닥 진핵산의 효용을 발표하였다.

맥개빈Stewart McGavin. 진핵산에서 네가닥 수소 결합이 가능하고 90° 회전으로 혼성이중나선을 형성하여 동형재조합을 중개할 수 있다는 가능성을 제시한 사람이다. 문헌으로만 알았던 인물을 직접 만나서 반가웠다. 스코틀랜드 던디 Dundee 대학 화학과 교수였다.

엠보웍샵 회의장은 스키 리조트이었고, 하루 오후는 스키장 정상까지 올라간 후 등산으로 내려오면서 토의와 친교를 다지는 즐거운 시간을 가졌다. 7월 중순인데도 눈이 쌓여 있었다. 글라스고Glasgow에서 네티브리지Nethybridge까지 가는 기차여행은 풍광이 바로 경춘선을 타는 기분이었다.

이이다Shigeru Iida. 일본인으로 스위스 연구소에서 제한효소로 노벨상을 수상한 아버Werner Arber와 함께 박테리아 전위요소에 관한 앞선 연구를 하고 있었다. 현재는 일본에서 나팔꽃 돌연변이체에서 전위요소를 연구하고 있다.

로빈 홀리데이Robin Holliday. 등산길의 한 장면. 맨 왼쪽이 재조합에서 홀리데이 교차점을 박사논문으로 제시한 유명한 홀리데이 박사이다. 현재는 은퇴하여 오스트레일리아에서 살고 있다.

엠보웍샵 기간 중 스코틀랜드의 유명한 위스키 제조공장들을 방문하고 시음도 하는 시간이 있었다.

설악컨퍼런스 중 등산의 한 장면. 진핵산 셔츠를 입었다. 미국에서의 17년간의 연구, 교육 생활을 정리하고 1987년 7월 귀국하였다. 한국생화학회 주관으로 1988년부터 시작된 설악컨퍼런스는 매년 7월말에 설악산에서 열리고 있다. 유전자의 구조와 기능에 관한 활발한 토의도 진행되었고, 한국유전체연구회의 구성도 이런 회의에서 싹이 텄다.

크릭Francis Crick이 강연할 때 취하는 자세들이 교향악단 지휘자를 연상시킨다. 건물 복도에 전시된 액자 사진이다.

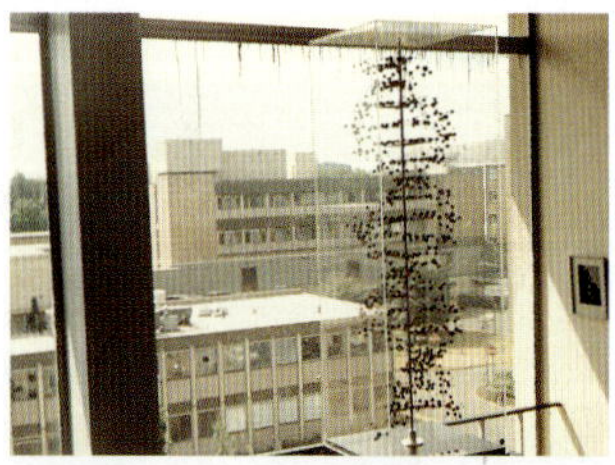

왓슨과 크릭의 추억이 서려있는 캠브리지대학 Cambridge University 구조생물학 연구실. 진핵산과 단백질(마이오글로빈 등)의 공간 모형들이 방 하나를 가득 채우고 있었다. 스코틀랜드 학술행사 후 캠브리지를 방문하여 역사의 현장을 확인하였다.

아직도 풀리지 않은 이중나선 구조의 비밀

꺾쇠호나선FBI 진핵산 발견의 이야기

한국과학기술한림원

- 과학기술에 전문적 경륜과 식견을 가진 석학들을 회원으로 엄선, 각 부문별 전문성을 효율적으로 활용함으로써 국가 과학기술의 진흥과 창달에 기여하기 위해 1994년 사단법인으로 창립하였습니다.
- 2005년 기초과학연구진흥법 제 11조 (한국과학기술한림원의 설립 등) 개정에 의해 법정기구화 되었습니다.
- 독립성, 자율성 및 전문성을 바탕으로 하는 순수 민간 과학아카데미로, 편견없는 대정부 정책 자문을 통해 올바른 과학기술정책의 수립을 유도하고 있습니다.
- 범부처적 국가 과학기술정책에 대한 자문과 건의를 통한 과학기술 발전의 장기적 비전을 제시하고 있습니다.

아직도 풀리지 않은 **이중나선** 구조의 비밀

저　　자 김병동
발 행 인 주정희
발 행 처 자유아카데미
디 자 인 피앤피디자인(www.ibook4u.co.kr)

주　　소 경기도 파주시 교하읍 문발리 527-2
파주출판문화정보산업단지
전　　화 031-955-1321
팩　　스 031-955-1322
홈페이지 www.freeaca.com
전자우편 main@freeaca.com(대표)
editor@freeaca.com(편집)

등　　록 제406-2003-017호, 1980. 7. 12
제1판1쇄 2008년 2월 1일 발행
정　　가 22,000원

ISBN 978-89-7338-679-6 03470

한국과학기술한림원 『석학, 과학기술을 말하다』 시리즈 ❺

아직도 풀리지 않은

이중나선 double helix

구조의 비밀

• 김병동 지음 •

FOLDBACK
INTERCOIL
DNA

자유아카데미

저자의 글

우리가 살고 있는 21세기의 생명과학은 세계 경제의 견인차 역할을 맡으며 꽃을 피울 것이라고 한다. 한편 생명과학의 시대에는 무엇보다도 생명의 신비로움과 존귀함이 과학기술의 힘에 의해 더욱 드러나게 될 것이다. 인간의 능력과 가치와 복지가 그 어느 시대보다도 향상될 것을 기대해 볼 수 있다.

생명 현상을 가능하게 하는 여러 가지 요인 중에서 궁극적으로 가장 핵심인 주제는 역시 진핵산DNA이다. 진핵산이야말로 생명현상의 설계도이며 충실히 복제replication되어 수백만 년 대대로 이어져 가는 유전정보물질 자체이기 때문이다. 유전정보는 실제 생명현상에 어떻게 활용되는가? 진핵산에 담겨 있는 유전정보는 세포핵 안에서 아핵산RNA으로 전사transcription된다. 아핵산은 핵에서 세포질로 옮겨져 단백질protein로 번역translation된다. 이 단백질은 세포 안에서 여러 가지 화학반응을 일으켜 생명현상에 필요한 고분자화합물과 대사물질을 생명체의 발달 단계에 따라, 여러 가지 조직과 세포의 요구에 맞춰 만들어 내면서 삼라만상의 오묘한 이치를 연출하는 것이다. 인간이 평생 동안 뇌의 용량의 10분의 1밖에 사용하지 못한다는 말과 같이 유전정보도 각각의 세포는 극히 적은 부분만 활용할 뿐이다.

생명현상의 신비로움 중에서도 어버이의 특징이 자식에게 어떻게 전달되는지가 가장 핵심으로써 인류 역사를 통해 신화와 종교에서도 중요하게 다루어졌다. 멘델의 유전법칙(1865년 발표)이 1900년 재발견되어 유전학이라는 학문이 시작되고 나서도 세포핵 안에 있는 염색체가 그 유전현상의 현장이라는 것이 밝혀졌지만 정작 그 물질의 정체가 분명치 않았던 것이다.

1953년 왓슨Watson과 크릭Crick이 디옥시리보핵산DNA, 진핵산이 이중나선 구조임을 발견하였다. 네 개의 염기 가운데 아데닌A은 티민T, 시토신C은 구아닌G과 수소결합으로 서로를 알아본다는 사실이 유전정보를 어미 진핵산에서 딸 진핵산으로 보존하여 전달하는 원리라는 점을 알아낸 것이다. 진핵산은 세포에서 추출되어 시험관 실험의 대상이 되었다. 유전자의 분자생물학은 장족의 발전을 거듭하였다. 그로부터 불과 50년 후, 2001년에 인간의 전체 유전체genome, 게놈의 염기서열이 밝혀졌고, 그 유전정보는 컴퓨터로 분석되어 산업적으로 활용되는 시대로 들어선 것이다.

2003년 2월말 미국 뉴욕시 외각에 위치한 콜드스프링하버연구소 Cold Spring Harbor Laboratory에서는 진핵산 이중나선 구조 발견 50주년 기념 특별 학술 행사가 성대하게 열렸다. 왓슨 본인을 비롯하여 화상 메시지로 참석한 크릭을 포함하여 9인의 노벨상 수상자들과 350여 명이 참석한 이 특별행사는 이중나선 구조 발견 이후에 일어난 주요 발견과 업적을 회고함과 동시에 현재 진행되고 앞으로 발전될 분야를 전망하는 뜻깊은 계기였다.

이러한 특별한 행사에서 다루어졌듯이 그동안 엄청난 양의 과학기술의 성취가 있었음은 분명하다. 그러함에도 불구하고 아직도 해결되지 않은 문제들이 많이 남아 있다. 특히 진핵산 구조structure, 복제replication, 전사transcription, 재조합recombination, 전위transposition, 발생과 분화growth and development, 유전체학genomics, 생물정보학bioinformatics

등 세분된 각 전공별로는 엄청난 깊이와 분량으로 전문화되어 있으나 생명현상을 진핵산 분자 수준에서 하나의 통일된 이론으로 설명하지 못하는 상황이다. 즉, 진핵산이 복제, 전사, 재조합, 전위 등 다양한 유전자로써의 기능을 수행함에 있어 취하는 분자 수준 원리의 해석이 완전히 해결되지 못한 상태이다. 이러한 혼돈 상태는 진핵산 구조에 관한 이제까지의 개념이 한계에 부딪친 때문이다.

저자는 진핵산 이중나선 구조의 한계를 벗어나, 그동안 제기되었던 여러 가지 문제점들을 설명할 수 있는 해답을 제시하고자 한다. 진핵산眞核酸, DNA은 꺾쇠호나선(Foldback IntercoilFBI, 회절호나선回折互螺線) 구조를 만들 수 있고, 위에 말한 중요한 기능들이 시작될 때 반드시 거쳐야 하는 필수적인 매개체 구조임을 설명하고자 한다. 이 개념은 아직도 생소한 내용이어서 그 구조와 기능의 설명은 물론, 논리적 전개 과정을 제시할 필요가 있으며, 적용 분야에 대한 검토, 기존 개념과의 비교 분석도 필요하다.

진핵산DNA 이중나선 구조를 제안한 왓슨과 크릭의 1953년 〈네이쳐Nature〉지 논문은 불과 2쪽 밖에 되지 않는 간략한 글이었으나 20세기 후반 분자생물학의 발전과 생명공학 시대의 문을 연 결정적 역할을 하였다. 불과 24세의 나이에 비전문가인 왓슨이 어떻게 이러한 일을 하게 되었는지, 학술지에는 실리지 않는 과학적 발견의 과정에 얽힌 사연들을 왓슨은 《이중나선The Double Helix》이라는 작은 포켓판 책으로 출간하였고 이는 미국을 비롯한 영어권 국가뿐만 아니라 여러 나라말로 번역되어 지속적 베스트셀러로 애독되고 있다. 저자는 꺾쇠호나선FBI 진핵산 구조를 연구하기 위해 공간모형을 다루던 시절, 왓슨의 《이중나선》을 수시로 읽으면서 도움을 받았다.

꺾쇠호나선FBI 진핵산의 개념이 발전되어 온 과정은 직선적이거나 신속하지도 않았고 여러 가지 우여곡절이 많았다. 이러한 내용을 정리하여 기록으로 남기는 일은 하나의 개인적인 의무감으로 남아 있었고, 영문으로 집필하는 일차적인 시도도 있었다. 꺾쇠호나선FBI 진핵산은 이제 활발한 논의와 연구를 거쳐 생명과학의 중앙 무대에 등장하지 않을 수 없는 시점에 다다른 것으로 판단된다. 따라서 아직은 단출한 분량이지만 우리말 우리글 단행본으로 출간하여 핵심 개념을 젊은 과학도들과 관심 있는 일반 독자에게 전달하고 새로운 생명과학의 전개 과정의 증인이 되기를 도모하고자 한다. 오늘날 과학기술의 발전과 정보교류의 혁명은 생명과학, 정보과학, 나노과학 등 거대 과학기술 분야의 융합을 촉진하고 있다. 이 저술은 생명과학자의 독점물이었던 핵심 문제를 비전공 과학자와 일반 독자에게도 소개하여 새로운 차원에서 과학 발전의 기폭제가 될 수 있다면 좋을 것이다.

2008년 1월

김병동

C · O · N · T · E · N · T · S

차 례

double helix

제4부 꺾쇠호나선FBI 진핵산 구조의 발견

제5부 꺾쇠호나선FBI 진핵산의 기능

C · O · N · T · E · N · T · S

제6부 꺾쇠호나선FBI 진핵산과 앞으로의 생명과학

부 록

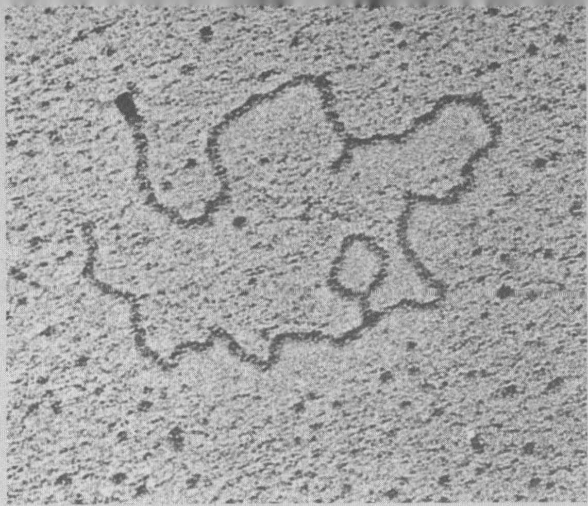

제1부

생명이란 무엇인가?

진핵산의 구조와 기능을 이해하기에 필요한 분자생물학의 주요 개념을 정리하여 초보자 또는 비전공자가 저술의 흐름을 이해하는 데 도움이 될 용어들을 설명한다. 모든 생명체는 세포를 그 구성단위로 하여 이루어졌다.

모든 세포는 그 소속된 생명체의 모든 유전정보를 담은 유전체genome를 염색체 안에 가지고 있음에도 불구하고 세포 분열을 거치면서 일부 유전자만 선택적으로 발현하여 전혀 다른 모양과 기능을 하는 세포나 조직으로 분화한다. 진핵산 연구의 발달이 유전학, 분자생물학, 생명공학, 유전체학의 발달로 연결된 사정을 알아본다.

제1장

세포와 생명체의 일생

| 세포설

사람을 비롯한 모든 생명체는 세포라는 최소단위로 이루어져 있다. 이것이 세포설이다. 하나의 세포만으로 생명체의 특징을 완결하는 생물을 단세포생물, 복수의 세포가 서로 제각기 다른 기능을 하며 유기적인 생명체를 이루는 생물을 다세포생물이라 일컬으며, 이는 생물을 나누는 가장 큰 기준이 된다. 그렇다면 세포란 무엇인가? 세포cell는 그 영어어원에서도 볼 수 있듯이, 외부와 구분되는 자그마한 공간을 의미한다. 살아 있는 세포는 단지 외부와의 격리된 공간일 뿐만 아니라, 외부와 내부의 물류이동을 조절하여 삼투압에 의한 위치에너지를 이용하여 각종 대사활동을 해 낸다. 또한 세포 자신과 동일한 개체를 복제하여 후대pedigree를 재생regeneration할 수 있다. 이때에 동일한 개체를 만들기 위해 유전이라는 개념이 등장하고, 그러한 유전 현상을 이해하기 위해 유전학genetics이라는 학문이 등장하였다.

세포는 그 구조적 기반을 특징으로 크게 두 가지의 분류체계를 가진다.

첫째는, 진핵세포eukaryote와 원핵세포prokaryote로의 구분이다. 이는 세포소기관의 유무에 따른 분류로서, 진핵세포는 핵을 비롯한 세포소기관을 가진다. 세포소기관은 그 이름에서 알 수 있듯이, 세포라는 구획 안에 존재하는 또 다른 자그마한 독립된 구획들이다. 구획된 공간이 보다 단계적으로 세분화됨에 따라 대사활동에 정밀함이 더해져, 진핵세포는 외부 환경의 변화에 보다 효율적으로 대처할 수 있고, 세포 내부 공간 이용의 극대화를 이끌어 낼 수 있다. 일부분의 단세포생물과 거의 모든 다세포생물이 이러한 진핵세포 구조를 가진다. 반면에 원핵세포는 세포소기관의 부재로 인해 효율성과 정교함은 떨어지지만, 구조적인 단순화를 꾀할 수 있는 장점 때문에, 대부분의 단세포생물이 이를 채택하고 있다. 이러한 구조적 단일성은 바로 구조적 견고성으로 이어져, 박테리아 같은 원핵세포 생물체들은 인간이 살 수 없는 극지에서도 생명을 유지할 수 있다.

둘째는, 식물세포와 동물세포로의 구분이다. 이는 진핵세포를 구분하는 분류로, 엽록체와 같은 특정 세포소기관의 유무에 따라서 구분한다. 식물세포에는 있고 동물세포에는 없는 소기관으로는 엽록체와 세포벽을 들 수 있으며, 동물세포에는 있고 식물세포에는 없는 소기관으로는 동원체를 든다. 엽록체는 이름 그대로 녹색을 띄는 소기관으로 식물세포의 특징이 된다. 세포벽은 세포막 밖을 둘러싸는 견고한 탄수화물 벽으로서, 이로 인해 식물체는 세포의 견고성을 얻었으나, 그만큼 유연성을 잃어서 대부분의 식물체가 스스로 움직일 수 없는 특성을 지니게 하는 부분이다. 동원체는 동물세포가 분열할 때 이용되는 부위로, 식물세포와 동물세포간의 세포분열 작동원리의 차이를 만든다.

이중 유전정보를 담고 있는 진핵산DNA은 원핵세포의 경우에는 핵이 없으므로 대부분이 세포 내부에 뉴클레오이드nucleoid로 엉기성기 뭉쳐져 있으며, 그 외에 따로 독립적으로 존재하는 자그마한 원형 진핵산인 수많은 플라스미드plasmid로 구성되어 있다(그림1-1, 1-2). 진핵세포의 경우에는, 대부분의 유전정보가 핵nucleus에 존재하고 그 외에도 미토콘드리아mitochondria와 엽록체chloroplast에도 일부분의 유전정보가 존재한다(그림1-3). 미토콘드리아의 유전정보는 오로지 모계유전만 되므로, 최근 인류의 조상

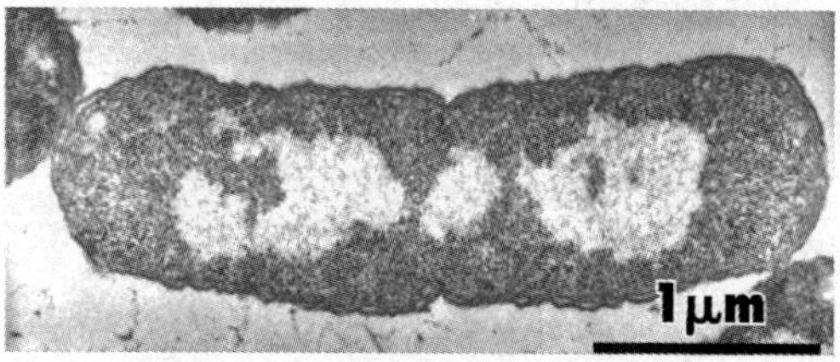

〈그림 1-1〉 원핵세포의 현미경 사진. 원핵세포의 경우에는 염색체가 없고, 진핵산이 세포 내부에 엉기성기 뭉쳐져 있다.

을 찾는 연구에서 큰 역할을 하고 있다.

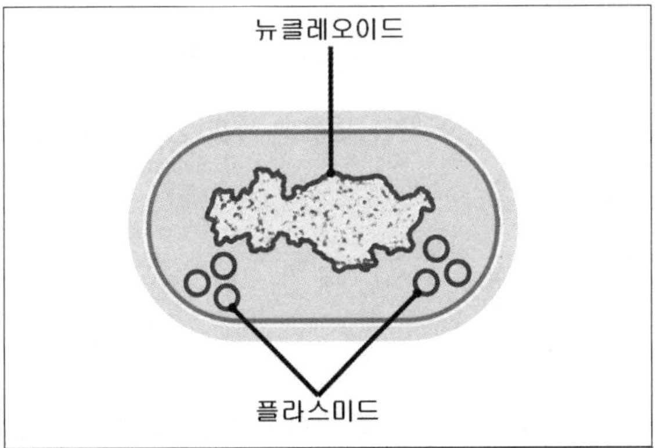

〈그림 1-2〉 원핵세포 생물체의 진핵산 분포. 큰 진핵산 덩어리인 뉴클레오이드와 작은 원형의 플라스미드로 구성되어 있다.

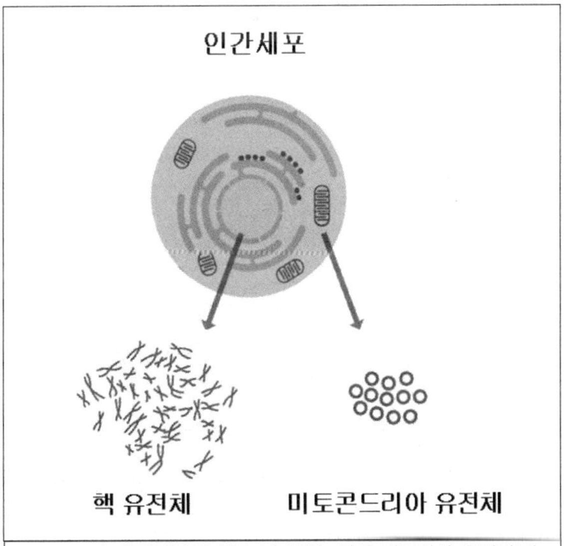

〈그림 1-3〉 유전정보의 세포 내 위치. 인간 세포에서 유전정보는 대부분이 핵에, 일부분이 미토콘드리아에 저장되어 있다.

| 세포 안 유전정보의 흐름

살아 있는 각각의 세포는 자신과 동일한 형태의 세포를 만들 수 있는 재생 능력을 지니며, 이러한 특성은 세포가 가지고 있는 정보를 보존하고 고스란히 후대에게 물려줄 수 있는 능력을 가지고 있음을 의미한다. 이러한 유전정보는 1950년대 말 크릭Crick이 제창한 중심설cental dogma에 따라 진핵산DNA – 아핵산RNA – 단백질protein의 일정한 방향으로 흘러가게 된다(그림1-4). 중심설은 단순한 암호로 구성된 유전정보가 일련의 과정을 거쳐 실제로 생체에서 기능을 하는 단백질이 되기까지의 정보의 흐름을 나타내고 있다. 이 과정을 알아보면, 우선 유전

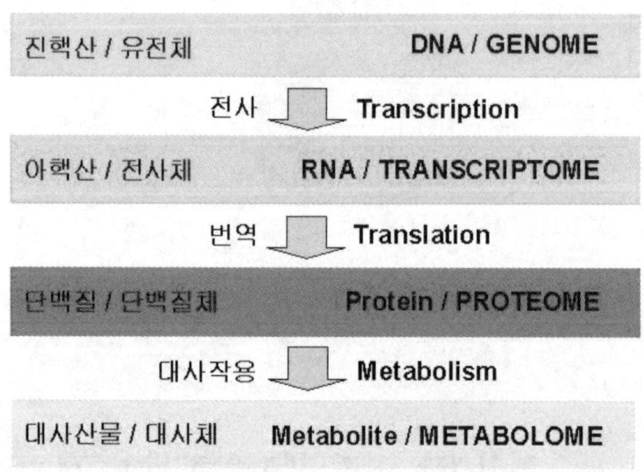

〈그림 1-4〉 중심설. 생명체 내에서의 정보의 흐름은 중심설에 따라 진핵산DNA에서 아핵산RNA을 거쳐 실질적인 역할을 하는 단백질protein로 이동되며, 이 단백질이 만드는 각종 화합물질에 의해 대사활동이 이루어진다.

정보를 가지고 있는 진핵산DNA은 복제replication되어 스스로를 보존하거나, 후대를 위한 유전정보 전달을 준비한다. 그렇지 않으면 진핵산의 일부분이 가진 특정 정보만을 아핵산RNA으로 전사transcription시켜 생명활동에 이용한다. 반영구적으로 유전정보를 보존하는 진핵산DNA에 비해 구조가 불완전하여 수명이 짧은 아핵산RNA으로 전사된 이 정보는 단백질로 번역translation되어 각종 대산산물을 만들면서 직접 생명활동에서 제 역할을 하게 된다.

이러한 정보의 흐름에 관련된 암호 해독은 지구 상의 거의 모든 생명체가 공통된 코돈codon이라고 하는 해독표(그림1-5)를 이용한다. 시작코돈과 종결코돈도 정해져 있으므로 정확한 길이와 특성을 가진 아미노산을 연결하여 단백질을 만든다(그림1-6). 이 때문에 전혀 상관없는 생물 종에서 유래한 염기서열이라도 유전공학genetic engineering으로 다른 생물 종에 옮겨 넣으면 그 기원의 생물 종에서 하던 일과 동일한 단백질을 만들 수 있게 된다. 예를 늘면, 인간에서 유래한 인슐린을 만드는 유전자로 대장균에서도 똑같은 인간 인슐린을 생산하게 된다.

코돈	아미노산	코돈	아미노산	코돈	아미노산	코돈	아미노산
UUU	페닐알라닌	UCU	세린	UAU	티로신	UGU	시스테인
UUC		UCC		UAC		UGC	
UUA	리우신	UCA		UAA	정지	UGA	정지
UUG		UCG		UAG		UGG	트립토판
CUU	리우신	CCU	프롤린	CAU	히스티딘	CGU	아르기닌
CUC		CCC		CAC		CGC	
CUA		CCA		CAA	글루타민	CGA	
CUG		CCG		CAG		CGG	
AUU	이소루신	ACU	트레오닌	AAU	아스파라긴	AGU	세린
AUC		ACC		AAC		AGC	
AUA		ACA		AAA	라이신	AGA	아르기닌
AUG	메치오닌	ACG		AAG		AGG	
GUU	발린	GCU	알라닌	GAU	아스파르트산	GGU	글리신
GUC		GCC		GAC		GGC	
GUA		GCA		GAA	글루탐산	GGA	
GUG		GCG		GAG		GGG	

〈그림 1-5〉 코돈표. 거의 모든 생물은 공통적인 암호 해독표인 코돈에 따라 유전정보를 해독하여 단백질을 합성한다.

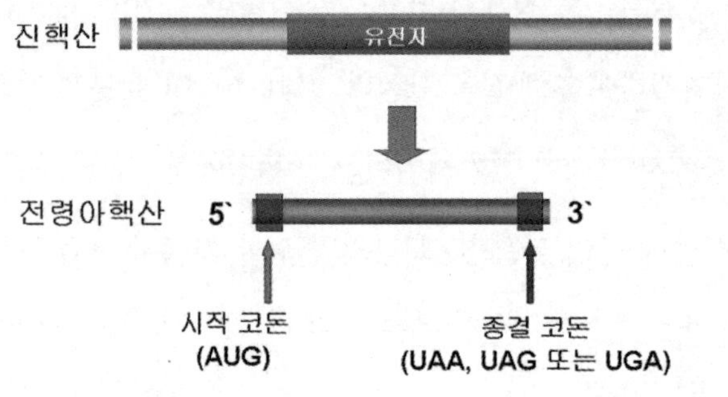

〈그림 1-6〉 시작코돈과 종결코돈은 기나 긴 진핵산 위에서 아핵산으로 전사되어야 할 부분을 표시해준다.

| 한 세포에서 260여 종류의 세포로 – 성장과 분화

인간의 탄생은 하나의 난자세포가 수정됨으로써 시작된다. 수정된 난자세포는 수백 수천 번의 분열과정을 거쳐 커다란 세포덩어리가 되고, 이 세포덩어리가 위치에 따라 머리를 이루는 부분이 되고, 팔다리를 이루고, 내장기관을 이룬다. 10여 개월의 태아기를 거친 유아는 인간 성체와 거의 동등한 기관 구조를 가지고 있으며, 양적 세포분열을 통해 성장하여 성인이 된다. 성장을 다한 성인은 약 60조 개의 세포로 이루어져 있다고 한다. 수정된 난자라는 하나의 세포가 수백 수천 번을 분열해 인간의 구조를 이루어 내는데, 누구나 자신의 몸을 살펴보면 알 수 있다시피, 눈과 입과 코는 각기 생김새가 다르고, 그 역할 또한 다르다. 내부를 보더라도 간과 위와 뇌와 심장이 각기 그 생김새가 다르고, 역할이 다르다. 이러한 개개의 세포를 종류별로 구분하면 약 260여 가지나 된다고 한다. 하나의 난자 세포가 가진 유진정보에는 이처럼 다양한 세포의 종류를 결정하는 모든 유전정보가 들어 있으며, 서로 다른 종류의 세포라도 가지고 있는 유전정보는 동일하다. 그렇다면 어떠한 방법으로 이처럼 다양한 종류의 세포가 만들어지고 제 역할만을 할 수 있게 되는 것일까?

| 전형성능과 유전자 발현 조절

전형성능totipotency에 따라 동등한 유전정보를 가지고 있는 세포가 다양한 형태와 역할을 수행하기 위하여 전문화된 세포로 분화하는 현상은, 세포가 가지는 유전정보의 발현 조절control of gene expression에 의한 것이다.

유전정보 발현의 선택적 조절은 크게 두 가지 방법으로 이루어진다. 첫째는, 전사과정에서 각각의 세포가 필요로 하는 유전자의 진핵산 부분만을 주형으로 선택하여 유전정보의 흐름을 최상류에서 제한하는 것이다(그림 1-7). 선택된 유전자도 전사되는 아핵산의 양을 조절하고 그 다음 번역되는 단백질의 양과 질을 각기 다른 조직에서 다르게 조절하여 다양한 생명활동이 전개된다. 둘째는, 진핵 생물에만 한정되는 작용원리로서, 이미 전사된 원본인 혼성핵아핵산에 여러 조각으로 떨어져 있는 유전정보 중에서 선별적 잘라이음alternative splicing하여 전달되는 유전정보의 양을 다시 한번 제어하거나, 서로 다른 단백질을 만들어내는 방법이다. 이를 통해 진핵세포에서는 단일유전자의 열린읽기틀을 가진 원핵세포에 비해 보다 정교한 정보 흐름의 조절이 가능할 수 있다(그림 1-8). 우리가 주목해야 할 부분은 후자인데, 이를 위해 진핵산이 가지고 있는 아주 독특한 구조 때문이다. 유전자의 염기서열 위에도 정보가 있는 구역과 정보가 없는 구역이 구분되며, 전자를 엑손exon, 후자를 인트론intron이라고 부른다(그림 1-9). 인트론은 전사 후 잘라이음splicing 과정에서 제거되는데, 이때에 인트론은 같은 전사체 상에 있는 또 다른 인트론과 연계하여 둘 사이에 있는 엑손 부분도 일부 탈락시킬 수 있다. 이러한 과정을 선별적 잘라이음alternative splicing이라고 일컬으며, 인간유전체연구사업human genome project에서 발견하게 되었고, 이는 유전정보의 경제적이고 효율적인 저장 및 활용을 의미하며 고등생물의 대표적인 특징이라고 할 수 있다.

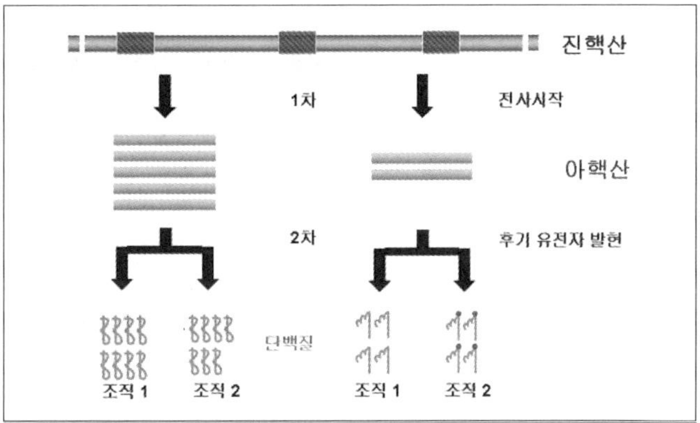

〈그림 1-7〉 유전자의 선택적 전사에 따른 생명활동의 변화 : 동일한 유전자라도 그 전사 정도에 따라 생명활동에 영향을 주는 정도가 변화한다.

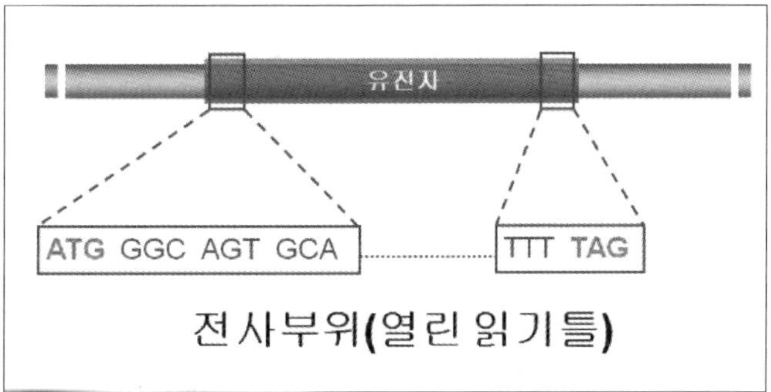

〈그림 1-8〉 유전자 전사부위. 진핵산 염기 위에서 시작 코돈과 종료 코돈 사이의 부분을 전사부위라고 부르며, 전사과정의 주형역할을 한다.

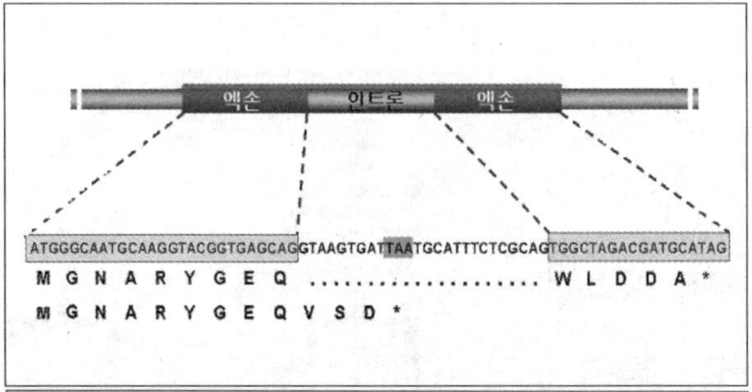

〈그림 1-9〉 분열유전자split gene의 엑손과 인트론. 유전자 전사부위 ORF는 유전정보를 가진 엑손exon 부분과 유전정보가 없는 인트론intron 부분의 반복적인 배치로 구성된다.

요즈음 사회적으로 큰 관심을 불러일으키고 있는 줄기세포stem cell는 혈액, 간, 피부 같은 역할이 아직 정해지지 않은, 이른바 유아상태의 세포이다. 이 세포는 생물학적 화학적 자극에 의하여 신체의 어느 세포로도 분화differentiation할 수 있으며, 이 때문에 의료계에서는 기적의 치료수단으로 주목하고 있는 것이다.

줄기세포의 역할과 형태가 결정determination되는 것을 세포 운명cell fate이 라고 한다. 이렇게 운명이 결정된 줄기 세포는 그 운명에 필요한 유전자들만이 선택적으로 발현되게 되고, 그 외의 역할과 형태에 관련되는 유전자들은 발현이 극도로 억제되거나 영원히 닫히게 된다. 이렇게 전형성능을 가진 줄기세포는 유전정보의 제한된, 선별적 사용으로 인해 제한된 때와 장소에서 하나의 지정된 역할만 수행하는 세포로 분화된다.

이러한 전형성능은 오히려 식물에서 손쉽게 발견할 수 있다. 나무의 경우 줄기를 꺾어 심기만 해도 뿌리가 내리고 잎이 새로 나서 하나의 식물체를 이루는 경우를 관찰할 수 있다. 이를 세포단위에서 관찰하면 줄기세포가 변하여 뿌리가 되고 잎이 되는 것이다. 이는 운명이 이미 결정된 세포가 그 운명을 벗어나, 즉 탈분화dedifferentiation하여, 다시 전형성능을 얻고 새로이 분화, 즉 재분화redifferentiation함으로써 나타날 수 있는 현상이다. 이는 식물체의 잎에서 얻은 하나의 세포에서도 유전적으로 동일한 새로운 개체를 완벽한 상태로 얻을 수 있음을 의미하는 것으로, 현대 식물 육종과 생명공학에서 널리 이용되는 식물 조직배양의 근간을 이루는 법칙이다.

반면, 동물에서는 그 실례를 찾아보기 힘들다. 이는 동물세포가 세포 운명을 쉽사리 버리지 못함을 의미한다. 다만, 최근에 이르러서는 유전공학 기술의 발달로 차츰 하나 둘씩 그 성공 사례가 나오고 있다. 가장 유명한 것은 1996년 영국에서 발표된 복제양 돌리Dolly이다. 돌리는 수정되지 않은 난자세포에서 핵을 제거하고 전혀 다른 체세포에서 핵을 이식하여 수정을 생략하고 대리모를 통하여 세상에서 빛을 보게 되었다.

이렇게 탄생한 돌리는 난자를 제공한 양과도, 대리모를 수행한 양과도 전혀 닮지 않고, 오로지 핵을 제공한 양의 형질을 정확하게 가지고 있어서, 동물에도 전형성능이 있을 뿐만 아니라, 핵이 진정으로 유전정보를 가지고 있음을 보여준 실례라고 할 수 있을 것이다. 현재는 난자세포에서의 핵치환 뿐만이 아니라, 체세포를 탈분화시켜 전형성능을 지니게 하는 방법이 연구되고 있는 실정이다.

제2장

유전학

멘델의 유전학

처음으로 현대 유전학의 기본 원리를 발견한 사람은 멘델Gregor Johann Mendel, 1822~1884이다. 오스트리아의 수도사였던 멘델은 완두콩을 재배하면서 기존에 알려져 있던 유전에 관한 상식과는 전혀 다른 유전적 현상을 발견하고 이를 1865년에 세상에 발표하였다. 하지만 발표 당시에는 크게 주목을 받지 못하였고, 사후인 1900년에 이르러서야 유럽의 세 학사에 의하여 그의 이론이 재발견되어 멘델은 현대 유전학의 시조로 받들어지게 되었다.

멘델 이전의 유전에 대한 인식은 색깔론이라고 칭해진다. 이는 부모의 유전형질이 마치 물감과도 같이 섞여서 후대의 형질을 이룬다는 개념이다. 예를 들면 키가 큰 아버지와 키가 작은 어머니 사이에서는 중간 키의 아이가 나오고, 피부가 가무잡잡한 아버지와 새하얀 어머니 사이에서는 중간색의 아이가 나온다는 식이었다.

멘델은 이러한 이론과는 달리, 키가 큰 완두와 키가 작은 완두 사이에서 나온 후대 완두는 중간 키가 아니라, 큰 키의 완두만이 나오는 것을 발견하였으며, 그 다음 세대에서는 큰 키의 완두와 작은 키의 완두가 섞여서 나오는 현상을 발견하였다. 당시 최신 학문이었던 통계학에 관심이 많았던 멘델은 이러한 개체의 비율을 통계학적으로 면밀히 조사하였으며, 그 결과 1863년 세 가지의 유전적 이론을 발표하였는데, 이것이 유명한 멘델의 유전법칙이다.

멘델의 유전법칙은 크게 세 가지로 나눈다. 각각 우열의 법칙principle of dominance, 분리의 법칙principle of segregation, 그리고 독립의 법칙principle of independence이다. 우열의 법칙은 부모의 두 대립 형질에는 각각 우열관계가 있으며, 그 후대에서는 우성인 형질만이 나타난다는 법칙이다. 키가 큰 완두와 작은 완두의 후대 제 1대에서는 모두 키가 큰 완두가 나타나는 것이 이에 해당된다. 분리의 법칙은 앞의 후대의 후대, 즉 제2대에서는 우성의 형질과 열성의 형질을 나타내는 개체가 각각 3:1의 비율로 나뉘는 것을 말한다. 즉 키가 큰 완두와 작은 완두가 3:1의 비율로 나타나는 것을 의미한다. 마지막 독립의 법칙은, 두 가지의 다른 형질은 서로의 유전에 영향을 끼치지 않고 각각 독립적으로 유전된다는 이론이다. 즉 키의 형질과 꽃잎 색의 형질은 서로 무관하게 유전되며, 키가 크다고 해서 자주색 꽃이 더 많이 피는 것도, 키가 삭다고 해서 자주색 꽃이 덜 피는 것도 아니라는 것이다. 이러한 멘델의 유전법칙은 그 후 염색체의 발견과 유전자의 존재를 특정 짓는 데 촉발제의 역할을 하고, 현대 유전학의 근간을 이루게 되었을 뿐만 아니라, 동물과 식물을 유전적으로 개량하는 육종학을 발전시켜 말서스가 우려했던 인구폭발의 위협도 극복하고 오늘날 풍요로운 세상을 만들게 하였다.

| 현대 유전학 – 유전자gene, 염색체chromosome, 진핵산DNA

현대 유전학에 관련된 글에서 항상 등장하여 대중에게 익숙하면서도 그 개념 정립 혹은 구분이 어려운 단어가 위의 세 단어라고 생각한다. 이에 이들 세 단어의 뜻을 명확히 구분함으로써 생명공학에 대한 이해를 보다 확실이 하고자 한다. 이 셋의 어원은 전혀 상관없는 분야에서 기인했으나, 현대 유전학에서 기초를 이루는 단어들이다. 유전자gene에 대해서 알아보자. 유전자란 그 자의(字義)에서 알 수 있듯이, 유전(遺傳)되는 인자(因子)를 말한다. 즉 그 실체와는 상관없이 부모에서 자식에게로 전달되는 어떠한 것을 말하는 추상적인 성격을 띈 단어이다. 다만 현재에 와서는 중심설과 결합하여, 진핵산 염기서열 상에 존재하면서 단백질로 번역될 수 있는 구간을 뜻하게 되었다.

염색체chromosome 또한 그 자의를 살펴보면, 염색(染色)이 되는 부분(體)이다. 현미경의 발달과 함께 세포를 관찰하기 위해 사용하던 염색약에 의해 유독 염색이 잘되던 부분이 있어서 이를 지칭하던 말이다. 그렇게 염색이 잘 되던 부분이 학문의 발달에 따라 진핵산이 엄청나게 응축되어 있는 덩어리라는 것이 밝혀지면서 그 존재의 중요성이 크게 대두되었다. 현재는 진핵산 덩어리로써, 유전자의 위치를 파악하고 구분하는 데 이용되며, 거시적인 관점에서 체세포분열과 감수 분열에 따른 염색체 복제와 후대 세포에 전달, 그리고 유전체 차원의 유전자의 배치를 관찰하고 연구하는 데 이용된다.

진핵산DNA은 DeoxyriboNucleic Acid의 약자로서 특정 고분자 화합물질을 가리키는 이름이다. 1869년 미셔Miescher에 의해 발견되고 1889년 알트먼Altman에 의해 명명된 이 물질은 20세기 초반의 격렬한 논쟁을 거쳐 생물체의 모든 정보를 지니고 있는 물질로 확인되었다. 그 유전정보는 진핵산DNA이 가질 수 있는 네 가지 염기base의 서열에 의해 결정되고 대대로 보존된다. 이 네 가지 염기는 아데닌(A), 구아닌(G), 시토신(C), 그리고 티민(T)으로 구분되며 개개의 화합물 단위를 뉴클레오티드nucleotide라 부른다. 이들이 나열되어 ATTGCTG 등과 같이 서열을 이뤄 모든 생명활동의 정보를 저장하는 것이다. 그렇다면 그 크기는 얼마나 될까? 사람의 경우 약 32억 개의 뉴클레오티드로 이루어져 있다고 알려져 있다. 이것들을 전부 일렬로 나열하면 지구를 한 바퀴 반을 감을 수 있을 만큼의 길이이다. 이 엄청난 양이 고도로 응축되어 세포 하나하나에 똑같은 유전정보가 들어 있는 것이다. 아핵산RNA은 RiboNucleic Acid의 약자로 진핵산과 거의 유사한 구조를 가졌으나, 약간의 차이로 구조가 이중나선 구조를 이루지 못하고, 안정하지 못해 쉽게 와해되어버리는 특성을 가지고 있다. 역시 네 종류의 염기로 구분되며, 각각 아데닌(A), 구아닌(G), 시토신(C) , 그리고 우라실(U)이다.

| 현대 유전학 – 멘델 유전학의 예외

현대 유전학은 멘델의 유전법칙을 따르면서도 꼭 그렇지도 않다는 것 또한 발견하였다. 우열의 법칙과 분리의 법칙은, 하나의 형질을 결정하는 유전자가 하나가 아닐 수도 있다는 사실이 발견되면서, 오히려 "물감론"에 가까운 것들도 나타났다. 예를 들어 사람의 키는 무수히 많은 유전자들과 환경요인이 작용하여 결정되는 것이므로, 부모의 키가 크더라도 꼭 자식이 크다고만은 할 수 없으며, 다만 키가 클 유전적 확률이 높을 뿐인 것이다. 독립의 법칙의 경우에는, 다른 염색체 상에 있는 두 염색체 간에는 이 법칙이 유효하지만 하나의 염색체 상에 있는 두 유전자의 경우에는 완전히 독립적이지 않고 서로의 발현이 연관linkage되어 있음을 발견함으로써 반박되었다. 양적형질은 단순한 분리의 법칙을 따르지 않음도 지적되었다. 이러한 멘델리즘Mendelism의 예외의 발견에도 불구하고, 멘델의 유전법칙은 여전히 현대 유전학의 기초를 이루고 있다.

제3장

분자생물학, 생명공학, 유전체학, 그리고 노벨상

| 분자생물학과 생명공학

1953년 왓슨Watson과 크릭Crick(1962년 노벨상 수상)의 진핵산DNA 이중나선 구조 발견으로 진핵산 자체가 유전물질이라는 사실이 알려지고, 곧 이어 콘버그Arther Kornberg(1959년 노벨상 수상)가 진핵산 복제를 실현한 후, 모든 생명현상을 분자 수준에서 이해하고자 하는 분자생물학이 급속도로 발전하였고 수많은 노벨상 수상자들을 배출하였다(부록 참조). 진핵산에서 아핵산, 단백질, 대사 화합물로 유전정보가 흘러 생명체가 기능하는 원리가 구체적으로 이해되기 시작된 것이다. 그러나 산업적 의미의 유전공학 시대는 1980년대에 일어나 폭발적으로 전 세계에 확산되기 시작하였다. 아버Arber, 네이탄스Nathans, 스미스Smith(1978년 노벨상 수상) 등이 제한효소를 발견하고, 이것이 봉합 효소와 함께 사용되면서, 1973년 보이어Boyer, 코언Cohen, 버그Berg(1980년 노벨상 수상) 등이 재조합 진핵산을 만들고 이를 대장균에 삽입하여 외래 유전자가 발현됨을 확인함으로써 소위 유전공학 시대의 문을 연 것이다. 재조합 유전자는 미생물에서 시작되어 모델 생물인 효모, 초파리, 생쥐 등으로 파급되었다. 유용한 유전자들이 본격적으로 분리되어 염기 서열이 밝혀지기 시작하였고, 진핵산 재조합recombination, 유동유전자movable genetic elements(맥클린토크McClintock, 1983년 노벨상 수상) 등 기초 연구에서 새로운 발견들이 쏟아져 나왔다.

| 생명공학 시대

진핵산을 특정 염기서열에서 인식하여 결합하고 자르는 제한효소restriction enzyme와 끊어진 진핵산 가닥을 연결해 주는 봉합효소ligase의 발견으로 생명공학 시대가 시작되었다. 재조합 유전자는 대장균으로 도입되면 하룻밤 사이에 수백만 배로 증폭되어 도입된 유전자가 지정하는 물질을 공학적으로 대량생산할 수 있게 된 것이다. 생명공학 기술의 산업화는 의약품 분야에서 시작되었다. 체내의 혈당량을 억제하는 물질인 인슐린insulin은 당뇨병 등의 성인병 치료에 필수적인 치료약임에도 불구하고 호르몬 물질이 그러하듯 체내에 존재하는 절대량이 미미하여, 엄청난 고가의 물질이었다. 이를 해결하기 위해 사람의 인슐린 유전자를 대장균에 넣어서 공장에서 인슐린을 대량생산할 수 있는 길이 1978년 미국의 제넨텍 사에 의하여 열렸다. 인슐린 외에도 이러한 방식으로 생산되는 물질로는 현재 인간성장호르몬, 항혈전제, EPO (erythropoietin, 적혈구 생산 촉진제) 등이 유명하다.

이러한 과정에서, 유전공학의 적용 효과가 농업 분야, 특히 식물에서 매우 클 것이 예견됨에 따라, 식물 조직배양 연구와 식물 분자생물학 분야에도 새로운 연구 투자가 집중적으로 이루어지기 시작하였다. 식물형질전환은 토양 세균 아그로박테리움Agrobacterum이 식물을 감염할 때 자신의 티아이Ti 플라스미드의 일부분인 티-진핵산T-DNA을 식물 염색체에 삽입시켜 자신의 유전형질을 식물이 발현하게 만든다는 사실을 발견하여, 벨기에의 셸Schell과 몽타규Montague, 미국의 네스터Nester와 칠튼Chilton에 의해 이를 진핵산 운반체로 이용하는 데 성공하였다. 그 후 불과 20여 년 만에 콩, 옥수수, 면화, 유채 등 주요 곡물과 공예 작물, 그리고 식용작물인 토마토와 파파야 등에 제초제 저항성 유전자, 내충성 유전자, 과일 연화 억제 유전자, 바이러스 저항성 유전자가 도입된 지엠오(GMO, genetically modified organism 형질전환식물) 품종이 상용화되기 시작하였고, 미국, 중국, 아르헨티나, 호주 등 국가에 대규모로 재배되고 그 산물이 세계적으로 유통되고 있다.

의학 분야에서는 인간 염기서열의 문제에 따른 유전적 질병인 헌팅

톤 무도병, 겸형적혈구증 그리고 혈우병 등을 근본적으로 치료할 수 있는 방법으로 유전학이 이용된다. 아직까지 눈에 띄는 결과는 대중에 공개되지 않았지만, 직접 염기서열을 조작할 수 있다는 가능성으로 유전자 치료법을 개발하기 위한 노력이 진행되고 있다. 한편 줄기세포 배양기술과 복제기술의 발전으로 생명공학은 21세기의 주력 산업으로 등장할 준비를 하고 있다.

| 유전체학 시대

진핵산 염기서열 결정의 자동화, 거대 진핵산 분자의 분리 기술 등 발전에 힘입어, 인간 유전체 유전 분석의 현실적 한계성을 극복하고자, 인간유전체염기서열 해독 연구 사업이 15년 목표로 1990년 출범되었다. 인간의 유전병 유전자 10개를 분리하는 데 드는 연구비 규모면 인간 유전체 전체를 해독할 수 있다는 논리가 설득력을 얻은 것이다. 원자탄을 개발한 맨해튼 프로젝트보다도 큰 예산이 동원되어 생물학의 대형 프로젝트 시대가 개막된 것이다. 분석 방법과 장비의 신속화, 대량화, 정밀화 등 계속적 개선과 발전에 힘입어 인간유전체염기서열의 일차 결과는 10년 이내에 완독되어 2001년에 〈사이언스Science〉와 〈네이처Nature〉에 발표된 바 있다. 이에 조금 앞서 2000년에, 식물에서는 처음으로, 애기장대 유전체 염기서열이 발표되었고, 2005년 벼 유전체도 발표되었다. 2006년까지 완독된 생물체는 364종(진핵세포 생물 41종 중 식물 3종, 척추동물 7종)이고, 2006년 현재 진행된 생물체는 1,661종(진핵세포 생물 607종, 세균 950종)이다. 보건 의료뿐 아니라 농림수산업에 해당하는 거의 모든 중요 생물체에 관하여 유전체학, 분자유전학, 생화학, 각종 연구 방법과 연구기기 등이 매년 새롭게 진화하면서 무서운 속도로 발전하고 있다. 쏟아져 나오는 유전체 염기서열 정보를 효과적으로 다루기 위해 생물정보학bioinformatics이라는 새로운 분야가 빠른 속도로 발전하고 있다.

| 유전체 지도 작성

유전체 지도genome map는 하나의 생명체가 가지는 염기서열을 염색체 단위로 구분하여 나타낸 일종의 소축척 지도이다. 이 지도에는 특정 유전자를 찾기 위한 분자표지molecular marker들을 위치시켜, 지도를 참조하는 이들이 자신이 찾고자 하는 유전자의 위치를 찾기 쉽도록 도와준다. 표지들이 고르게 분포하며 밀도가 높은 유전체 지도는 비단 유전체학에서의 학문적인 이용뿐만이 아니라, 인간 유전병이나 질병의 식별이나 동물과 식물의 육종과 같은 현장에서도 유용하게 이용될 수 있기 때문에, 의약학 뿐만 아니라 농업, 임업, 축산업, 수산업 분야에서 나라마다 유전자와 유전정보의 선점을 위해 경쟁적으로 제각각 중요한 생물체의 유전체 지도를 표지로 채우기 위해 노력하고 있다.

| 분자 표지

유전체 지도에 사용되는 표지는 거의 대부분이 분자 표지molecular marker이다. 분자 표지는 근연 관계에 있는 종species – 혹은 아종 – 간의 염기서열의 차이를 이용하여 만들어진다. 거꾸로 말하면 특정 유전체 지도 위에 있는 분자 표지는 그 유전체 지도를 만들기 위해 이용된 둘 이상의 종을 구분할 수 있게 해준다. 이러한 염기서열의 차이는 특정 염기서열의 존재유무, 염기서열의 위치관계, 혹은 염기서열 단위의 반복 수 등이 있으며, 현대의 첨단기술은 양 유전체 사이에 존재하는 단 하나의 염기서열의 차이마저도 발견하여 분자 표지로 전환할 수 있다. 이러한 기술의 발전은 과거와 동일한 유전체 조합에서 더욱 많은 분자 표지를 개발할 수 있도록 도와, 유전체 지도의 완성도를 높이는 데 많은 도움을 주고 있다.

이렇게 준비된 분자 표지의 배치는 과연 어떻게 하는가? 1910년, 모건Thomas Hunt Morgan, 1866~1945이 초파리의 염색체와 유전자의 연관

현상을 발견하면서, 유전자의 연관을 이용하여 분자표지를 배열하는 방법을 제시하였다. 이는 기준이 되는 유전자에서 연관 정도에 따라 수치화하여 염색체 위에 배치하는 방식으로, 단위는 그의 이름을 따서 센티모건(cM)이라 한다. 그럼 실제적으로 센티모건 값을 구하는 방법을 알아보자. 100개의 제2대(F2) 후대 중 99개체에서는 두 유전자가 독립적으로 발현하였고, 단 하나에서만 서로 연관되어 발현하였을 경우, 이때의 연관도relation ratio를 1이라 하고, 이 두 유전자의 유전체 지도 상의 거리는 1 cM이 된다. 이러한 방법으로 수없이 많은 분자 표지들의 제각각의 상대적인 위치가 염색체 상에서 정해지게 되고, 유전체 지도가 완성되게 된다.

| 총체생물학

한 생물체의 유전정보 전체인 유전체genome의 염기서열을 모두 읽어내고 이를 바탕으로 유전자 지도를 만들고 분자표지를 대량으로 만들어 산업적으로도 활용하고자 하는 거대 과학기술을 구조유전체학structural genomics이라고 부른다(그림 1-10). 이 기술이 발전하기 시작하자 곧 개발되기 시작한 것은 진핵산인 유전체 중에서 전사된 전령아핵산들mRNAs을 안정된 형태로 전환한 사본진핵산copy DNA, c DNA의 총

〈그림 1-10〉 유전체학 시대의 통합적 과학 기술은 동물, 식물, 미생물의 분자 육종, 대사 공학, 맞춤 의학을 가능하게 한다.

체, 즉 전사체transcriptome를 집대성하여 분석하는 기능유전체학functional genomics이었다. 전령아핵산 정보는 곧바로 단백질로 번역될 수 있어 실용성이 높기 때문이다. 단백질을 생물체의 조직이나 생리적 상태에 한정하여 대량으로 분리하고 분석하는 단백질체proteome 연구 사업도 따라서 크게 성장하였고, 이제는 단백질이 만들어내는 온갖 생체화합물들, 즉 대사물질을 대량으로 분석하는 대사체metabolome 연구 사업이 학술적 목적뿐 아니라 산업적 응용을 목적으로 크게 발전하고 있다(그림 1-10).

생물학은 진핵산, 아핵산, 단백질, 대사산물을 개별적으로 연구하던 시대를 탈피하여 생물체 전체 차원에서 다룰 정도로 대량화, 자동화, 진산화되었다. 전체를 다룬다는 뜻의 새로운 용어 오믹스omics가 탄생했고, 이들을 종합적으로 다루는 총체생물학holistic biology 시대로 진입하였다. 진화학상의 거리를 뛰어넘는 비교유전체학comparative genomics도 크게 발전하고 있다. 정보공학(information technology, IT), 나노공학(nanotechnology, NT)과 접목되면서 생명공학(biotechnology, BT)은 문자 그대로 생명체의 공학시대로 빠른 속도로 변모하고 있어서 세계의 경제지도는 첨단 과학기술력을 보유한 국가 중심으로 재편성되고 있다고 할 수 있다.

제4장

인간유전체

인간 유전체의 3억 염기쌍 서열을 모두 읽어낸 인간은 아직도 그곳에 감춰진 생명의 비밀을 찾기 위해 분주하다. 이제까지 인간 유전체 사업을 중심으로 밝혀진 새로운 사실들을 요약하면 다음과 같다.

| 유전자의 수

인간 유전자의 수는 과학적 지식을 총동원하여 85,000~125,000개로 추정되었으나 전체 염기서열이 해독되고 정밀 분석이 완료된 오늘날 약 21,000개로서 전체 염기 30억 개의 2% 미만에 불과하고, 그 염기서열도 3분의 1은 유전정보를 갖지 않은 인트론intron으로 채워져 있음이 밝혀졌다(그림 1-11). 인간 유전자 80,000여 개가 알려지는 날 이들은 곧바로 의료 보건 산업에 직접 활용할 수 있을 것으로 믿었던 큰 기대가 깨지면서, 고등 생물의 유전체는 생각보다 훨씬 단조로우면서도 복잡하게 관리되고 있음을 깨닫게 된 것이다. 참고로, 애기장대는 약 29,000개, 벼는 약 37,500개의 유전자를 가진 것으로 밝혀졌다.

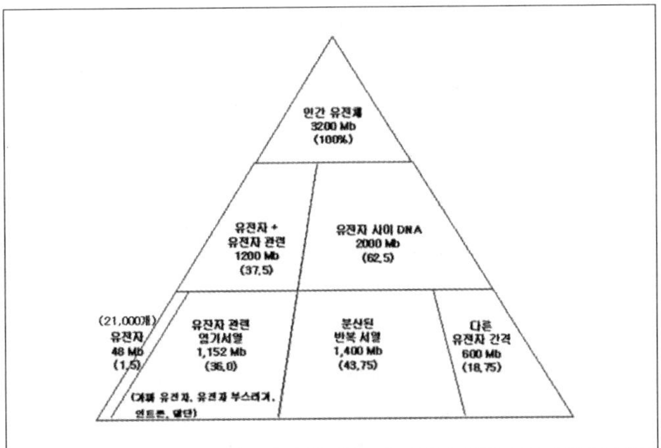

〈그림 1-11〉 인간 유전체의 구성. 단백질을 구성하는 아미노산 서열을 지정할 수 있는 진정한 유전자는 21,000개 밖에 안 되고, 유전체의 1.5% 밖에 되지 않는다. 100,000개가 넘는 단백질 종류를 어떻게 만드는지, 40%가 넘는 반복서열은 왜 필요한지 등등 새로운 질문들이 쏟아져 나왔다.

| 선별적 잘라이음alternative splicing

단백질 아미노산의 정보를 담은 하나의 유전자는 박테리아에서는 하나의 뭉치로 되어 있으나(그림 1-12의 1), 효모 이상 고등 진핵 세포 생물에서는 한 뭉치가 아니라 몇 개에서 수십 개에 달하는 엑손exon으로 나누어져 있다. 이는 진핵 세포 생물은 유전정보를 갖지 않은 인트론intron이라는 염기서열이 길이와 위치가 일정치 않게 끼어들어 있어 분열된 유전자split gene로 되어 있기 때문이라는 사실은 이미 샤프Sharp

와 로버츠Roberts, 1993년 노벨상 수상의 발견에 의해 알려져 있었다. 유전자가 혼성핵아핵산heterogeneous nuclear RNA, hnRNA로 전사된 후 잘라이음splicing이라는 과정을 거쳐 인트론 부분은 발라내어 엑손만으로 연결된 전령아핵산mRNA를 만듦으로써 단백질을 만드는 것이다(그림 1-12의 2).

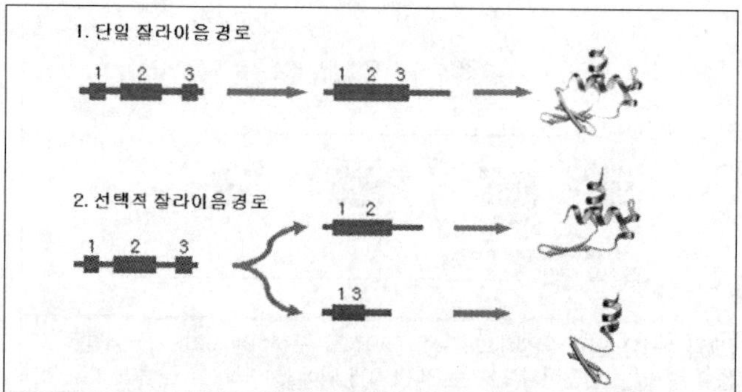

〈그림 1-12〉 원핵 세포(박테리아)에서는 유전자가 한 뭉치인데, 진핵세포(곰팡이 이상 동식물)에서는 유전자 중간 중간에 인트론이라는 의미 없는 염기서열이 끼어 있다가 전령아핵산 mRNA에서 잘라이음splicing에 의해 한 뭉치로 된다. 유전체 연구로 새로이 밝혀진 것은, 선별적 잘라이음alternative splicing으로 한 가지 유전자에서 여러 가지 전령아핵산 mRNA을, 결과적으로, 여러 가지 단백질을 만든다는 사실이다.

인간 유전체 연구사업으로 새로이 알려진 사실은, 선별적 잘라이음alternative splicing이라는 현상으로, 기존의 개념과는 달리 잘라이음splicing 과정에서 모든 엑손exon이 하나로 모여 한 개의 전령아핵산mRNA, 즉 한 개의 단백질만을 만드는 것이 아니라, 여러 개의 엑손들 중에서 선별적으로, 여러 가지 다른 조합으로, 채택된 것들만 모아서 여러 가지 다른 전령아핵산mRNA, 즉 다른 단백질들을 만들 수 있기 때문에 실제적으로는 하나의 유전자에서 많은 수의 다른 단백질이 만들어진다는 것이다(그림 1-12). 이로써, 예상보다 적게 발견된 유전자의 수로도 많은 종류의 단백질을 만들 수 있다는 사실이 밝혀진 것인데, 유전자를 대량으로 찾아 곧바로 형질전환 생물체를 만들거나 생물 신소재를 곧바로 대량생산하겠다는 꿈은 무산되었고, 일은 더욱 어렵게 된 것이다.

| 가짜 유전자pseudogene

단백질의 아미노산 정보를 담은 진정 유전자와 구조는 비슷하지만 짧거나 또는 긴 염기서열이 끼어들거나 빠져나가 기능을 상실한 가짜 유전자가 현재까지 인간에서 19,000개 이상 발견되었고, 더 늘어날 전망이다. 대부분의 가짜 유전자는 진화 과정에서 도태되어 남은 화석으로 간주되지만, 약 10분의 1은 전사가 되고, 관련 유전자의 기능에 영향을 끼친다는 연구 결과도 있어서 귀추가 주목된다.

| 반복염기서열repeats

짧게는 길이 2개에서 많기는 수십, 수백 개로 구성된 염기 단위가 여러 차례, 정방향 또는 역방향으로 반복되어 있는 반복서열들이 유전체의 44%를 점유하고 있다(그림 1-11). 유전정보는 갖지 않았으나 반복서열이 생물체 개체간 변이를 많이 보이는 점을 이용하여 분자표지를 개발하고 각종 진단이나 검색에 이미 활용하며, 더 개발하고 있다. 동식물이 환경에 적응하면서 다양한 세포, 조직, 기관으로 일사불란하게 분화되어 가는 과정에서 시간과 공간에 따라, 다양한 유전자들의 발현이 어떻게 선별적으로 열리고 닫히는 지는 분자생물학의 핵심 문제로 되어 왔다. 진화학적으로 종의 분화에 있어서도 유전체 차원에서 다양한 반복서열의 분포와 역할에 대한 관심이 고조되고 있다. 반복염기서열에 관해서는 그 동안 수많은 연구가 수행되어 왔으나 다양한 현상을 아우르는 종합적 설명이 완결되지 않은 상황이다.

| 염색체 차원의 구조와 기능 이해

유전체 연구는 유전자 연관지도 및 분자표지 물리 지도를 염색체에 위치시키는 사업과 밀접히 관련되어 있다. 전체 염기서열이 밝혀지면서 초고밀도 분자표지 지도를 만들 수 있게 되었고, 각종 분자표지를 이용한 유전자 분리 및 육종 소재 식물과 동물의 선별에 큰 도움이 되기 시작하였다. 혼성염색질heterochromatin과 후생유전학epigenetics 등 연구 분야도 활성화되고 있다.

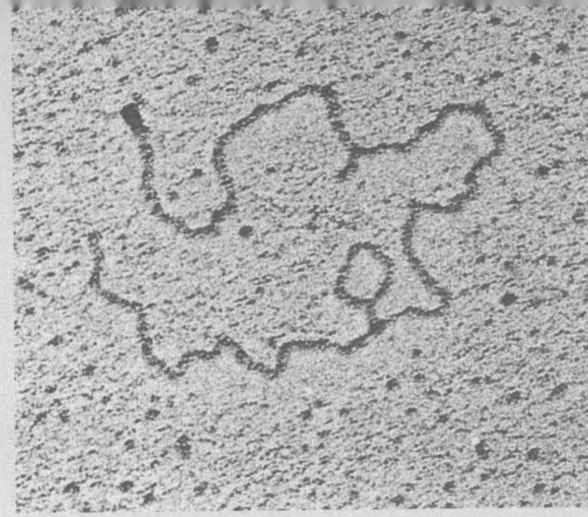

제2부

진핵산 이중나선 구조의 발견

교과서에서 다루는 진핵산DNA의 기본 구성요소와 구조의 진수를 정리하여 발달한 분자생물학의 기본 핵심 개념을 정리했다. 비교적 잘 알려진 이중나선double helix의 구조 밖에도 다양한 진핵산의 변형 구조가 존재함을 알리고, 그들이 내포하는 핵심 개념을 설명하고, 그동안 제기되었거나 제기될 문제점을 지적하여, 그 다음에 소개되는 꺾쇠호나선FBI 진핵산이 그러한 문제점들을 해소할 수 있는지를 다음 제5부에서 다룰 것이다.

"In biology, if seeking to understand function, it is usually a good idea to study structure."

(생물학에서 기능을 이해하고자 한다면, 구조를 공부하는 것이 언제나 좋은 생각이다.)

– Francis Crick(프란시스 크릭), 2004

제1장

이중나선의 구조

| 뉴클레오티드

진핵산을 이루는 기본 단위를 뉴클레오티드nucleotide라고 한다. 뉴클레오티는 오탄당5C-sugar, 인산기phosphate moiety, 그리고 염기base로 구성되는데, 오탄당의 다섯 번째 탄소에 인산기가 결합하고, 첫 번째 탄소에는 염기가 결합한다. 이 염기의 분자구조에 따라 아데닌Adenine (A), 구아닌Guanine (G), 시토신Cytosine (C), 그리고 티민Tymine (T)의 네 가지로 나뉜다. 또한 염기와 오탄당만의 결합체을 일컬어 뉴클레오시드Nucleoside 라고 부르며, 염기의 종류에 따라 각각 아데노신Adenosine 구아노신Guanosine, 시티딘Cytidine, 티미딘Tymidine 이라 칭한다.

이 뉴클레오시드에 세 개의 인산기triphosphate moiety가 결합한 것을 뉴클레오티드라고 부르며, 뉴클레오티드는 다른 뉴클레오티드와 결합할 때 결합에너지로 두 분자의 인산기를 내어놓게 되므로, 이중나선

상의 뉴클레오티드는 하나의 인산기만을 가진다.

| 이중나선 진핵산의 구조

하나의 뉴클레오티드의 인산기는 다른 뉴클레오티드의 오탄당의 세번째 탄소와 공유 결합을 통하여 중합polymerization 된다. 이러한 중합과정은 오탄당을 중심으로 일련의 방향성(5번 탄소 → 3번 탄소)을 가지게 되며, 중합결과 인산기와 오탄당이 번갈아 나오는 당-인산 뼈대sugar phosphate backbone를 가진 기다란 선형의 중합체 가닥이 완성된다(그림 2-1).

이 중합체에서 밖으로 노출된 염기의 부분은 다른 염기와 수소 결합을 할 수 있는 가능성을 가진다. 이때 수소결합을 할 수 있는 상대는 염기의 종류에 따라 정해져 있다. 아데노신(A)은 반드시 티미딘(T)과만 수소결합을 할 수 있으며, 시티딘

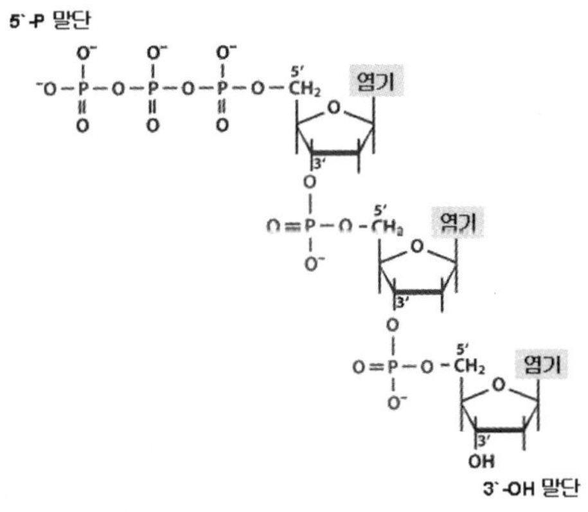

〈그림 2-1〉 뉴클레오티드의 결합. 세 개의 인산기 중 두 개는 뉴클레오티드 간의 결합과정에서 사라지고 오탄당-인산기의 연속적인 뼈대가 만들어진다. 이때 중합방향은 반드시 오탄당의 5번 탄소(5'-P 말단)에서 3번 탄소(3'-OH 말단) 방향이다.

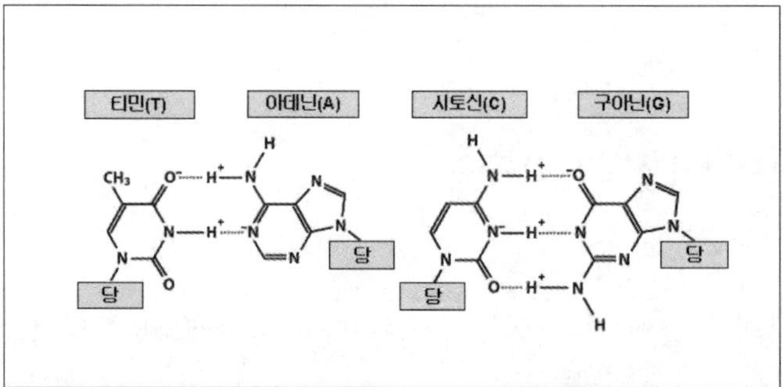

〈그림 2-2〉 염기. 정상적인 환경에서 티민(T)은 아데닌(A)과, 시토신(C)은 구아닌(G)과만 수소결합을 이룬다.

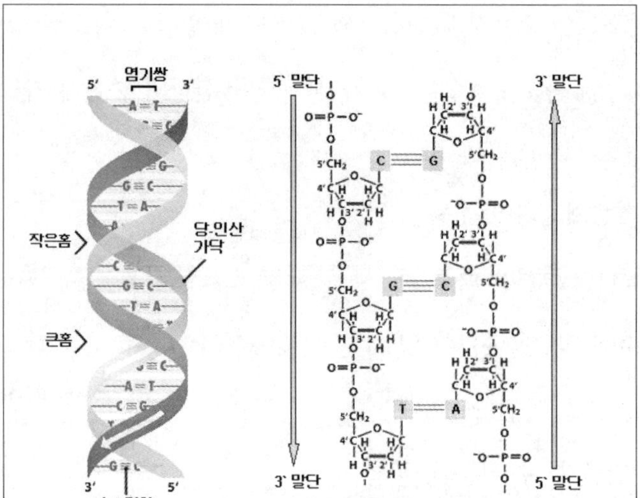

〈그림 2-3〉 이중나선의 상보적 결합. 염기의 상보적 결합에 의해 이중 나선의 기본 구조가 결정된다. 나선에 생기는 두 홈은 서로 비대칭적이므로 큰홈Major groove과 작은홈Minor groove으로 나뉘고, 이중나선을 이루는 두 가닥은 서로 반대방향으로 늘어서게 된다.

(C)은 반드시 구아니딘(G)과만 수소결합을 할 수 있다(그림 2-2). 이러한 염기의 상보성은, 신핵산의 이중나선Double helix 구조를 구성할 수 있는 기반이 됨과 동시에, 진핵산의 복제, 상해수선, 전사 등 다양한 생명활동의 근간이 된다(그림 2-3).

염기의 상보적 결합에 의해 이중나선의 독특한 기본 구조가 결정된다. 나선에 생기는 두 홈은 그 너비가 서로 비대칭적으로 각각 큰홈Major groove과 작은홈Minor groove을 이루고, 이중나선을 이루는 두 가닥은 서로 반대방향을 보고 뉴클레오티드들이 늘어서게 된다. 이렇게 물리 화학적으로 안정한 상태의 이중나선을 비-진핵산B-DNA이라고 한다. 이 기본형태는 물리 화학적인 환경 변화에 의하여 형태가 변할 수도 있으며, 다만 아직까지는 이러한 형태의 변화가 어떠한 역할을 수행하는 지는 명확히 알려져 있지 않다(그림 2-4).

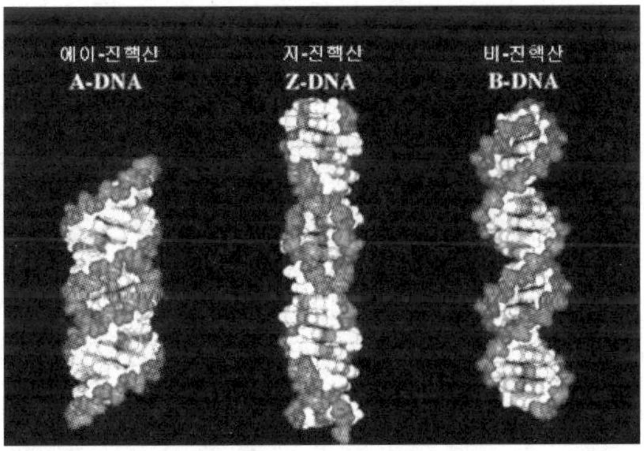

〈그림 2-4〉 이중나선의 형태. 기본형인 비-진핵산B-DNA은 위아래에서 가해지는 힘에 의해 에이-진핵산A-DNA 형태를 띨 수도 있고, 회전방향이 왼쪽으로 반대인 지-진핵산Z-DNA 형태를 띨 수도 있다.

| 유전물질로서의 진핵산

비들George Beadle 등에 의하여, 1 유전자 – 1 효소설One gene-One enzyme theory이 1941년 제창되었고, 1944년 애버리Oswald Avery 등에 의해 진핵산이 유전자를 이루는 중합체임이 밝혀지면서, 과학계는 혹시 유전자의 정체가 정말로 진핵산일지도 모른다는 생각 아래, 진핵산의 구조를 밝히는 것이 가장 큰 화두였다. 당시 단백질 구조 연구에 있어 석학이었던 폴링Linus Paupolling이 삼중나선 구조를 제시하였으나, 이것은 유전정보의 전수에 관한 아무런 이론을 제시하지 못하였고 당-인산 가닥이 속에 들어 있어 음이온의 충돌이 문제되는 상태였다. 이러한 분위기 아래 1950년 샤가프E. Chargaff가 샤가프의 법칙Chargaff' s law을 발표하여 진핵산의 염기구성이 생물 종에 따라 다르지만 A:T, G:C의 비율이 각각 1에 근접함을 보고하였고, 1952년 허쉬A. Hershey의 실험으로 유전자의 정체가 단백질이 아니라 진핵산임이 증명되면서 이러한 분위기는 더더욱 고조되었다.

| 이중나선 구조의 발견

이러한 시기에 당시 분자구조를 직접 촬영하는 기술인 X-선 회절

촬영기술을 통해 진핵산을 찍는 수많은 시도가 있었다. 수많은 연구팀 중 프랭클린Rosalind Franklin은 어느 날 아주 독특한 사진을 찍게 된다. 이 사진을 해석하지 못하던 윌킨스Maurice Wilkins는 역시 진핵산의 구조를 모형으로 구명하고자 하는 시도를 계속하던 왓슨James Watson과 크릭Francois Crick에게 사진을 보여주게 되었고, 여기서 나선구조의 영감을 얻은 두 사람은 1953년 이중나선 구조의 진핵산을 발표하게 되었다(왓슨의 《이중나선The Double Helix, 1968》 참조). 이 이중나선 구조는 폴링의 삼중나선이 가진 약점을 모두 극복하면서, 아데닌A과 티민T, 구아닌G과 시토신C이 만드는 상보적 수소결합이 유전정보의 전달방법이 될 수 있음을 제시하며 현대 분자생물학의 문을 크게 열였다.

| 이중나선 진핵산 발견 후의 유전학

유전자의 정체가 진핵산임이 밝혀짐에 따라 현대 유전학은 분자생물학적 기법과 손잡고 폭발적으로 확장될 수 있었다. 이는 생물체의 유전물질을 인간의 손으로 직접 다룰 수 있게 됨을 의미하는 동시에, 생물체의 근원적 존재 의의에 대한 대답을 얻을 수 있는 기반을 제시해 주는 혁명적인 사건인 셈이다. 분자생물학의 발전과 더불어 많은 노벨상 수상자가 배출되었다(부록 참조).

제2장

염색체의 구조

| 염색체 접힘Chromosome Folding

이중나선은 수백 번 접히고 꼬여서 염색체를 형성하게 된다. 이 과정을 통해 직경이 약 2.0 nm에 불과한 진핵산 사슬은 약 0.9㎛(=900 nm)로 약 450배 두꺼워져 염색체를 이루게 된다(그림 2-5). 이렇게 놀라운 접힘 과정은 그 중간구조가 비교적 명확히 알려져 있으

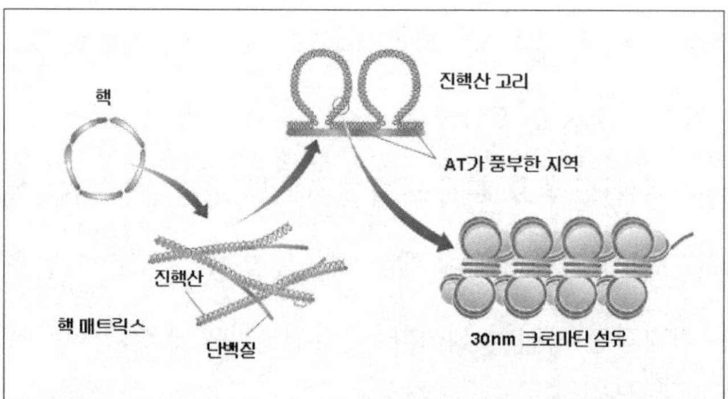

〈그림 2-5〉 진핵산 가닥은 단백질과 함께 특수한 구조를 이뤄서 약 30 nm의 염색사가 된다.

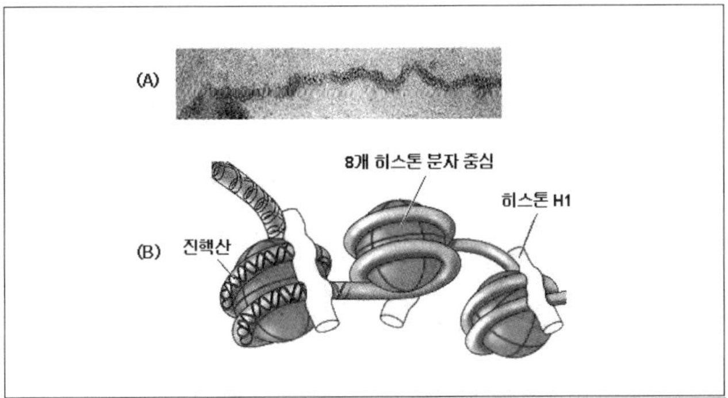

〈그림 2-6〉 히스톤단백질과 진핵산. 진핵산은 8개의 히스톤 분자 중심에 두 바퀴 반 감기는 과정을 시작으로 염색체로의 응축을 시작한다.

나, 인공적인 방법으로는 아직까지 어느 누구도 완벽하게 재현해 내지 못한 과정일 만큼 복잡하고 정교한 과정이다. 진핵산 사슬은 이러한 접힘 과정을 세포 분열 때마다 해내고 있다.

진핵생물의 진핵산DNA과 단백질 복합체를 염색질Chromatin이라 하며, 염색질의 단백질 양은 대개 진핵산DNA의 두 배 정도이다.

염색질의 기본적인 구조단위는 뉴클레오좀nucleosome으로, 이 모델은 1974년 콘버그Roger Kornberg, 2006년 노벨상 수상가 처음 발표하였다. 핵산 가수 분해 효소로 염색질을 좀 더 분해시켜 보면 뉴클레오좀 핵심입자nucleosome core particles

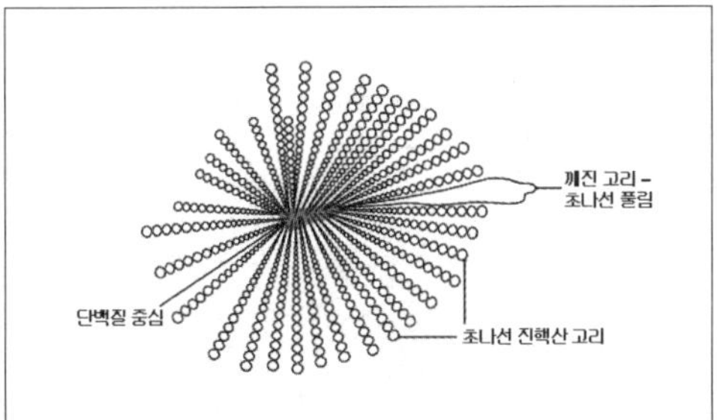

〈그림 2-7〉 염색체 단면 구조. 염색체의 단면 구조를 통해 단백질 중심을 중심으로 초나선 진핵산 꼬리가 집중적으로 꼬여서 응축된 모습을 관찰할 수 있다.

를 볼 수 있다.

이 입자를 자세히 분석하면 H2A, H2B, H3, H4 등 4가지 단백질이 각각 두 분자씩 모여 핵을 형성하고 있으며, 이 핵을 146 염기쌍의 진핵산DNA이 1.65번 둘러싸고 있음을 알 수 있다. 다섯 번째 히스톤인 H1분자는 뉴클레오좀 핵 입자를 둘러싸는 진핵산DNA의 매듭 부위에 결합되어 있다. 이것이 크로마토좀chromatosome이라는 염색질의 소단위이며, 연결히스톤Linker histone인 H1이 결합하고 있는 부위를 포함하여 히스톤 핵을 감고 있는 166염기쌍으로 구성되어 있다. 진핵산DNA은 히스톤과의 결합으로 지름이 약 10nm인 염색사가 되는데, 이는 크로마토좀chromatosome들이 약 80염기쌍 길이의 연결 진핵산DNA을 사이에 두고 떨어져 있는 형태로 되어 있다.

전자현미경으로 관찰하면 10nm 섬유가 구슬 구조를 하고 있어서 뉴클레오좀 모델이 옳았다는 것을 증명한다. 진핵산이 10nm 염색사로 응축되면 진핵산 길이가 약 6배 정도 짧아진다. 염색질이 더 응축하면 30nm 크기의 섬유로 되는데, 그 구조는 아직 잘 알려져 있지 않지만 H1 분자들 사이의 상호작용

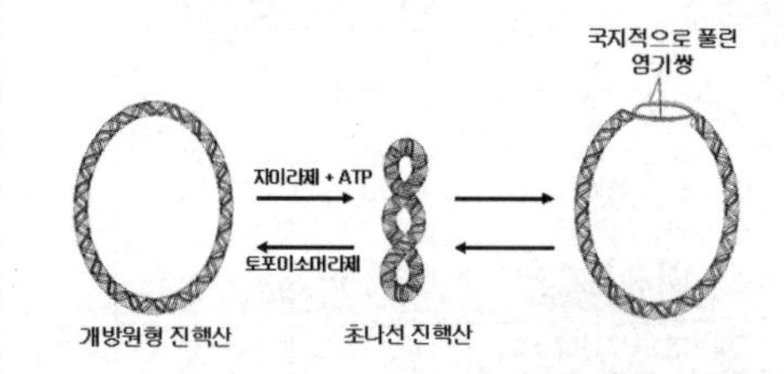

〈그림 2-8〉 초나선의 예시. 두 가닥 진핵산은 마치 고무줄을 그렇게 할 수 있듯이 물리화학적 환경 변화에 의해 한번 더 꼬여 초나선형태를 이룰 수 있다. 이를 다시 풀거나 인위적인 초나선구조를 이루기 위해 관련하는 효소가 자이라제gyrase와 토포이소머라제topoisomerase이다.

이 염색질의 응축에 중요한 역할을 하는 것으로 보인다(그림 2-6).

염색질이 응축되는 정도는 세포의 주기에 따라 다르다. 간기 세포의 염색질은 대부분 진정염색질euchromatin로 응축되지 않은 상태로 핵 전체에 고루 분포되어 있다. 이 시기에는 유전자가 전사되고 진핵산DNA은 복제되는데, 대부분의 진정염색질은 30 nm 크기의 섬유로 나타나며 약 50~100 kb 크기의 진핵산DNA 고리 모양을 형성한다. 활발하게 전사되는 유전자들은 전사기구가 접근하기 쉽도록 덜 응축된 형태로 된다.

간기 염색질의 10%는 진정염색질과는 다른 혼성염색질heterochromatin로 세포분열 동안의 염색질과 유사하게 고도로 응축되어 있다. 혼성염색질은 불활성화되어 전사가 일어나지 않는 상태이며 염색중심체centromere 및 염색말단체telomere에 존재하는 것과 같은 반복 서열을 많이 가지고 있다.

세포분열이 시작되면 염색체는 고도로 응축되어 딸세포에 나누어진다. 30 nm 크기의 염색사 고리는 중기 염색체를 형성하기 위하여 더욱 치밀하게 접히는데, 이때 진핵산DNA은 10,000배 정도 응축되게 된다. 이렇게 응축된 염색질은 더 이상 아핵산RNA 합성을 위한 주형template으로 사용될 수 없으며, 따라서 세포분열기에는 전사가 일어나지 않는다. 전자현미경으로 중기 염색체를 관찰하면 단백질 골격protein scaffold에 커다란 초나선 고리가 부착되어 있음을 볼 수 있으나(그림 2-7, 2-8), 고도로 응축된 염색질의 미세 구조와 응축 작용원리에 대해서는 아직 잘 알려져 있지 않다.

| 염색체의 기본 구조

세포분열 중기에 관측할 수 있는 염색체는 진핵산이 응축된 하나의 굵은 기둥의 쌍으로 흔히들 X자 형태로 되어 있다(그림 2-9, 2-10). 이 X자를 이루는 두 기둥은 복제된 것으로 동일한 쌍이며 각각을 염색분체Chromatid라 부른다. 이 X자의 가운데 부분을 염색중심체centromere라 하며 양 끝부분을 염색말단체telomere라고 부른다. 이 두 지역은 아직 그 역할이 파악되지 않은 많은 수의 짧은 반복서열로 구성되어 있는 것이 특징이다. 염색체를 현미경으로 관찰하면 응축 정도에 따른 옅고 짙음에 따라 무늬양상이 나타나는 것을 알 수 있는데, 이

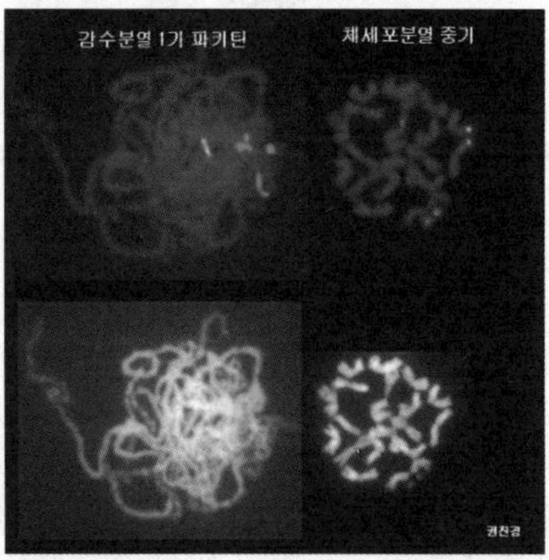

〈그림 2-9〉 형광 및 광학 현미경으로 관찰한 염색체. 감수분열 1기 파키틴Pachytin과 체세포분열 중기에 모두 상동염색체들이 짝지어 있음을 형광표지 쌍으로 알 수 있다. 광학현미경 사진에서 짙은 흰 부분은 헤테로크로마틴, 흐린 부분은 유크로마틴이다.

때 옅은 부분은 진정염색질euchromatin, 짙은 부분은 혼성염색질 heterochromatin이라 부른다(그림 2–11).

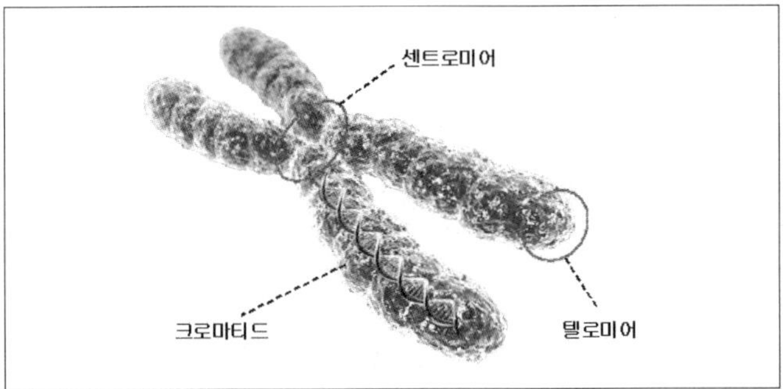

〈그림 2–10〉 염색체의 대표적 모양. 한 쌍의 염색질chromatid은 가운데 염색중심체centromere로 연결되고, 네 끝은 염색말단체telomere이다.

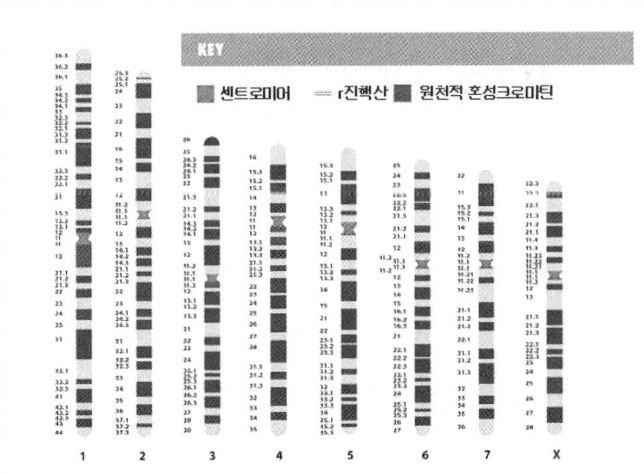

〈그림 2–11〉 염색체는 크기 순서로 번호가 매겨진다. 진한 띠는 혼성염색질로 닫힌 부분, 흐린 띠는 진성염색질로 전사가 활성화된 부분으로 알려져 있다.

제3장

이중나선의 원초적 한계점

| 이중나선의 원초적 문제점

이중나선 진핵산 구조의 발견 과정은 〈네이쳐〉 논문(Watson and Crick 1953a) 밖에도 왓슨이 자신의 개인적 경험을 토대로 쓴 《이중나선The Double Helix 1968》에 소개되어 비교적 널리 알려져 있다.

아데닌A과 티민T, 시토신C과 구아닌G이 별도로 수소결합 하는 원리가 유전정보를 후대에 전달하는 방법이 될 수 있다는 가능성 때문에 이중나선은 곧바로 관심을 끌었다(Watson and Crick 1953a). 그러나 문제가 없었던 것은 아니었다. 그리고 그 문제는 그 후 몇 가지 연구의 발전으로 해결된 것처럼 보였다. 그러나 근본적인 해답이 나오지 않은 관계로 이제까지도 진핵산의 구조와 기능의 해석에서 난맥상이 나타나는 것이다.

| 위상학적 문제

이중나선이 복제되기 위해서는 두 가닥이 서로 풀려 나가면서 새로운 두 가닥들이 꼬여 들어가야 한다. 왓슨과 크릭이 제안한 이중나선 구조는 한 회전축을 두 가닥이 공유하여 서로 꼬인 나선plectonemic coil이고 이 경우 결국 풀림의 진행이 막히게 된다(그림 2-12).

왓슨과 크릭의 또 다른 1953년 논문(Watson and Crick 1953b)의 계산을 인용하면, 이중나선이 10 염기쌍으로 한 바퀴 감는 거리가 3.4 nm이므로 복제를 위하여 약 80,000 nm인 T2 박테리오파지의 경우 20,000바퀴를 돌아야 하고, 고등생물의 경우는 그 1000배 이상은 더 돌아야 하는데, 이는 세포 안에서, 주어진 시간에, 거의 불가능한 일이다. 델브뤼크(Delbrueck 1954)는 이 문제를 해결하기 위해 "자르고 붙이는 방식"을 제안했으나 후일 메젤슨과 스탈(Meselson and Stahl 1958)의 실험에 의해 진핵산 복제가 반보존직semiconservative 방식을 따른다는 결론으로 해결되었다(그림 2-13). 또한 류와 왕(Liu and Wang 1975)의 토포이소머라제topoisomerase(그림 2-14) 발견에 힘입어 크릭 등(Crick et al. 1979)은 이중나선이 오른손 방향으로 회전하는 서로 꼬인 나선plectonemic coil임을 증명함으로써 로들리(Rodley 1976) 등이 제안한 SBS 모형, 즉 5염기가 오른손 방향 그 다음 5염기가 왼손

방향으로 연속적으로 반복되는 평행나선paranemic coil은 맞지 않다는 결론을 내린 바 있다. 외가닥씩 나란히(side-by-side, SBS) 모형은 평행으로 꼬인 나선paranemic coil이라면 풀림은 문제가 없겠지만 수소 결합 거리 등으로 볼 때 채택할 수 없는 구조이다.

그 후 토포이소머라제가 헬리카제helicase와 더불어 진핵산 복제에서 두 가닥 풀림의 해결사로 이해되고 있다(그림 2-15).

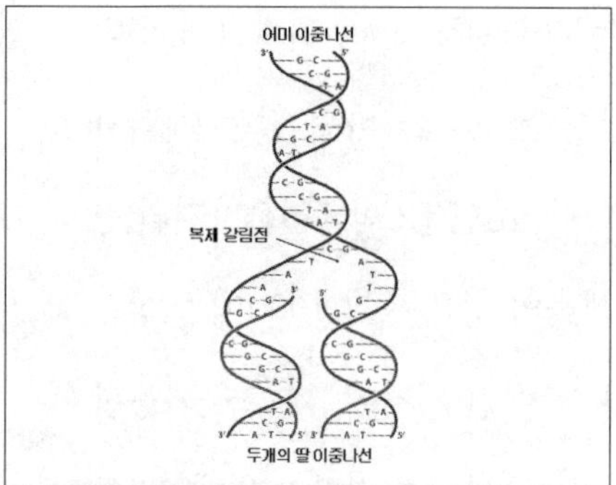

〈그림 2-12〉 이중나선 복제에서 꼬인 나선 풀기의 문제점

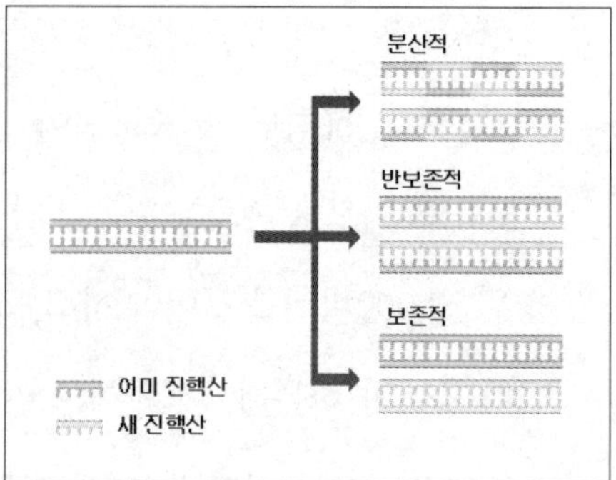

〈그림 2-13〉 진핵산 복제의 세 가지 가설

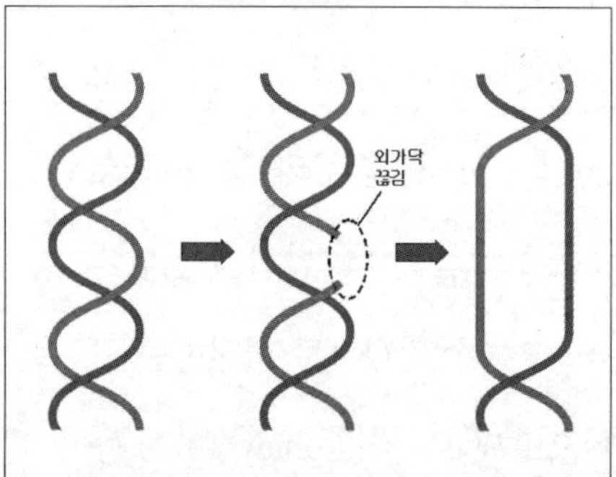

〈그림 2-14〉 장력의 조절을 위한 외가닥 자르기. 장력이 강한 핵산 사슬의 한쪽 가닥을 끊어줌으로써 장력이 완화된다.

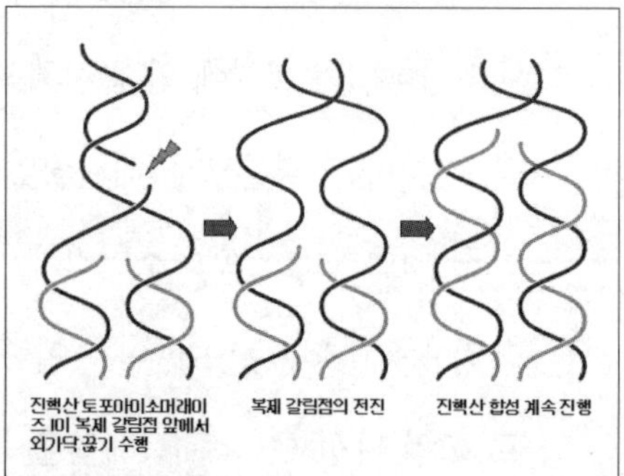

〈그림 2-15〉 토포이소머라제의 기능. 복제과정 도중 장력을 완화시켜 지속적인 복제과정이 이루어질 수 있도록 돕는다.

| 이중나선의 직경 문제

이중나선 구조의 또 하나의 숨은 문제는 바로 직경의 계산에 관한 것으로서, 당시에는 전혀 큰 관심사가 아니었다. 이 문제는 저자가 공간모형으로 네 가닥 진핵산을 만드는 과정에서, 처음에는 교과서에서 규정된 비-진핵산B-DNA으로는 네 가닥을 만들 수 없었다는 사실의 원인을 규명하기 위하여 초기 문헌들을 분석하면서 그 문제의 근원을 확실히 이해하게 되었다(Kim 1986). 왓슨과 크릭이 처음 비-진핵산B-DNA 구조를 정의할 때에는 나선의 중심축을 큰홈major groove에 두었고 직경은 2.2~2.4 nm이었다(Watson and Crick 1953b). 그러나 윌킨스 그룹(Feughelman et al. 1955)은 그들의 엑스선 회절X-ray diffractometry 결과를 제시하면서 비-진핵산 의 중심축을 수소결합 중심에 위치시키고 이중나선의 비중 계산에 맞도록 직경을 2.0 nm로 규정지었다. 이것이 그 후 잘 굽혀질 수 없는 표준 비-진핵산Canonical B-DNA으로 통용되었다.

중요한 점은 오늘날 일반이 알고 있는 직경 2.0 nm인 교과서적 표준 비-진핵산B-DNA은 큰홈이 좁아서 두 개의 이중나선이 접근하여도 네 가닥을 이룰 수 없다. 반면 2.2~2.4 nm인 왓슨 크릭 비-진핵산B-DNA은 네 가닥을 만들 수 있도록 큰홈이 넓다는 것이다(Kim 1985

1986). 따라서 프랑클린(Franklin and Gosling 1953)이 B-DNA라고 명명한 구조의 엑스선 회절 결과는 네 가닥 진핵산을 포함할 것이라는 결론에 도달했다(Kim 1986). 최근 이와 같은 주장을 우(Wu 1968)가 이미 보고하고 후속 논문을 발표하였음을 알게 되었다(Wu 1969, 1996).

| 상동재조합과 네 가닥 염기 짝짓기

박테리오파지가 박테리아에 침입하여 그 진핵산을 박테리아 진핵산에 삽입할 때 상동재조합이 관여된다는 사실을 유전학적 관찰에 의해 처음 보고한 것은 캠벨이었다(Campbell 1962). 상동재조합에서 네 가닥 염기 짝짓기의 가능성은 유전적 재조합의 한 모형으로써 맥개빈(McGavin 1971)에 의해 제기되었다.

두 개의 상동 염기서열을 가진 이중나선이 큰홈에서 만나면, 예를 들면 AT와 TA, 또는 GC와 CG사이에 추가로 수소 결합이 가능하다는 것이다.

상동성이 없는 두 개의 이중나선이 만나게 되면, 예를 들면, GC와 AT가 만나면 공간적으로 맞지 않아 추가의 수소결합을 만들 수 없다는 것이다(McGavin 1977). 윌슨(Wilsin 1979)은 이에 대해 작은홈 접근에 의한 네 가닥 진핵산 모형을 대안으로 제시했다. 윌슨의 모형이 염기 짝짓기 우선이라는 재조합 모형을 대표하는데 반해 홀리데이(Holliday 1964)와 메젤슨과 라딩(Meselson and Radding 1975)은 가닥 자르기 우선이라는 대안을 대표하였다. 네 가닥 진핵산이 재조합에 관여될 필요가 없다는 다른 주장이 시갈과 알버츠(Sigal and Alberts 1972)에 의해 제기된 바 있다. 이렇게 재조합에 관한 설명은 다양하여 통일성이 결여된 상황이라고 말할 수 있고 이 상반되는 견해들이 오늘날까지도 팽팽한 논쟁의 핵심으로 작용하고 있다

| 복제

인간유전체 염기서열이 완독된 오늘날에도 진핵생물의 진핵산 복제시점origin of replication이 발견되지 않는 점, 극도로 제한된 세포핵 내부에서, 여러 개로 존재할 것으로 추정되는 복제시점에서 복제가 양방향으로 진행되는 경우 생길 수 있는 공간적, 구조적 문제, 선도 가닥Leading strand과 지연 가닥lagging strand의 복제가 동일 방향으로 진행하는 데 따른 지연가닥의 약 3kb에 달하는 외가닥 진핵산의 공간적 처리 문제, 복제 후 두 분자의 분리 문제에 따른 위상학적 문제topological problem 등 진핵산의 가장 핵심인 복제는 미해결의 문제점들을 가지고 있다고 이 분야 전문가들은 지적한다(Alberts, 2003).

인간의 진핵산 복제의 경우에 들 수 있는 세 가지 보기를 들어 보자(서연수, 2005).

1) 인간 세포 분열에 필요한 진핵산 합성은 8시간 안에 모두 끝난다. 인간의 진핵산 합성효소DNA polymerase의 진핵산 합성 속도는 좋은 조건에서 최대 분당 1,000염기이다. 미생물에서와 같이 진핵산 복제 시점이 하나이고 양방향으로 진행된다면 약 50일이 걸리는 분량을 8시간 안에 끝내야 하는 경우 최소한 3,500개에서 최대한 30,000개의 복제시점에서 동시에, 그 좁은 공간에서 진행되어야 한다는 계산이다. 생체 안에서 작용하는 것으로 알려진 복제 시점을 분리하여 박테리아의 작은 진핵산인 플라스미드plasmid에 옮겨 넣으면 박테리아 복제시점과는 달라서 제대로 작용하지 않는다.

2) 인간의 유전체 염기서열 분석 후 알려진 진핵산 중합효소의 아미노산 서열을 가진 단백질이 놀랍게도 20개나 된다. 이들이 모두 기능하는 복제효소라면 이들은 세포 분열에 필요한 총체적 복제는 몇 개의 대표적 복제효소에 의해 진행되더라도 그 밖에도 세포 분화에 따른 특정 세포의 경우 염색체의 상태에 따라 부분적으로 대량복제를 하는 등 특수 상황에서 특수 복제효소가 활용될 수도 있다는 가능성을 제시한다.

3) 생체 안에서 진핵산은 히스톤histone을 비롯한 수많은 단백질과 결합하여 비좁은 공간에서 매우 여러 겹으로 꼬여 있는 상태이다. 이

러한 상태에서 진핵산 복제가 교과서에 설명되는 것과 같이 복잡한 과정을 과연 재연힐 수 있을지 분명치 않다.

| 전사

생물체의 수많은 세포는 모두 염색체를 핵 안에 가지고 있어서 동일한 양의 유전자를 가지고 있다. 그러나 발생과 분화를 거치면서 수백 가지의 다른 종류의 세포를 만들어 낸다. 이는 수많은 유전자 중에서 생물체의 발달 단계에 따라 세포마다 필요한 소수의 유전자만 선택적으로 찾아내 아핵산으로 전사하기 때문이다. 이 조절 메커니즘과 전사 과정은 비교적 소상히 밝혀져 있다. 그러나 각종 진핵산결합단백질의 결합으로 일어나는 진핵산의 꺾임 현상 등이 입체적으로 일관성 있게 설명되지 않는 점 등은 다시 검토할 필요가 있다.

| 재조합

진핵산 재조합은 복제에 못지않게 중요한 기능을 수행하고 그 경우와 내용도 다양하며 많은 연구가 진행되어 있다. 여러 가지 재조합 현상은 일반재조합general recombination과 보수적 위치특이재조합

conservative site-specific recombination으로 크게 나누고 후자는 다시 진핵산 부분이 방향을 바꾸는 경우역위, inversion와 작은 진핵산 부분이 목표 진핵산에 끼어드는 경우삽입, insertion와 빠져나가는 경우결실, deletion로 나눈다. 그 밖에 전위요소transposable element가 자체가 또는 복제물을 염색체 내에서 다른 자리로 옮기면서 여러 가지 생리 현상을 일으키는 경우전위, transposition가 있다.

일반재조합general recombination은 상동염색체 사이에서 일어나는 재조합을 일컫는다. 생명체가 유전 정보를 후대에 물려주기 위해 감수분열을 통해 생식세포인 난자와 정자를 만든다. 감수분열 동안에 염색체 수가 이배체에서 반수체로 줄어드는데, 물리적으로 반으로 나누는 것이 아니라 생동염색체끼리 서로 만나 중앙판에 정렬하여 여러 군데 재조합마디recombination nodule에서 시냅시스 결합체synaptonemal complex를 형성하고 교차crossing over함으로써 그 동안 양친에서 유래했던 유전자의 내용을 구역별로 일부 섞은 다음에 나누어 가지게 된다. 이 과정이 있기 때문에 생식세포들이 가지는 유전자의 조합 가능성은 수백만 가지가 될 수 있고, 후대 생물체들이 다양한 유전자 조합을 가지게 되어 변화무쌍한 환경 조건에 적응할 수 있는 개체들이 살아남아 생명 현상을 유지할 수 있게 된다.

유전자 개조gene conversion라 하여 멘델의 분리의 법칙을 벗어나는, 일반재조합의 예외적인 현상이 있다. 즉 후대에서 유전지 분리기 2:2 또는 4:4로 일어나지 않고 3:1 또는 5:3 등으로 일어나는, 유전학에서는 해묵은, 그러나 매우 중요한 과제이다. 이 현상에 대한 설명을 홀리데이(Holliday 1964)가 제시한 이래 많은 연구가 축적되었고 구체적인 설명이 제시되고 있다. 그러나 아직도 논란의 여지가 남아 있고 오늘날 진핵산 구조와 기능 연구의 핵심 논점 중 하나이다.

위치특이적재조합site-specific recombination 중 삽입insertion과 결실deletion은 박테리오파지 람다가 박테리아에 침입하는 과정에서 가장 잘 연구되어 있다. 람다 파지가 박테리아 진핵산에 침입할 때 아무 데나 들어가는 것이 아니라 쌍방의 정확한 위치를 찾아 들어간다는 사실을 캠벨(Campbell 1962)이 처음 밝힌 이후, 이 재조합에 관여하는 부분의 염기시열은 물론 관여하는 유전자와 단백질들이 소상히 밝혀져 있다(Nash 1981, Craig 1988). 랜디와 로스(Landy and Ross 1977)가 파지와 박테리아에서 공통으로 존재하는 15염기서열이 삽입에 중요함을 보고했고, 재조합에 직접 관여하는 결합자리attachmentsite, att인 람다 파지의 attp와 박테리아의 attB는 7염기임이 밝혀졌다(Craig and Nash 1983). 내쉬(1981)는 맥개빈(1977)이 제안했던 네 가닥 수소

결합을 통한 상동재조합을 제안하였다. 그러나 이는 두 개의 원이 네 가닥을 만들기 위해 서로 감싸면서 돌아야하는 위상학적 문제에 봉착하였다. 후일 집중적인 생화학적 연구 끝에 네 가닥 시냅시스synapsis 모델은 기각되었다. 대신 첫째 가닥이 먼저 왼쪽부터 결합한 후 둘째 가닥이 오른쪽부터 결합한다는 연구 결과를 얻었다(Kitts and Nash 1987, Nunes-Duby et al. 1987, Richet et al. 1988). 한편, 상동재조합에는 홀리데이 교차점Holliday junction이라는 중간 산물이 존재하는 것으로 알려져 있다. 이 홀리데이 구조에 의한 교차점의 이동branch migration이 필요 없다는 주장(Nunes-Duby et al. 1995)과 진핵산-단백질 결정 구조를 증거로 필수적이라는 주장(Biswas et al, 2005)이 대립하고 있다. 또한 삽입 과정에서 두 가닥 자르기double strand break로 잘린 8개의 끝이 재조합단백질복합체에 붙잡힌 상태를 거친다는 주장(Kitts et al. 1984, Bauer et al. 1984)과 왼쪽 끝에서 외가닥 자르기로 시작된 후 오른쪽 끝에서 또 다른 외가닥 자르기로 마무리한다는 주장(Hsu and Landy 1984, Nunes-Duby et al. 1987)이 있다.

역위inversion는 진핵산의 어느 구역이 방향을 뒤집는 현상인데 이 구역의 양끝에는 반드시 역반복염기서열inverted repeat sequence이 존재하고, 이들에 결합하여 역위 재조합을 도와주는 역위효소invertase가 존재한다. 한 가족으로 분류되는 힌Hin, 진Gin, 신Cin, 핀Pin 역위효소들은 그들의 아미노산이 약 60% 동일하고 기능도 서로 바꿔칠 정도로 가깝다. 역위가 가능하기 위해서는 몇 가지 전제조건들이 있다. 진핵산이 부의 초나선으로 있어야 하고 반복서열이 정확히 상동성이 있어야 한다. 재조합 과정에서 진Gin, 신Cin, 핀Pin은 반복서열 경계점에서 엇갈린 외가닥 자르기staggered single strand nick를 거치는 반면, 힌Hin은 두 가닥 자르기double strand break를 거치는 것으로 결과를 얻어서 논쟁의 소지를 만들었다. 이 차이점은 진핵산 재조합이 어떤 경로를 거치는가를 결정짓는 중요한 문제이다. 역위가 성공적으로 수행되기 위해서는 동일한 진핵산 위에서 약간 거리를 둔 위치에 강화자enhancer라는 제3의 요인과 이에 결합하는 단백질이 있어야 한다. 강화자의 역할에 관한 연구와 해석은 아직도 확립되지 않은 상태이다. 진핵산의 염기서열에 구애 받지 않으면서 전체 형태에 영향을 끼쳐 역위의 효과를 높여주는 에이치유HU라는 단백질도 연구 대상으로 남아있다.

| 전위

진핵산이 유전정보 물질이란 사실도 모르던 1940년대 중반에 맥클린토크McClintock 1983년 노벨상 수상는 염색체 안에서 작은 유전자 단위가 자리를 옮겨 다니면서 들어간 자리 유전자의 기능을 마비시키는 현상을 발견했다. 그 후 1970년대 후반부터 미생물에서 항생제 저항성을 갖는 돌열변이체를 분석하면서 아이에스IS 또는 티엔Tn이라는 전위요소transposable element들이 발견되기 시작했고 그 후 동물과 식물에서도 발견되었다. 전위요소들의 공통적 특징은 양 끝에 반복염기서열이 있고 이들이 전위효소transposase의 도움으로 전위에 중요한 역할을 한다는 것이다. 오늘날 모든 생물체에서 여러 종류의 전위요소들이 발견되고 있어서 이들이 생명현상에 깊이 관여할 것으로 보고 풍부한 유전체genome 염기서열 정보를 바탕으로 활발한 연구가 진행되고 있다. 전위요소는 본래의 자리를 떠나 새로운 자리로 옮기는 보수적 전위와 본래의 자리를 지키면서 복제품을 새로운 자리에 집어넣는 복제적 전위가 있다. 새로운 자리에 전위해 들어갈 때마다 목표물의 5–7염기가 중복되어 전위요소의 양 끝에 자리한다. 이러한 특징들에 관한 설명들은 있으나 아직 진핵산–단백질 결정학 연구는 핵심 사안을 설명할 수 있는 단계까지 접근하지 못한 상황이다.

제4장

진핵산 구조의 대안들

진핵산 염기 12~24개 길이의 올리고머 유기합성 기술과 재조합유전자 기술의 발달로 1970년대 후반과 1980년대 초반에 진핵산 구조에 관한 연구가 크게 발전하여 왼손방향 지-진핵산Z-DNA을 비롯한 진핵산 이중나선 구조의 다형성이 전면으로 부각되었다(Rich 1982, Arnott et al. 1982). 이중나선을 가열하여 외가닥으로 풀린 상태에서 만들어지는 되접이foldback, FB DNA(Potter 1982) 형태나 십자형cruciform (Lilley 1982) 형태는 그 구조와 역할이 관심의 대상이었으나 이중나선으로 만늘어지는 꺾쇠호나선foldback intercoil 구조는 이제까지 언급된 바 없다. 각종 반복 염기서열repeat sequences과 자체 대칭염기서열 palindrome sequence은 전위요소transposable element와 제한효소restriction enzyme의 대량 발견에 힘입어 많이 연구되었다.

이중나선 구조에서 하나의 염기가 기존의 수소결합을 벗어나 밖으로 젖혀지는 염기회전base flipping이 가능함이 보고되었다(Klimasauskas et al. 1994). 염기회전은 진핵산 수선DNA repair이나 동형재조합homologous recombination에서 활용되는 것으로 이해된다. 비-진핵산B-DNA과 지-진핵산Z-DNA이 경계선에서 한 염기쌍을 염기회전에 의해 밖을 향하게 하는base extrusion 구조가 결정학적 연구로 최근 보고되어(Ha et al. 2005) 지-진핵산Z-DNA이 참여할 생물학적 역할을 찾는 길을 열어 주었다.

단백질 결합에 의해서 진핵산이 굽혀지는 현상도 많이 밝혀지고 있다. 아핵산 합성효소 2RNA polymerase II가 결합하는 부위인 진핵산 TATA 부위에 TATA-결합단백질TATA binding protein, TBP이 결합하게 되면 작은홈minor groove이 벌어지면서 거의 평행을 이루고 약 80° 각도로 꺾인다는 것이다(Nikolov et al. 1995).

네 가닥 진핵산four-stranded DNA 또는 quadruplex DNA의 결정학적 관찰도 polyG oligomer 등 화학적 합성으로 시료의 대량생산이 가능한 특수한 경우에 한해 보고된 바 있다(Sen and Gilbert 1988, Sundquist and Klug 1989, Williamson et al. 1989).

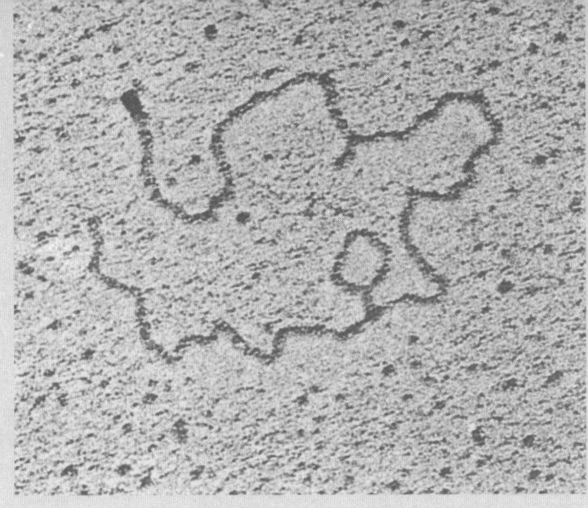

제3부

진핵산의 기능

유전정보를 담은 고분자화합물로써 진핵산이 생체 안에서 수행하는 네 가지 주요 기능, 즉 복제, 전사, 재조합, 전위를 다룬다. 주요 핵심정보를 바탕으로 하여 교과서적 개념을 정리하되 모든 문제를 설명하기보다는 재해석이 필요한 문제점들이 부각되도록 하여 후반에 꺾쇠호나선FBI 진핵산의 개념과 비교 · 검토할 수 있는 근거를 제시하도록 하였다.

제1장

진핵산의 복제

이중나선 구조의 발견으로 진핵산 가닥이 상보적 염기쌍을 이루고 있다는 사실이 밝혀짐으로써 세포분열 때 필수적 과정인 유전물질의 자기복제가 어떻게 이루어지는 가에 대한 의문을 해결하는 실마리가 제공되었다. 두 가닥의 진핵산 분자는 서로 분리되어, 상보적인 새 가닥의 합성에 주형으로 사용되고 새 가닥의 염기서열은 염기쌍 형성의 특이성으로 결정될 것이라고 생각했다. 이러한 정보 아래 모두 세 가지의 가설이 성립되었는데, 각각 분산적Dispersive, 반보존적Semiconservative, 그리고 보존적Conservative 복제 가설이다(그림 3-1). 분산적 복제 가설은 주형 진핵산 조각과 신생 진핵산 조각이 서로 섞여서 자손 진핵산 가닥을 이룬다는 것이고, 반보존적 복제 가설은 하나의 자손 진핵산 가닥은 각각 주형 가닥과 신생 가닥으로 이루어진다는 설이며, 마지막 보존적 복제 가설은 주형 가닥과 신생 가닥이 끼리끼리 결합하여 두 자손 진핵산 가닥을 이룬다는 것이었다. 이 세 가설 중 반보존적 복제 가설이 가장 타당하고, 왓슨Watson 과 크릭 Crick 의 이중나선 구조에도 꼭 들어맞는 것이었으니, 실험적인 증거는 없었다.

메젤슨Messelson과 스탈Sthal은 1958년, 이 세 가지 가설을 동시에 검증할 수 있는 실험을 수행하였다. 보통 질소(14N) 보다 무거운 질소 동위 원소(15N)이 포함된 배지에서 수 세대간 배양하여 모든 진핵산 가닥의 질소가 무거운 질소를 포함하도록 한 대장균을 보통 배지로 옮긴 후 세대 별로 진핵산을 추출하여 원심분리를 통해 진핵산의 밀

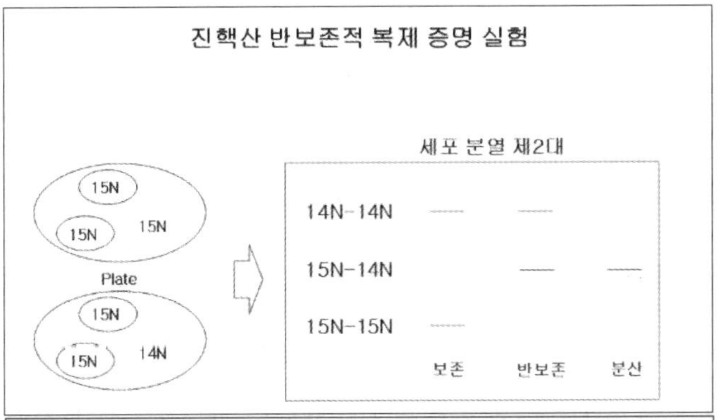

〈그림 3-1〉 메젤슨과 스탈이 1958년 진핵산의 반보존적 복제를 증명한 실험 요점.

도를 측정하였다. 보존적 복제 가설이 옳다면, 세대를 진전하여도 15N-15N 가닥은 유지되며, 새로이 생성되는 가닥은 14N-14N 가닥뿐이므로, 밀도에 따라 진핵산은 두 층만을 관찰 할 수 있을 것이

다. 그리고 반보존적 가설이 옳다면, 15N–15N 가닥은 다음 세대에서부터 사라지고, 오로지 15N–14N 가닥과 14N–14N 가닥만이 존재하게 된다. 이를 밀도구배 하에서 관찰하면, 앞에서의 보존적 복제와 같이 두 층으로 구분이 되지만 그 간격은 훨씬 좁아지게 된다. 마지막으로 분산적 복제 가설이 옳을 경우에는, 세대를 아무리 거치더라도, 전체 진핵산에 15N 진핵산이 편중 없이 널리 퍼지게 되므로, 원심분리를 하면 오로지 하나의 층만이 생성되며, 세대가 진전됨에 따라 15N–14N인 층에서 14N–14N인 층으로 점점 가까워지게 된다. 이 실험을 통해 진핵산의 복제는 반보존적 복제Semiconservative replication라는 것이 밝혀졌다.

이러한 사실의 발견에도 불구하고, 진핵산의 복제는 단일효소 반응보다 훨씬 더 복잡하다. 다른 단백질들도 관여하며 복제의 정확성이 세포증식에 필요한 낮은 오류빈도와 합당하도록 보장하기 위해서는 교정 작용원리가 요구된다. 추가적인 단백질과 특이적 진핵산 염기서열 또한 복제를 개시하고 진핵세포 염색체의 말단부위를 복사하기 위해 필요하다.

그럼 진핵산의 복제 과정에 대해서 알아보자.

이 과정은 진핵산 가닥이 가지는 두 가지 특징 때문에 복잡성을 띄게 되는데, 그 첫 번째는 진핵산이 이중나선 구조를 이루고 있으므로,

복제를 위해 한쪽의 나선을 풀어야 하고, 또 한쪽 나선이 풀어지면 다른 한쪽의 장력이 강해져서 구조에 불안정성을 가져온다는 것이며, 나머지 하나는 뉴클레오티드 분자가 반드시 한쪽 방향(오탄당 → 인산기, 혹은 오탄당의 탄소번호를 이용하여 5' → 3')으로만 결합한다는 것이다(그림 3-2).

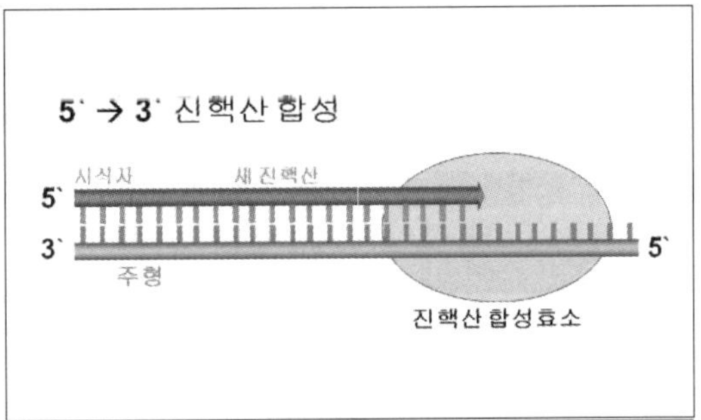

〈그림 3-2〉 진핵산 복제는 주형 위에 시작자primer라는 짧은 뉴크레오티드가 결합하여야 5'→3' 방향으로 진핵산 합성효소가 새 진핵산 가닥을 합성할 수 있다.

첫 번째 문제를 해결하기 위해, 진핵산 중합효소DNA polymerase 앞에는 헬리카제Helicase라는 나선을 풀어주는 효소가 결합하여 선도해 나아간다. 풀어진 나선 뒤에서 중합효소가 따라가면서 상보적인 뉴클레오티드 결합을 통해 새로운 가닥의 진핵산을 중합해 나아간다. 한쪽의 나선이 풀어짐으로 인해 불안정해진 나머지 부분의 장력을 조절하기 위해 헬리카제Helicase 너머에서는 토포이소머라제topoisomerase가 진핵산 한 가닥을 끊어 한 바퀴 돌려서 다시 이어 붙이는 과정을 수행한다(그림 2-14). 이를 통해 나선구조를 유지하면서도 새로운 가닥의 진핵산 이중나선을 중합할 수 있게 된다. 두 번째 문제는 조금 더 복잡하다. 한 방향으로만 진핵산 중합과정이 일어날 수 있기 때문에, 한쪽 가닥의 경우에는 중합효소가 헬리카제Helicase의 진행방향과 동일하게 이동하면서 진핵산 중합과정을 이어갈 수 있지만, 나머지 가닥의 경우에는 그렇지 않다.

이 때, 앞의 가닥을 선도 가닥Leading strand이라 하고 나머지 가닥를 지연 가닥Lagging strand 이라고 하는데, 이 지연 가닥에서는 중합효소가 헬리카제Helicase 의 진행방향에 비추어볼 때 순행과 역행을 반복하면서 오카자키 단편Okazaki fragment 이라 불리우는 자그마한 진핵산 조각을 합성한다. 이렇게 만들어진 오카자키 단편들은 중합효소 뒤에서 따라오는 진핵산 연결 효소DNA ligase 를 통해 접합되어 새로운 진핵산 가닥을 완성하게 된다. 이러한 이론은 차후에 선도와 지연 양 가닥을 중합하는 중합효소가 서로 결합하여 이동한다는 중합효소복합체DNA polymerase complex의 지식이 일반화 되면서, 기존의 Y-자 진핵산 뼈대보다는 진핵산이 휘어져서 단백질복합체와 결합되어 있는 모델이 제시되기 시작한다(그림 3-3).

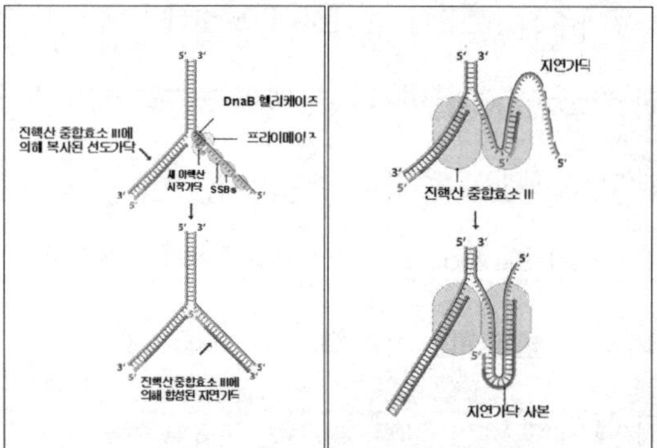

〈그림 3-3〉 지연가닥과 선도가닥의 복제과정의 차이. 선도가닥은 긴장이 풀어지는 방향과 동일한 방향으로 합성효소가 진행한다. 지연가닥은 그렇지 않으므로 합성효소가 전진과 후진을 반복하면서 비교적 짧은 길이의 염기쌍 가닥으로 합성한 다음 뒤따라오는 연결효소가 결합시켜 새로운 가닥을 완성한다

이러한 복제를 거시적인 관

점에서 바라볼 필요도 있을 것이다. 원형 플라스미드Plasmid에는 반드시 하나의 복제기점 Replication origin이 있어, 이 기점에 생성되는 자그마한 틈새D-ring를 시작으로 양방향 복제가 시작된다(그림 3-4, 3-6). 혹은 복제기점에서 진핵산 가닥이 끊어져 복제 기간 동안만 일시적으로 선형구조를 이루어 한 쪽 방향으로만 복제를 진행하는 경우도 있다(그림 3-5).

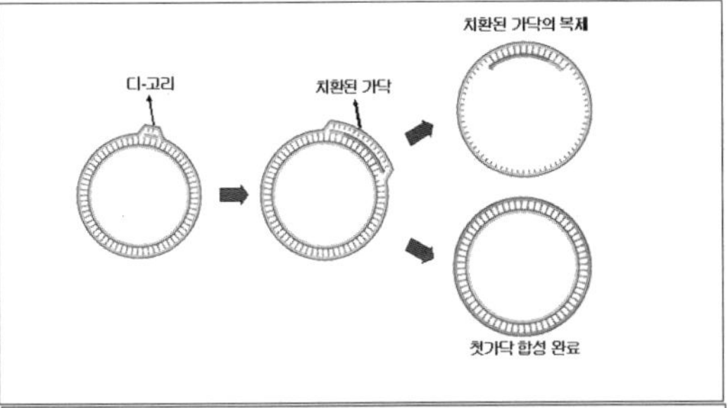

〈그림 3-4〉 원형 진핵산의 복제 : 디-고리 모형D-loop model

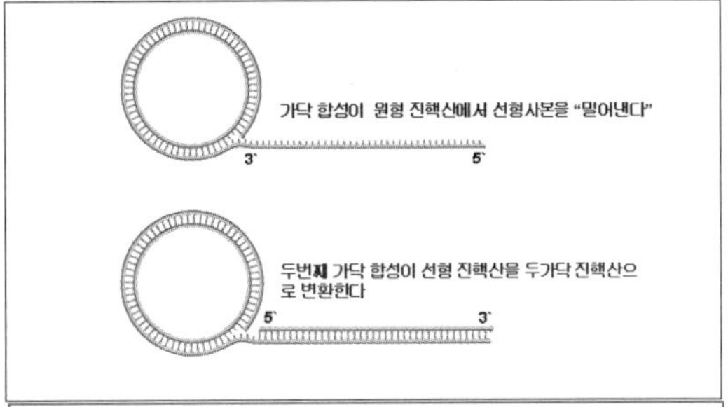

〈그림 3-5〉 원형 진핵산의 복제 : 굴렁쇠 모형rolling circle model

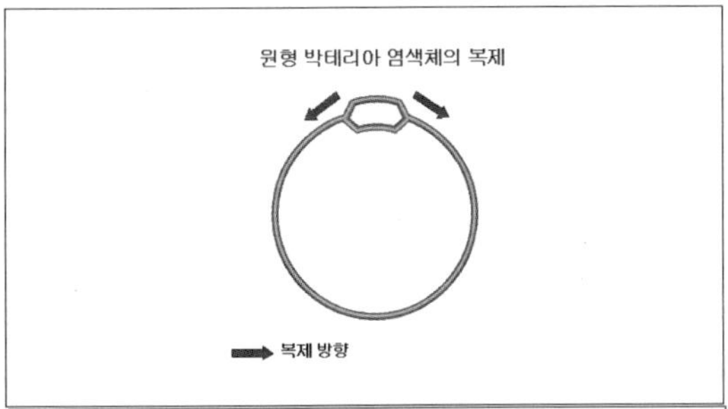

〈그림 3-6〉 원형 진핵산의 복제 기점. 원형 진핵산은 한 개의 복제 기점으로 충분하다.

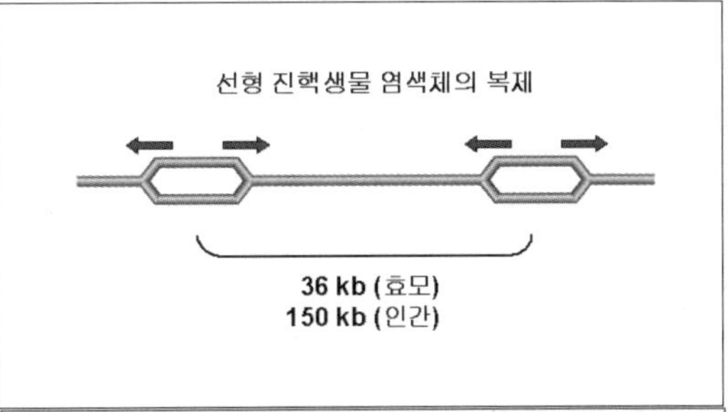

〈그림 3-7〉 선형 진핵산의 복제 기점. 선형 진핵산은 거리를 두고 띄엄띄엄 존재한다.

이 때에는 물론 복제 과정이 완료되고 나면, 다시 끝부분끼리 결합하여 원형 구조로 돌아가게 된다. 반면 고등 생물의 진핵산에서는 그 방대한 크기에 걸맞게 여러 개의 복제기점에서 동시다발적으로 복제 과정이 일어나게 된다(그림 3-7).

제2장

진핵산의 전사

생물체의 수많은 세포는 모두 염색체를 핵 안에 가지고 있어서 동일한 양의 유전자를 가지고 있다. 그러나 발생과 분화를 거치면서 수백 가지의 다른 종류의 세포를 만들어 낸다. 이는 수많은 유전자 중에서 생물체의 발달 단계에 따라 세포마다 필요한 소수의 유전자만 선택적으로 찾아내 아핵산으로 전사하기 때문이다. 이 조절 메커니즘과 전사 과정은 비교적 소상히 밝혀져 있다. 그러나 각종 진핵산결합단백질의 결합으로 일어나는 진핵산의 꺾임 현상 등이 입체적으로 일관성 있게 설명되지 않는 점 등은 다시 검토할 필요가 있다.

유전자 발현은 유전 정보가 진핵산에서 아핵산으로, 그리고 아핵산에서 단백질로 전달됨으로써 이루어진다. 아핵산 분자는 진핵산 의존성 아핵산 중합효소DNA-dependent RNA polymerase라 불리는 효소에 의해 촉매되는 중합 반응으로 한 가닥의 진핵산 염기서열을 주형으로 사용하여 합성된다. 아핵산 분자의 합성이 개시, 연장, 종결되는 과정을 전사라 한다.

전사의 첫 단계는 아핵산 중합효소가 진핵산 분자에 결합하는 것이다. 결합은 약 40염기로 구성된 촉진자 또는 프로모터promoter라는 특정 장소에서 일어나며, 여기서 여러 상호 작용이 일어나게 된다. 촉진자promotor에 대장균의 진핵산 중합효소가 자리 잡을 때에 가장 중요한 접촉은 진핵산의 두 군데의 수 개의 염기서열 부분에서 일어난다. 이 부분은 아핵산의 첫 염기를 지시하는 염기의 앞쪽으로 10염기 근처와 35염기 근처에 해당하는 부분이다. 전사체의 첫 염기를 지시하는 염기는 전사의 시작부분이 되며 이를 +1이라 부른다. 따라서 위의 두 부분은 −10과 −35 근처에 해당한다. 아핵산 중합효소의 시그마σ 단위체에는 두 개의 알파α–나선이 있고 이 부분의 일부 아미노산은 진핵산의 큰홈 부분의 염기쌍의 노출된 부분과 고유한 접촉을 한다. 두 부분의 알파α–나선이 언급한 두 부분의 진핵산 부분과 동시에 접촉이 됨으로써 중합효소는 그 위치를 잡게 된다. 진핵산에서 한 번의 나선간격이 10−11 염기쌍에 해당하므로, 이와 같은 접촉은 대체적으로 진핵산에서 두 번의 나선 간격 떨어진 동일 면에서 이루어진다.

대장균의 아핵산 중합효소는 촉진자promotor에 붙어있을 시에 −55부터 +20의 70−75 염기쌍을 감쌀 수 있는 큰 단백질이며, 따라서 어렵지 않게 언급한 두 부분과 접촉이 가능하다.

전령아핵산mRNA의 시작부분과 −10, 35 근처 부분은 진한 색으로 표시되어 있다(그림 3−8). 아주 특이한 점은 두 주요 부분을 제외하고는 그 염기서열들이 같지도 유사하지도 않다는 점이다. 진하게 표시한 −7 ~ −12 근처가 서로 유사하고, 또 −30 ~ −35 근처가 서로 유사하다. −10근처의 염기서열은 기본적으로 TATAAT(−10 보존염기서열이라 부름)의 변형으로, −35 근처는 TTGACA(−35 보존염기서열이라 부름)의 변형으로 간주된다. 보존 염기서열이란 실제의 여러 예에서 한 두 염기서열 이하의 차이를 보이는 공통 염기서열을 칭한다.

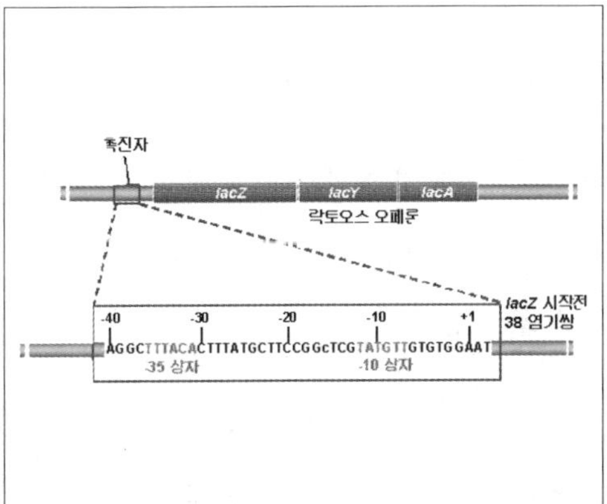

〈그림 3−8〉 전사를 위한 촉진자 부위의 −10 상자와 −35 상자의 보존된 염기서열.

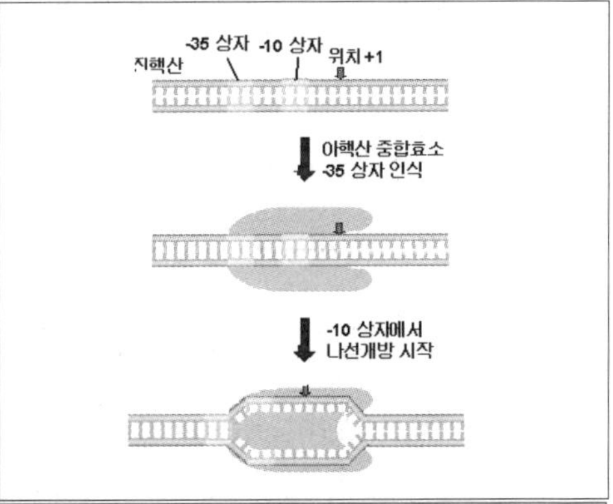

〈그림 3−9〉 전사를 위한 촉진자 부위. −10 상자, −35 상자와 전사개시점은 모두 아핵산중합효소로 덮이는 부분이다.

많은 촉진자promotor의 경우에 두 접촉 부분의 염기서열 중 한쪽은 보존염기서열과 상당히 다르다. 이러한 경우에는 아핵산 중합효소가 해당 염기서열을 잘 인식하지 못하며, 따라서 이 촉진자promotor에서는 전사가 잘 되지 않는다. 많은 양의 발현이 필요하지 않은 유전자들 경우에는 별 문제가 없겠으나, 그렇지 않은 경우에는 아핵산 중합효소가 촉진자promotor에 잘 붙도록 도와주는 보조 단백질이 필요하게 된다.

이와 같은 작용을 하는 보조 단백질을 유전자 활성 단백질gene activating protein이라 하며 이는 기본적으로 양성적 영향자positive effector 이라 하겠다. 예를 들어 λ Pre promoter는 λ cII 단백질이 존재할 때만 활성화된다. 이들 효과인자가 촉진자promotor에 가까이 또는 그 내부에 있는 특정 염기 배열에 붙어서, 아핵산 중합효소와 상호 작용을 할 수 있는 표면이 있어 이를 통해 중합효소가 자리를 잡을 수 있도록 한다. 따라서 어떤 효과인자는 인식 염기서열이 좋지 않은 촉진자promotor에 아핵산 중합효소가 잘 붙도록 돕는 역할을 한다. 잘 알려진 또 다른 예의 효과단백질로 캡CAP 단백질이 있다. 이 효과인자 단백질은 당 대사에 관계되는 많은 유전자의 촉진자promotor를 활성화하는 데 필요하며, 캡CAP이 붙느냐 떨어지느냐를 조절하는 것이 이 유전자들에서는 핵심적인 발현조절 방법이다.

일단 진핵산 중합효소가 촉진자promotor에 붙고 나면 +3 ~ −10 근처의 염기쌍에 해당하는 일부분을 풀어내어 개방촉진자 복합체open-promoter complex를 형성한다(그림 3-9). 이러한 풀림은 새로 안으로 들어오는 아핵산의 합성의 전구체인 리보뉴클레오티드의 짝짓기에 필요하다. 이 부분의 염기서열은 일반적으로 아데닌과 티민AT이 풍부하여 진핵산이 용이하게 풀리게 된다.

일단 개방 촉진자 복합체가 형성되면, 아핵산 중합효소는 아핵산 합성을 개시하게 된다. 아핵산 중합효소는 2개의 뉴클레오티드 결합 자리를 가지고 있는데, 개시 자리와 신장 자리가 그것이다. 개시 자리는 퓨린 삼인산, 즉 에티피ATP 또는 지티피GTP하고 결합하기 때문에 에티피ATP 또는 지티피GTP가 사슬의 첫 뉴클레오티드가 된다. 따라서 전사되는 첫 진핵산 염기는 주로 티민T 또는시토신C이다. 이 첫 뉴클레오티드 삼인산은 개방촉진자 복합체의 효소와 결합하여 상보적인 진핵산 염기와 수소 결합을 하게 된다. 그리고 나서 신장 자리에 진핵산 가닥의 다음 염기와 수소 결합을 할 수 있는 뉴클레오디드 삼인산이 자리잡게 된다.

그림에서 보이듯이 이 2개의 뉴클레오티드는 서로 결합되고 아핵산 중합효소는 다음 염기쌍 쪽으로 진핵산을 따라 이동한다. 이와 같은 이동과 더불어 +4 위치의 염기쌍은 벌어지고, −10은 합쳐져서 결국 한 염기쌍의 위치만큼은 이동을 했으나, 동일 크기인 13 염기쌍만큼은 풀린 채로 유지된다. 이 두 뉴클레오티드의 결합체는 진핵산에 수소 결합으로 붙들려 있고, 아직 쌍을 이루지 못한 +3에 해당하는 염기는 신장자리에 위치하게 된다. 다시 신장자리에는 +3위치 염기와 상보적으로 붙을 수 있는 염기가 자리 잡게 되고 이 염기는 먼저 연결되었던 두 염기에 연결이 되며, 아핵산 중합효소는 한 염기쌍만큼 이동한다. 이와 같은 염기가 골라지고, 연결되고, 아핵산 중합효소가 이동하고, 한 쪽의 진핵산 염기쌍은 풀리고 다른 쪽의 염기쌍은 닫히고 하는 반복적인 절차를 거치면서 아핵산은 점차 길어지게 된다.

진핵산 두 가닥 중 한 가닥의 염기와 상보적인 염기가 골라지며, 이 과정이 가능하도록 진핵산이 풀린다고 할 수 있다. 새로 들어오게 되는 아핵산 뉴클레오티드와 쌍을 이루는 염기가 있는 진핵산 가닥이 주형가닥이다. 주형가닥의 염기서열은 아핵산의 것과 상보적이므로 아핵산의 염기서열은 주형이 아닌 쪽의 염기서열과 같다.

몇 개의 뉴클레오티드(4~8개)가 신장되는 사슬에 첨가된 후에 세 가지 주요한 변화가 일어난다. 첫째, 주형에서 아핵산 사슬의 5' 끝의 뉴클레오티드(첫 번째로 들어간)가 떨어져서 상보적인 진핵산의 다른 가닥과 염기쌍을 이룰 수 있게 된다. 둘째, 아핵산 중합효소는 구조가 변하면서 시그마σ 단위체가 떨어진다. 셋째, 사슬 신장을 돕는 작용을 하는 NusA단백질이 붙는다. 그래서 대부분의 신장은 핵심 효소와

NusA단백질 복합체에 의해 이루어진다. 새로운 뉴클레오티드가 사슬의 3' 끝쪽에 붙을 때마다 5' 방향에서 한 뉴클레오티드가 주형으로 분리된다. 따라서 사슬이 신장됨에 따라 3' 끝쪽의 4~8 뉴클레오티드에 해당하는 일정크기만 진핵산 주형에 붙어있게 되고 나머지 아핵산사슬은 외가닥으로 아핵산 중합효소로부터 빠져 나오게 된다.

제3장

진핵산의 재조합

재조합은 진화의 관점에서 중요한 유전적 다양성을 발생시키는데 핵심이다. 재조합은 유전자들을 다른 조합들로 재분배되도록 함으로써 진화과정에서 중심적인 역할을 한다. 예를 들면, 유전적 재조합은 감수분열 동안 쌍을 이룬 상동염색체들 사이에서 유전자들의 교환을 일으킨다. 또한 재조합은 발달과 분화 동안 일부 유전자들의 발현과 기능을 변화시키는 특이적 진핵산 서열의 재배열에도 관여한다. 따라서 재조합은 종의 유전적 다양성에 기여할 뿐만 아니라 개개의 세포와 유기체의 삶에도 중요한 역할을 한다.

진핵산 재조합은 복제에 못지않게 중요한 기능을 수행하므로 그 경우와 내용도 다양하며 많은 연구가 진행되어 있다. 여러 가지 재조합 현상은 일반재조합general recombination과 보수적 위치특이재조합conservative site-specific recombination으로 크게 나누고 후자는 다시 진핵산 부분이 방향을 바꾸는 역위inversion와 작은 진핵산 부분이 목표 진핵산에 끼어드는 삽입insertion과 빠져나가는 결실deletion로 나눈다. 그 밖에 전위요소transposable element가 자체 또는 복제물을 염색체 내에서 다른 자리로 옮기면서 여러 가지 생리 현상을 일으키는 전위transposition의 경우가 있다.

일반재조합general recombination은 상동염색체 사이에서 일어나는 재조합을 일컫는다. 생명체가 유전 정보를 후대에 물려주기 위해 감수분열을 통해 생식세포인 난자와 정자를 만든다. 감수분열 동안에 염색체 수가 이배체에서 반수체로 줄어드는데, 물리적으로 반으로 나누는 것이 아니라 생동염색체끼리 서로 만나 중앙판에 정렬하여 여러 군데 재조합마디recombination nodule에서 시냅시스 결합체synaptonemal complex를 형성하고 교차crossing over함으로써 그동안 양친에서 유래했던 유전자의 내용을 구역별로 일부 섞은 다음에 나누어 가지게 된다. 이 과정이 있기 때문에 생식세포들이 가지는 유진자의 조합 가능성은 수백만 가지가 될 수 있고, 후대 생물체들이 다양한 유전자 조합을 가지게 되어 변화무쌍한 환경 조건에 적응할 수 있는 개체들이 살아남아 생명 현상을 유지할 수 있게 된다.

유전자 개조 또는 컨버젼gene conversion이라 하여 멘델의 분리의 법칙을 벗어나는, 일반재조합의 예외적인 현상이 있다. 즉 후대에서 유전자 분리가 2:2 또는 4:4로 일어나지 않고 3:1 또는 5:3 등으로 일어나는, 유전학에서는 해묵은, 그러나 매우 중요한 과제이다(그림 3-10). 이 현상에 대한 설명을 홀리데이(Holliday 1964)가 제시한 이래 많은 연구가 축적되었고 구체적인 설명이 제시되고 있다. 그러나 아직도 논란의 여지가 남아 있고 오늘날 진핵산 구조와 기능 연구의 핵심 논점 중 하나이다.

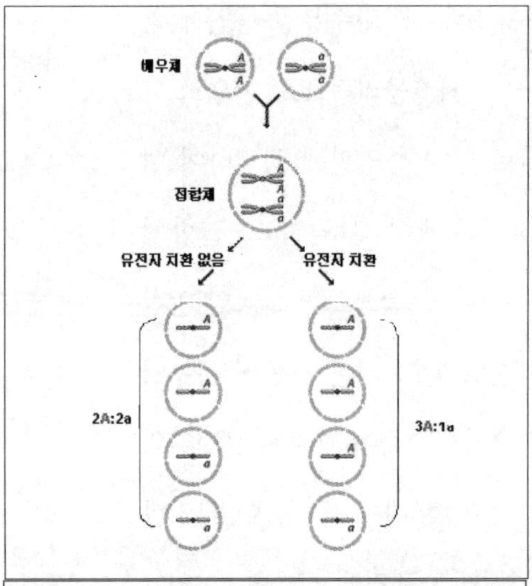

〈그림 3-10〉 진핵산 재조합recombination과 치환 또는 개조conversion. 정상적 재조합으로 2:2의 비율로 나와야 할 후대에서 3:1과 같은 불균형적 비례가 나오는 것은 진핵산의 개조에 의한 것이라 하며 그 분자 수준 작용 원리가 아직도 중요한 핵심 쟁점이다.

위치특이적재조합site-specific 중 삽입insertion과 결실deletion은 박테리오파지bacteriophage 람다λ가 박테리아에 침입하는 과정에서 가장 잘 연구되어 있다(그림 3-11). 람다 파지가 박테리아 진핵산에 침입할 때 아무 데나 들어가는 것이 아니라 쌍방의 정확한 위치를 찾아 들어간다는 사실을 캠벨(Campbell 1962)이 처음 밝힌 이후, 이 재조합에 관여하는 부분의 염기서열은 물론 관여하는 유전자와 단백질들이 소상히 밝혀져 있다(Nash 1981,

Craig 1988).

랜디와 로스(Landy and Ross 1977)가 파지와 박테리아에서 공통으로 존재하는 15염기서열이 삽입에 중요함을 보고했고, 재조합에 직접 관여하는 부위인 람다 파지의 attP와 박테리아의 attB는 7염기임이 밝혀졌다(Craig and Nash 1983) (그림 3-12). 내쉬(1981)는 맥개빈(1977)이 제안했던 네 가닥 수소결합을 통한 상동재조합을 제안하였다. 그러나 이는 두 개의 원이 네 가닥을 만들기 위해 서로 감싸면서 돌아야 하는 위상학적 문제에 봉착하였다.

후일 집중적인 생화학적 연구 끝에 네 가닥 시냅시스synapsis 모델은 기각되었다. 대신 첫째 가닥이 먼저 왼쪽부터 결합한 후 둘째 가닥이 오른쪽부터 결합한다는 연구결과를 얻었다(Kitts and Nash 1987, Nunes-Duby et al. 1987, Richet et al. 1988). 한편, 상동재조합에는 홀리데이 교차점Holliday junction이라는 중간 산물이 존재하는 것으로 알려져 있다. 이 홀리데이 구조에 의한 교차점의 이동 또는 가지 이주branch migration가 필요 없다는 주장(Nunes-Duby et al. 1995)과 진핵산-단백질 결정 구조를 증거로 필수적이라는 주장(Biswas et al. 2005)이 대립하고 있다. 또한 삽입 과정에서 두 가닥 자르기double strand break로 잘린 8개의 끝이 재조합단백질 복합체에 붙잡힌 상태를 거친다는 주장(Kitts et al. 1984, Bauer et al. 1984)과 왼쪽 끝에서 외

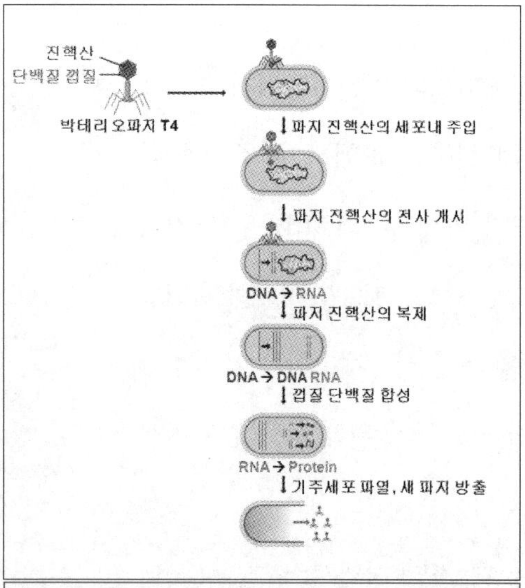

〈그림 3-11〉 티4T4 박테리오파지의 일생. 티4 박테리오파지는 박테리아의 내부에 자신의 진핵산을 삽입하여 박테리아로 하여금 박테리오파지를 생산하도록 한다. 이러한 과정을 통해 티4 박테리오파지는 번식을 한다.

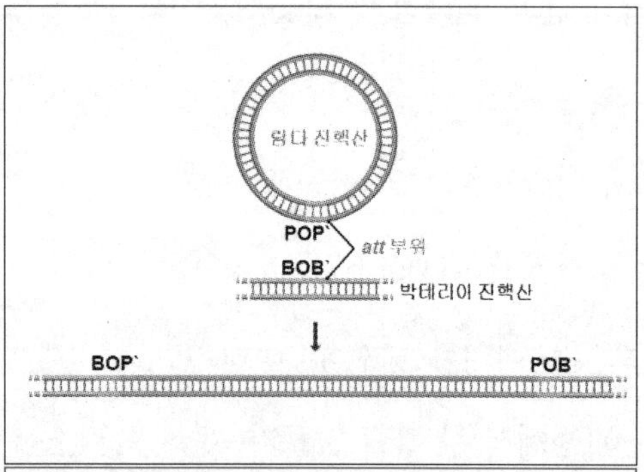

〈그림 3-12〉 박테리오파지 진핵산의 삽입. 이 삽입은 약 6 bp의 attB와 attP라는 특정 염기서열의 일치로 일어나며, 염기서열이 정확하게 일치하여야만이 일어나는 대표적인 염기서열 특이적 재조합의 한 예이다.

가닥 자르기로 시작된 후 오른쪽 끝에서 또 다른 외가닥 자르기로 마무리한다는 주장(Hsu and Landy 1984, Nunes-Duby et al. 1987)이 있다.

역위inversion는 진핵산의 어느 구역이 방향을 뒤집는 현상인데 이 구역의 양끝에는 반드시 역반복염기서열inverted repeat sequence이 존재하고, 이들에 결합하여 역위 재조합을 도와주는 역위효소invertase가 존재한다. 한 가족으로 분류되는 힌Hin, 진Gin, 신Cin, 핀Pin 역위효소들은 그들의 아미노산이 약 60% 동일하고 기능도 서로 바꿔칠 정도로 가깝다. 역위가 가능하기 위해서는 몇 가지 전제조건들이 있다. 진핵산이 부의 초나선으로 있어야 하고 반복서열이 정확히 상동성이 있어야 한다. 재조합 과정에서 진Gin, 신Cin, 핀Pin은 반복서열 경계점에서 엇갈린 외가닥 자르기staggered single strand nick를 거치는 반면, 힌Hin은 두 가닥 자르기double strand break를 거치는 것으로 결과를 얻어서 논쟁의 소지를 만들었다. 이 차이점은 진핵산 재조합이 어떤 경로를 거치는가를 결정짓는 중요한 문제이다. 역위가 성공적으로 수행되기 위해서는 동일한 진핵산 위에서 약간 거리를 둔 위치에 강화자enhancer라는 제3의 요인과 이에 결합하는 단백질이 있어야 한다. 강화자의 역할에 관한 연구와 해석은 아직도 확립되지 않은 상태이다. 진핵산의 염기서열에 구애 받지 않으면서 전체 형태에 영향을 끼쳐 역위의 효과를 높여주는 에이치유HU라는 단백질도 연구 대상으로 남아있다.

재조합 연구는 전통적으로, 홀리데이 구조를 거쳐 일어나는 작용원리를 중심으로 하여 발전하였다. 재조합이 절단과 재결합에 의해 일어난다는 사실의 발견은 하나의 중대한 질문을 일으킨다. 어떻게 두 부모 진핵산 분자들이 정확히 같은 부위에서 절단되어 절단부위에서 뉴클레오티드의 부가나 결손에 의한 돌연변이 없이 재결합될 수 있을까? 상동 진핵산 분자들 사이에서 일어나는 재조합(일반적 상동 재조합) 동안 이러한 정렬은 상보적인 진핵산 가닥 사이에서 염기쌍을 형성하여 정상적으로 제공된다.

중첩되는 단일 가닥들은 상동 진핵산 분자들 사이에서 교환되어 혼성이중나선 부위를 형성하는데, 재조합 이중 나선의 두 가닥은 각각 다른 부모로부터 유래한다. 만일 혼성이중나선 부위가 유전적 차이를 갖게 되면, 그 결과로 두 개의 유전자 표지를 가진 단일 후손 진핵산 분자가 생긴다. 박테리아뿐만 아니라 곰팡이에서 일어나는 재조합의 연구에서 얻어진 그러한 혼성이중나선 부위의 형성과 회복에 대한 유전학적 증거로 인해 1964년 재조합에 관한 분자적 모델이 만들어지게 되었다. Robin Holliday의 이름을 따서 홀리데이 구조라

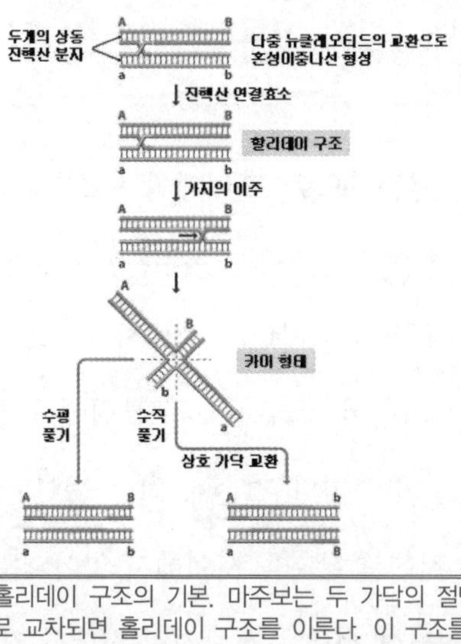

〈그림 3-13〉 홀리데이 구조의 기본. 마주보는 두 가닥의 절단과 결합이 반복되면서 서로 교차되면 홀리데이 구조를 이룬다. 이 구조를 겹치는 부분이 없도록 펼치면 십자형태의 카이 구조를 이루고 각각의 절단 방향에 따라 수평풀기와 수직풀기 구조가 만들어 진다.

고 알려진 이 모델은 새로운 자료들이 축적됨에 따라 수정되기는 했으나 현재까지 재조합 작용원리의 기초가 되어왔다.

원래의 홀리데이 구조는 두 부모 진핵산 분자들의 동일한 부위에서 한 가닥에 절단(nick)이 생기면서 재조합이 시작된다고 제안하였다(그림 3-13).

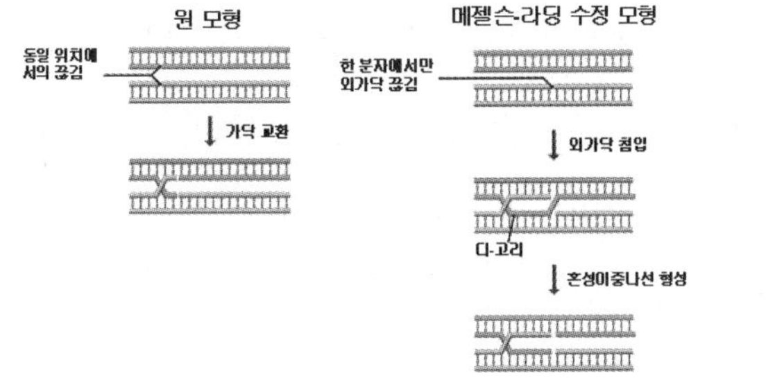

〈그림 3-14〉 메젤슨-라딩 모형. 홀리데이 구조를 보강하고, 마주보는 두 가닥의 절단과 결합과정을 설명하기 위하여 한 가닥의 절단과 다른 가닥으로의 침입을 통해 설명한 메젤슨-라딩 모형이다.

잘려진 진핵산 가닥들은 부분적으로 풀려 각각 다른 분자의 절단되지 않은 상보적인 가닥과 염기쌍을 형성하여 침범해 들어간다. 절단된 가닥들이 연결되면 홀리데이 연접으로 알려진 교차된 가닥 중간체를 생성하는데 이는 재조합에서 핵심적인 중간체이다. 전자현미경으로 홀리데이 연접이 직접 입증되어 이 재조합 모델은 분명한 지지를 얻게 되었다. 일단 홀리데이 연접이 형성되면 교차된 가닥들의 절단과 재결합으로 해소되어 재조합 분자들이 생성된다(그림 3-14).

이러한 해소는 홀리데이 연접의 방향에 따라 두 가지 방식으로 일어날 수 있어 두 개의 서로 다른 이성질체가 생길 수 있다. 초기의 가닥교환으로 생긴 이성질체에서, 교차된 가닥들은 재조합 과정의 초기에 절단된 것들이다. 그러나 이 구조를 단순히 회전시키면 처음에 절단되지 않았던 부모 가닥들이 교차된 다른 이성질체가 생긴다. 이들 상이한 이성질체들의 홀리데이 연접이 해소되면 독특한 유전적 결과가 나타난다. 첫째 경우에서 후손 분자들은 혼성이중나선 부위를 갖지만 이러한 부위들을 제외한 진핵산은 재조합이 되지 않는다. 그러나 만일 이성질화가 일어나면 교차된 가닥들의 절단과 재결합에 의해 혼성이중나선 부위를 끼고 있는 진핵산이 재조합을 일으킨 후손 분자들이 만들어진다. 따라서 홀리데이 연접의 구조는 재조합과 비재조합으로 된 혼성이중나선이 생성되는 가능성을 제공하며, 이것은 홀리데이 모델이 기초로 삼고 있는 유전학적 결과와 일치한다.

처음 제안되었던 것처럼, 홀리데이 모델은 어떻게 두 부모 분자들이 같은 부위에서 동시에 절단되어 재조합이 시작되는지를 설명하지 못하였다. 이제 재조합은 진핵산 회복 동안과 감수분열 중에 일어나는 상동염색체들 사이의 재조합 동안 모두 이중가닥 절단부위에서 보통 시작되는 것으로 여겨진다(그림 3-15).

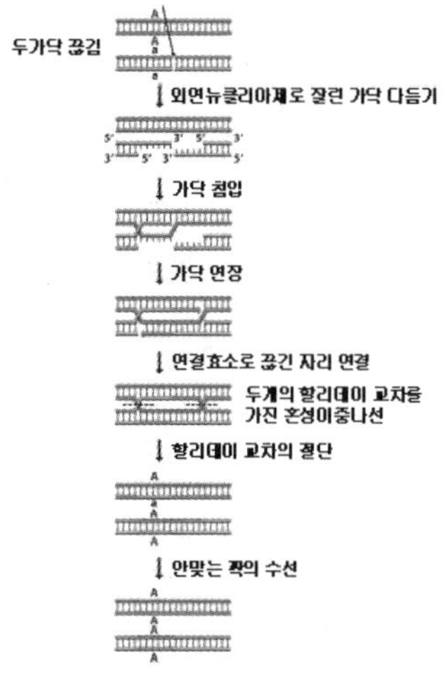

〈그림 3-15〉 두 가닥 끊김에 의한 재조합

두 가닥 절단부위에 위치한 양쪽 진핵산 가닥들은 5'→3' 방향으로 진핵산을 분해하는 핵산분해효소에 의해 먼저 제거되어 단일가닥 말단을 생성한다. 그러면 이러한 단일가닥들은 상동 염기쌍에 의해 다른 부모의 상동 진핵산 분자로 침투한다. 이어 공간은 회복합성에 의해 채워지고 가닥들은 연결에 의해 접합되어 이중 홀리데이 연접을 지닌 분자가 생성되는데, 이 연접은 이미 논의된 것처럼 해소되어 재조합 또는 비재조합 혼성이중나선 분자를 만들 수 있다.

| 상동재조합에 관여하는 효소

현재 재조합에 관여하는 것으로 알려진 대부분의 효소들은 재조합이 결핍된 대장균의 돌연변이주를 분석하여 처음 확인되었다. 이러한 유전학적 분석은 진핵산 대사의 여러 측면에서 작용하는 단백질들(진핵산 중합효소, 연결효소, 그리고 단일가닥 진핵산 결합단백질 등) 이외에도 특이적 효소들이 재조합에 필요하다는 것을 입증하였다. 대장균에서 효율적인 재조합에 필요한 유전자들이 확인되자 그들을 화학적 분석을 통해 이들 단백질들의 특성을 알 수 있게 되었다. 이러한 연구들에 의해 홀리데이 연접의 형성과 해소를 촉매하는 데 관여하는 여러 가지 효소들의 작용이 규명되었다.

상동 재조합에 관여하는 핵심적인 단백질이 RecA인데, 이는 상동 진핵산들 간의 가닥교환을 촉진하여 혼성이중나선을 형성하게 한다.

RecA의 작용은 세 단계로 구분하여 생각할 수 있다. 첫째, RecA 단백질은 단일가닥 진핵산에 결합하여 진핵산을 덮게 되어 단백질-진핵산 필라멘트를 형성한다. RecA는 두 개의 진핵산 결합부위를 가지므로, 단일가닥 진핵산에 결합한 RecA 단백질은 두 번째 두 가닥 진핵산 분자와 결합할 수 있어 두 진핵산 사이에서 복합체를 형성한다. 이러한 비특이적인 RecA를 매개로 한 연합 다음에는 단일가닥 진핵산과 이에 대한 상보적인 가닥 사이에서 특이적인 염기쌍을 형성한다. 그러면 RecA 단백질은 가닥교환을 촉매하여 처음에 RecA로 덮인 단일가닥이 상동가닥을 밀어내면서 혼성이중나선을 형성한다. 따라서 RecA 단백질은 홀리데이 연접의 형성에 핵심이 되는 가닥교환 반응을 독자적으로 촉매할 수 있다.

효모에서 RecA 관련 단백질인 RAD51은 두가닥 절단의 회복뿐만 아니라 유전적 재조합에도 필요로 한다. RAD51은 RecA와 구조적으로 유사할 뿐 아니라 RecA처럼 시험관내에서 가닥교환 반응을 촉매할 수 있다. RAD51과 유연관계가 있는 단백질들이 인간을 포함한 복잡한 진핵세포에서도 확인되었는데, 이는 RecA와 유연관계가 있는 단백질들이 원핵 및 진핵세포 모두의 상동재조합에 핵심적인 역할을 한다는 것을 시사한다.

일단 홀리데이 연접이 형성되면, 세 가지 다른 대장균 단백질들 (RuvA, B, C)의 복합체가 재조합에 관여하게 된다(그림 3-16). RuvA는 홀리데이 연접을 인식하고 RuvB를 끌어들이는데, RuvB는 전동기로 작용하여 진핵산 가닥이 교차된 부위의 이동을 추진함으로

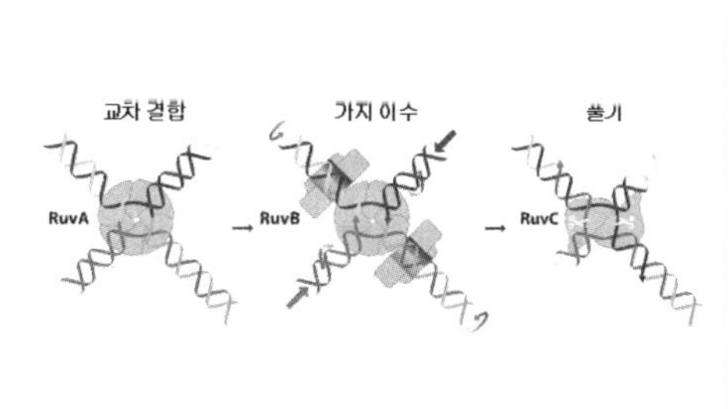

〈그림 3-16〉 재조합에 관련되는 효소. RuvA, B, 그리고 C의 역할은 각기 다르다.

써 혼성이중나선 부위와 교차된 가닥이 절단되고 재결합되는 위치의 범위를 다양하게 한다. 그러면 RuvC는 교차된 진핵산 가닥을 절단하여 홀리데이 연접을 해소한다. 절단된 가닥들이 연결에 의해 재결합되면 재조합 과정이 완성되어 두 개의 재조합 분자들이 생긴다. 진핵세포는 대장균의 RuvA, B, C 단백질들에 대한 동족체를 갖고 있지 않다. 대신 진핵세포에서 홀리데이 연접의 해소는 다른 단백질들에 의해 매개되는 것으로 여겨지는데, 이들에 대한 특성은 아직 충분히 밝혀져 있지 않다.

제4장

진핵산의 전위

진핵산이 유전정보 물질이란 사실도 모르던 1940년대 중반에 맥클린토크(McClintock, 1983년 노벨상 수상)는 염색체 안에서 작은 유전자 단위가 자리를 옮겨 다니면서 들어간 자리 유전자의 기능을 마비시키는 현상이 조절인자Controling element에 의해 일어남을 발견했다. 그 후 1970년대 후반부터 미생물에서 항생제 저항성을 갖는 미생물을 분석하면서 삽입서열요소Insertion Sequence (IS) element, 전위자Transposon, Tn이라는 전위요소transposable element들이 발견되기 시작했고 그 후 동물과 식물에서도 발견되었다. 전위요소들의 공통적 특성은 양 끝에 반복염기서열이 있고 이들이 전위효소transposase의 도움으로 전위에 중요한 역할을 한다는 것이다.

오늘날 모든 생물체에서 여러 종류의 전위요소들이 발견되고 있어서 이들이 생명현상에 깊이 관여할 것으로 보고 풍부한 유전체genome 염기서열 정보를 바탕으로 활발한 연구가 진행되고 있다. 전위요소는 본래의 자리를 떠나 새로운 자리로 옮기는 보수적 전위와 본래의 자리를 지키면서 복제품을 새로운 자리에 집어넣는 복제적 전위가 있다(그림 3-17). Ty 전위요소는 보존적 전위요소의 대표적인 경우이다. 양끝의 LTR이 재조합되면서 Ty 요소는 빠져나가게 되고 빠져나간 요소는 또 다른 LTR을 찾아 그 자리에 들어가게 된다(그림 3-18). 새로운 자리에 전위해 들어갈 때마다 목표물의 5-7 염기가 중복되어 전위요소의 양 끝에 자리한다. 이러한 특징들에 관한 설명들은 있으나 아직 진핵산-단백질 결정학 연구는 핵심 사안을 설명할 수 있는 단계까지 접근하지 못한 상황이다.

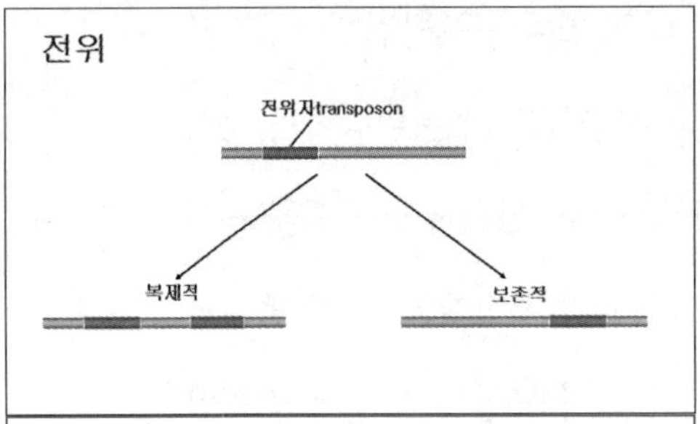

〈그림 3-17〉 복제적 전위와 보존적 전위

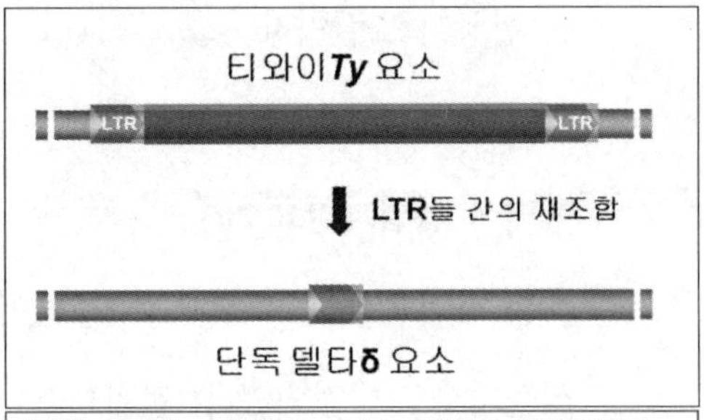

〈그림 3-18〉 티와이Ty요소는 양끝의 긴양끝반복LTR 사이의 재조합으로 결실되고 단독 델타 요소만 남는다.

| 전위요소의 종류

전위요소들은 진핵산 중간체를 거쳐 전위하느냐 또는 아핵산 중간체를 거쳐 전위하느냐에 따라 일반적으로 두 가지 부류로 나뉜다.

1. 진핵산 중간체를 통한 전위

특성이 상세히 규명된 첫 번째 전위인자는 박테리아의 것으로, 이들은 모두 진핵산 중간체를 거쳐 이동한다. 이 인자들 중에서 가장 단순한 것은 약 800~2,000개의 뉴클레오티드 크기에 이르는 삽입서열이다. 삽입서열은 양끝에 짧은 역반복서열inverted repeats을 끼고 있는 전위효소에 대한 유전자로만 구성되어 있는데, 이 역반복서열은 전위효소가 작용하는 부위이다. 복합 전위인자는 다른 유전자들을 포함하는 양끝 두개의 삽입서열로 구성되어 있는데, 이 둘은 하나의 단위로 이동한다.

삽입서열은 자신의 진핵산을 복제하지 않고 염색체의 한 위치에서 다른 위치로 옮겨간다(그림 3-17). 전위효소는 표적 진핵산을 엇갈리게 절단하고 전위인자 역반복서열의 말단부위를 자른다. 비록 전위효소는 전위인자의 역반복서열에 특이적으로 작용하지만 표적 진핵산서열에 대해서는 보통 특이성이 낮기 때문에, 전위효소는 유전체 전반에 걸쳐 전위인자의 이동을 촉매한다. 전위효소는 전위인자와 표적부위 진핵산을 절단한 다음 표적 진핵산의 돌출한 끝부분over-hanging end을 전위인자에 연결시킨다. 이로 인해 표적부위 진핵산에 생긴 공간은 진핵산 합성에 의해 회복된 다음 전위인자의 다른 가닥과 봉합된다. 이러한 과정의 결과로 전위요소의 양쪽에 표적부위 진핵산의 짧은 직접

반복서열direct repeats이 생기는데, 이것이 전위인자 통합의 특징이다(그림 3-19).

이러한 전위 작용원리는 전위인자를 염색체의 한 위치에서 다른 위치로 이동하게 한다. 다른 유형의 전위인자는 더욱 복잡한 작용원리에 의해 이동하는데, 이 경우에는 전위인자가 복제되어 새로운 표적부위에 들어가 통합한다. 이러한 작용원리에서는 복사된 하나의 전위인자가 유전체의 새로운 위치에 통합되고, 다른 한 개는 원래의 자리에 남는다.

진핵산 중간체를 거쳐 이동하는 전위인자는 박테리아뿐만 아니라 진핵생물에도 존재한다. 예를 들어, 인간 유전체는 약 300,000개의 진핵산 전위인자를 함유하고 있는데, 이는 사람 진핵산의 약 3%를 차지한다. 매클릭톡McClintock이 처음 기술한 옥수수의 전위인자는 다른 식물과 동물에 있는 대부분의 전위인자들처럼 비복제성 작용원리로 이동한다. 박테리아 전위인자와 같이, 이러한 인자들도 유전체 전반에 걸쳐 여러 다른 표적부위로 이동한다. 이러한 전위요소들이 유전체 내의 비 특정부위로 이동하는 것은 그것이 일어나는 세포에게 유용할 것 같지는 않지만, 의심할 여지없이 진핵산 재배열을 촉진함으로써 진화에 주요한 역할을 해왔다.

그러나 효모와 원생동물에서는 복세 작용원리에 의한 전위가 유전자 발현을 조절하는 프로그램화된 진핵산 재배열에 책임이 있다. 이러한 경우의 전위는 특이적인 표적부위를 절단하는 부위-특이적인 핵산분해효소의 작용으로 시작되는데, 절단된 표적부위에 하나의 전위인자 복사본이 삽입된다. 따라서 전위인자는 유전체 전반에 걸쳐 비 특이적 부위로 이동할 수 있을 뿐만 아니라 유전자 발현에서 프로그램화된 변화를 일으키는 특이적인 유전자 재배열에도 관여할 수 있다.

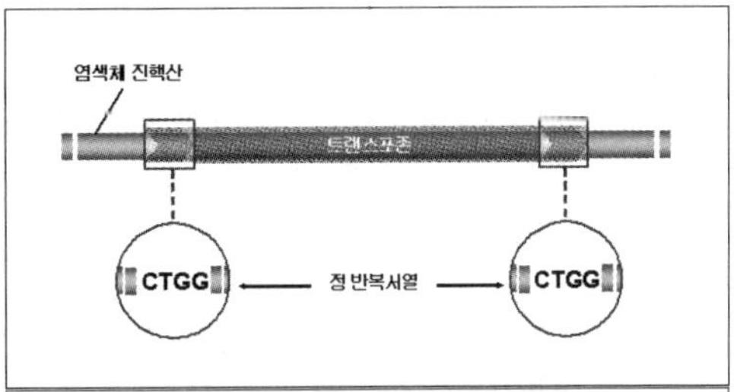

〈그림 3-19〉 전위인자의 특성. 전위인자의 외부에는 약 4개의 정 반복서열이 특징적으로 위치하고 있다. 이는 전위인자를 퉁기어 내거나, 삽입하기 위해 위치를 인지하는 역할로 이용된다.

2. 아핵산 중간체를 통한 전위

진핵세포의 전위인자는 대부분 레트로전위인자retrotransposons 로서 아핵산 중간체의 역전사reverse transcription를 통해 이동한다. 사람에게는 거의 3백만 복사본의 레트로전위인자가 존재하는데, 이는 유전체의 40% 이상을 차지한다. 이 인자들의 전위 작용원리은 레트로바이러스의 복제와 비슷한데, 이것은 이 부류의 가동성 진핵산 서열을 연구하는데 원형 시스템을 제공하였다.

레트로바이러스는 그들 바이러스 입자 내에 아핵산 유전체를 함유하고 있지만 진핵산프로바이러스의 합성을 거쳐 자신을 복제하며, 이 프로바이러스는 감염된 세포의 염색체 진핵산 내부에 통합된다.

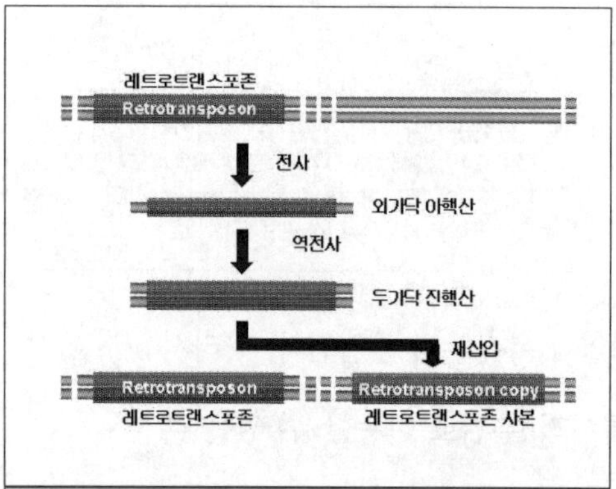

〈그림 3-20〉 레트로전위인자의 전위 작용원리. 레트로전위인자를 코딩하는 진핵산은 전사와 역전사의 과정을 거쳐 다른 지역에 삽입된다.

바이러스 아핵산의 진핵산 복사본은 바이러스의 역전사효소에 의해 합성된다(그림 3-20). 이 효소의 작용으로 양쪽 끝에 수백 개의 뉴클레오티드로 된 직접반복서열을 함유한 진핵산 분자가 합성된다. 장말단반복서열long terminal repeats, LTRs이라고 불리는 이 반복서열은 진핵산 합성을 개시하기 위해 프라이머가 결합하는 바이러스 아핵산 부위의 중복으로 생긴다. 따라서 LTR서열은 프로바이러스 진핵산의 통합과 그 후의 전사에 관여하는 것 이외에도 역전사에서 중심적인 역할을 한다.

모든 진핵산 중합효소처럼 역전사효소도 시작자primer를 필요로 하는데, 레트로바이러스의 경우 바이러스 아핵산의 5’ 말단 가까이 있는 특이적인 촉진자 결합부위primer-binding site에 결합된 전이아핵산tRNA 분자가 시작자primer가 된다.

진핵산합성은 5' → 3' 방향으로 진행되기 때문에, 역전사효소가 주형의 말단에 도달하기 전에는 오직 짧은 진핵산 조각밖에 합성되지 않는다. 따라서 진핵산 합성의 지속은 역전사효소가 주형 RNA 분자의 3' 말단으로 "도약jump" 하는 능력에 의존한다. 이것은 역전사효소의 H의 활성에 의해 이루어지는데, 아핵산분해효소에이취RNase H는 진핵산-아핵산 혼성체의 아핵산 가닥을 분해한다.

결과적으로 새롭게 합성된 진핵산은 단일가닥 분자로 전환되어 바이러스 아핵산의 5' 과 3' 양쪽 끝에 존재하는 짧은 반복서열과 잡종을 형성할 수 있다. 그러면 진핵산 합성은 계속되어 바이러스 아핵산에 상보적인 단일가닥 진핵산을 생산하게 된다. 진핵산 반대쪽 가닥의 합성은 주형 진핵산 가닥의 3' 말단 가까운 부위에서, 시작자primer로 작용하는 바이러스 아핵산의 단편에 의해 개시된다. 그러면 다시 짧은 진핵산 조각이 생산되는데, 이 진핵산은 역전사에서 최초의 시작자primer로 사용된 전이아핵산tRNA으로부터 복사된 시작자primer 결합부위를 포함한다. 다음은 전이아핵산tRNA의 시작자primer 결합서열이 RNase H에 의해 분해되고 돌출한 진핵산 가닥이 남는데, 이것은 진핵산 주형의 다른 말단 쪽에 있는 상보적 서열과 짝을 이루기 위해 다시 한번 "도약"한다. 그러면 진핵산 합성은 다시 한 번 계속되어 결국 양끝에 긴양끝반복서열LTRs이 붙은 선형 진핵산을 생산한다.

선형의 바이러스 진핵산은 진핵산 전위인자의 통합을 닮은 과정에 의해 숙주세포 염색체에 통합된다. 통합은 바이러스 통합효소에 의해 촉매되며 세포 진핵산의 많은 상이한 표적서열에서 일어난다. 통합효소는 바이러스 진핵산의 양쪽 끝에서 2개의 염기를 잘라내고 세포 진핵산의 표적부위를 엇갈리게 절단한다. 그런 다음 세포 진핵산의 돌출한 양쪽 끝은 바이러스 진핵산의 말단과 연결되고 빈 공간은 진핵산합성으로 채워진다. 따라서 통합된 프로바이러스는 진핵산 전위인자를 옆에 끼고 있는 반복서열처럼 세포 진핵산의 직접반복서열을 옆에 끼게 된다.

바이러스의 생활주기는 통합된 프로바이러스의 전사와 함께 계속되며 이 프로바이러스는 바이러스 단백질(역전사효소와 통합효소 포함)의 합성을 지시하는 전령아핵산mRNA은 물론이고 바이러스 유전체 아핵산도 생산한다. 유전체 아핵산은 바이러스 입자내부에 포장되고, 이 입자는 숙주세포에서 방출된다. 이러한 후손 바이러스는 새로운 세포를 감염시켜 또 다른 진핵산 합성과 역전사를 통해 프로바이러스가 한 염색체의 위치에서 다른 위치로 이동하는 것으로 볼 수 있다.

다른 레트로 전위인자는 감염성 입자로 포장되지 않으므로 한 세포에서 다른 세포로 퍼져나갈 수 없다는 점에서 레트로바이러스와 다르다. 그러나 이러한 레트로전위인자는 근본적으로 레트로바이러스와 다르다. 그러나 이러한 레트로전위인자는 근본적으로 레트로바이러스 복제와 유사한 작용원리를 통하여 같은 세포안에서 새로운 염색체 부위로 이동할 수 있다.

일부 레트로전위인자는 구조적으로 레트로바이러스와 유사하다.

이러한 유형의 레트로전위인자는 인간 유전체의 약 8%를 차지한다. 이들은 양끝에 LTR 서열을 가지고 있고, 역전사효소와 통합효소를 압호화하고 있으며, dl 인자들의 전이는 레트로바이러스처럼 아핵산으로 전사되고 역전사효소에 의해 새로운 진핵산을 합성하여 세포 진핵산에 통합되는 과정으로 이루어진다.

LTR 서열이 없는 레트로전위인자non-LTR retrotransposons는 비록 자체적인 역전사효소를 암호화하고 있지만(LTR) 서열을 함유하고 있지 않다는 점에서 레트로바이러스와 다르다. 포유동물에서 이 레트로전위인자의 주요부류는 매우 반복적이고 긴 산재형 인자long Interspersed Elements; LINEs로 이루어지는데, 이늘은 유전체에서 약 850,000번 반복되며 유전체 진핵산의 약 21%를 차지한다. 비록 대부분의 LINE 이자는 5' 말단이 잘려있지만, 완전한 LINE 인자는 6~7 kb의 길이로 되어 있다(그림 3-21).

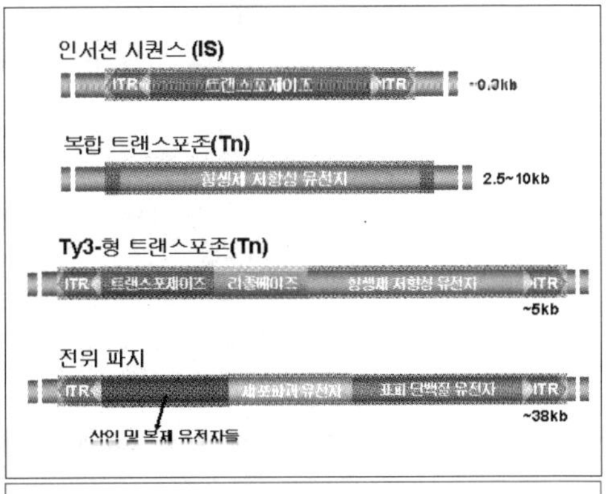

〈그림 3-21〉 전위요소의 종류.

긴산재형인자Long Interspersed Elements, LINEs의 3’ 말단에 아데닌이 풍부한 서열로 된 구역을 가지고 있는데, 이것은 전사 후 전령아핵산mRNAs에 첨가된 중합아데닌poly-A 꼬리의 역전사에 의해 생겨난 것으로 생각된다. 다른 전위인자들처럼 LINEs는 표적부위 진핵산의 짧은 직접반복서열을 옆에 끼고 있는데, 이것은 통합이 엇갈린 절단과 회복합성으로 이루어짐을 말해준다.

긴산재형인자Lines는 긴양끝반복LTR 서열을 함유하고 있지 않기 때문에, 이들이 역전사가 되어 염색체 진핵산으로 통합되는 작용원리는 레트로바이러스나 긴양끝반복LTR을 함유하는 레트로전위인자들의 것과는 달라야 한다. 특히 역전사는 LINE이 통합하는 염색체 진핵산의 표적부위에서 잘린 끝이 프라이머로 작용하여 개시되는데, 이러한 표

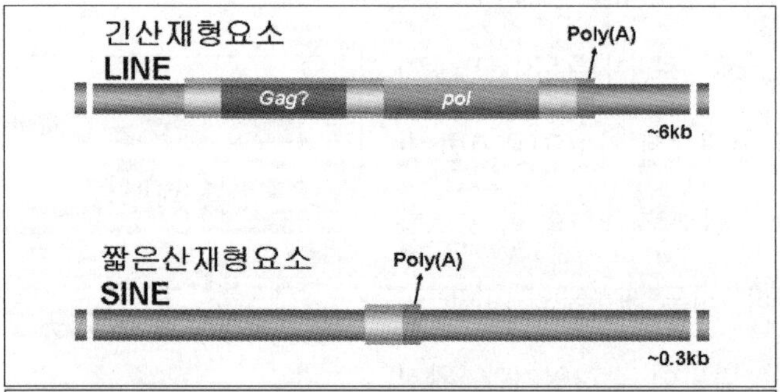

〈그림 3-22〉 유전체에 산재한 길고(LINE), 짧은(SINE) 역전위 요소. 이 둘은 길이도 크게 차이 나지만 내부 구성요소에 의한 차이에 따라 성질도 다르다. LINEs는 gag-pol 구조를 가지고 있어 스스로 전위인자의 역할을 충분히 수행할 수 있는 반면 SINEs는 이와 같은 구조의 부재로 인해 스스로는 전위인자의 역할을 할 수 없으며, 외부의 gag-pol의 도움을 받아서야 비로소 전위인자의 특성을 보인다.

적부위 진핵산의 절단은 레트로 전위인자에 의해 암호화된 핵산분해효소에 의해 이루어진다(그림 3-22).

그러면 역전사가 전위인자 아핵산의 3' 말단에 있는 중합아데닌poly-A구역 안에서 개시되어 분자를 따라가면서 계속된다. 진핵산의 반대편 가닥은 표적부위 진핵산의 잘린 다른 쪽 끝을 프라이머로 이용하여 합성되어 결국 레트로전위인자 진핵산의 합성과 통합이 동시에 일어나게 된다.

다른 서열로 된 인자들은 자신의 역전사효소를 암호화하지 않는데, 이들 역시 아핵산 중간체를 거쳐 전위한다. 이러한 인자들은 매우 반복적이고 짧은 산재형 인자Short Interspersed Elements; SINEs를 포함하는데, 포유동물 유전체에는 거의 150만 개가 존재한다. 사람에서 이 인자들의 주된 부류는 약 300개의 염기로 된 알류Alu 서열로 이루어져 있다. 이러한 서열들은 3' 말단에 아데닌이 풍부한 부위를 가지고 있으며 표적부위 진핵산의 짧은 중복서열을 옆에 끼고 있는데, 이 구조는 긴양끝반복LTR서열이 없는 레트로전위인자의 구조와 유사하다. 짧은 산재형 인자SINEs는 전이아핵산tRNA과 단백질 수송에 관련된 작은 세포질 아핵산을 포함하는 작은 아핵산의 역전사에 의해 생겨났다. 짧은 산재형 인자SINEs는 더 이상 기능적인 아핵산 산물을 암호화하지 않기 때문에 아핵산 매개에 의한 전위를 거쳐 생긴 가짜유전자pseudogene

들을 대표한다.

많은 단백질을 암호화하는 유전자들로부터 생긴 가짜유전자들도 유사하게 전령아핵산mRNA의 역전사에 의해 생겨났다. 그러한 가공된 가짜유전자들은 아데닌이 풍부한 구역에서 종결할 뿐만 아니라 상응하는 정상 유전자에 있는 인트론이 전령아핵산mRNA 가공과정에서 제거되었기 때문에 쉽게 알아볼 수 있다. 짧은산재형인자SINEs와 다른 가공된 위유전자들의 전위는 긴산재형인자LINEs의 전위와 유사하게 진행되는 것으로 생각된다. 그러나 이 인자들은 역전사효소나 핵산분해효소 유전자를 갖고 있지 않기 때문에 이들의 전위는 아마도 유전체의 다른 부위에 암호화되어 있는 역전사 효소와 핵산분해효소의 작용으로 일어날 것이다. 이 유전자들은 아마도 긴산재형인자LINEs와 같은 다른 레트로전위인자들에 의해 암호화될 것이다.

반복성이 높은 짧은산재형인자SINEs와 긴산재형인자LINEs가 비록 유전체 진핵산의 상당부분을 차지하고 있지만, 이들이 유전체에서 무작위로 아무 곳이나 전위하는 것은 그들이 위치한 세포에게 유용할 것 같지는 않다. 이러한 전위인자들은 새로운 표적부위에 통합할 때 돌연변이를 일으키며, 다른 인자들에 의해 유도되는 돌연변이처럼 전위인자의 통합으로 생긴 대부분의 돌연변이도 세포에 해로운 것으로 여겨진다.

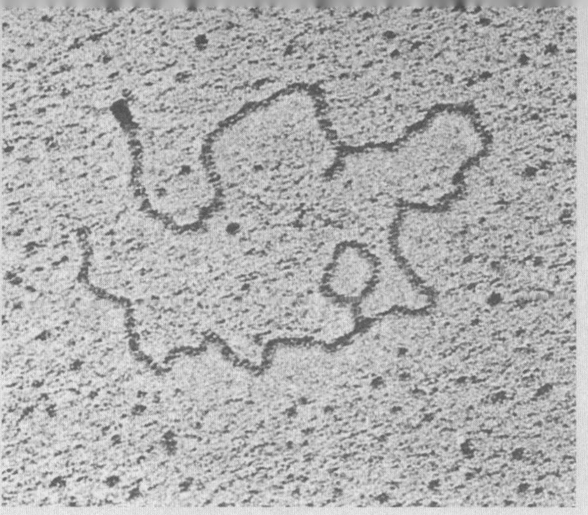

제4부

꺾쇠호나선FBI 진핵산 구조의 발견

교과서에서 제시하는 비-진핵산의 이중나선 구조 제원에 따르면 진핵산은 굽어지지도 않고 네 가닥을 만들 수도 없다. 자연 상태에 존재하는 식물 미토콘드리아 진핵산이 여러 가지 고리-줄기 형태에서 보여 주는 네 가닥 구조와 180° 꺾임을 공간모형으로 재현한 것이 꺾쇠호나선FBI 진핵산 구조의 발견으로 이어졌다.

제1장

꺾쇠호나선FBI 진핵산 구조 발견의 배경

꺾쇠호나선FBI 진핵산은 이중나선 진핵산이 한 점에서 180° 꺾임과 동시에 이중나선의 큰홈major groove에 서로 끼어들어 네가닥을 만들되 두께는 두가닥과 같은 구조를 말한다. 꺾쇠호나선FBI 진핵산은 기본적으로는 전자현미경으로 관찰된 "줄기와 고리stem-and-loop", "줄기stem", "고리loop" 모양의 진핵산 분자들이 구조적으로 가능한지를 저자가 공간모형으로 확인하는 과정에서 발견한 구조이다. 즉 저자가 전자현미경으로 관찰한 진핵산의 몇 가지 모양들은 일반적으로 관찰되거나 논의되지 않았을 뿐 아니라 일반적으로 알려진 진핵산 이중나선 구조로는 설명하기 어려운 부분이 있어 고심한 바 있다.

그러던 중, 이중나선double helix이 같은 굵기 안에 네가닥four strand으로 존재할 수 있다면 전위요소transposable element의 양쪽 끝에 존재하는 역반복inverted repeat 염기서열이 접촉에 의해 상보성complementarity을 확인할 수 있고, 따라서 상동재조합을 실현할 수 있겠다는 가능성을 생각하게 되었다.

실험적 증명은 쉽지 않은 사안이므로 공간모형을 사용하여 진핵산 이중 나선 구조는 주어진 비-진핵산B-DNA 원자 결합 각도atomic torsion angle의 허용 범위 안에서도 90° 나 180° 꺾임은 물론 큰홈major groove에 상대방 이중 나선이 끼어들어 네가닥 나선 구조를 만들 수 있음을 보여준 것이다. 이로써 진핵산 공간모형으로 전자현미경 사진이 보여준 천연의 진핵산 분자가 보여준 여러 가지 모양을 재현할 수 있음을 확인하였다.

더 나아가 네가닥 나선 구조에서 만나는 되풀이 염기서열은 수소결합의 상보성을 활용하여 동형재조합을 수행할 수 있음을 공간모형으로 확인하였고, 이는 이미 분자유전학에서 잘 알려진 유전자의 역위나 결실의 과정에 진핵산 분자가 직접 접촉으로 상동성을 확인할 수 있음을 보여 준 것이다.

이 일은 또 하나의 문제를 제기하였다. 교과서의 전형적 비-신핵산은 굽힘과 네가닥이 불가능한 것으로 알려져 있는데, 그렇다면 진핵산 구조에 관한 문헌을 재검토할 필요성이 대두된 것이었다(Kim 1986). 진핵산이 상당히 유연한 형태를 취할 수 있다는 사실은 왓슨Watson과 크릭Click이 1953년 이중나선 구조를 발표한 네이쳐Nature지 논문 이외에, 같은 해 콜드스프링하버연구소 잡지Proceedings of the Cold

Spring Harbor Symposium on Quantitative Biology에 발표한 논문과 1954년 영국 런던한림원 논문집Proceedings of the Royal Society of London에 발표한 논문에서 기술한 바와 같이 이중나선의 중심축이 큰홈major groove에 위치하여 직경이 2.2~2.4 nm가 된다는 주장이 옳았음을 말해준다.

꺾쇠호나선FBI 진핵산 구조는 더 나아가 박테리오파지 람다가 박테리아 진핵산에 끼어들어갈 때 사용하는 위치특이재조합site0specific recombination에도 효과적으로 사용되고, 전위요소transposable element가 염색체 안에서 자리를 옮기는 과정에서도 효과적으로 쓰일 수 있음을 설명할 수 있었다. 꺾쇠호나선FBI 진핵산 구조를 만들 수 있는 염기서열 주제sequence motif는 재조합과 전위 뿐 아니라 진핵산의 복제와 전사의 시작과 끝에서도 발견되므로 이 과정에서도 효과적으로 쓰일 수 있는 가능성도 제시된다.

인간 유전체의 30억 개 염기서열 중에서 단백질 유전정보를 갖는 유전자는 전체의 4% 미만에 불과하고 아무런 의미도 없는 반복서열이 전체의 45%에 달한다는 사실이 밝혀졌다.

꺾쇠호나선FBI 진핵산의 구조와 기능을 이해하는 일은 생물체의 유전체에서 반복서열의 숨은 능력과 생장과 분화의 과정에 관여하는 여러 가지 기능을 이해하는 데 필수적임을 깨닫게 된다. 꺾쇠호나선FBI 진핵산 구조의 발견은 필연적으로, 기본적으로 그 구조가 가능한 지부터, 기존의 학설로 설명되는 부분을 대체할 설득력이 있는 지까지 납득되어야 할 것이다.

제2장

전자현미경 사진

독특한 형태를 가진 진주조 미토콘드리아 진핵산 중 주제에 관련되는 것들의 전자현미경 사진에 나타나 있다(그림 4-1, 4-2, 4-3, 4-4). 진핵산 분리 방법, 전자현미경 절차, 그리고 전자현미경으로 관찰된 미토콘드리아 진핵산은 보고된 바와 같다(Kim 등 1982).

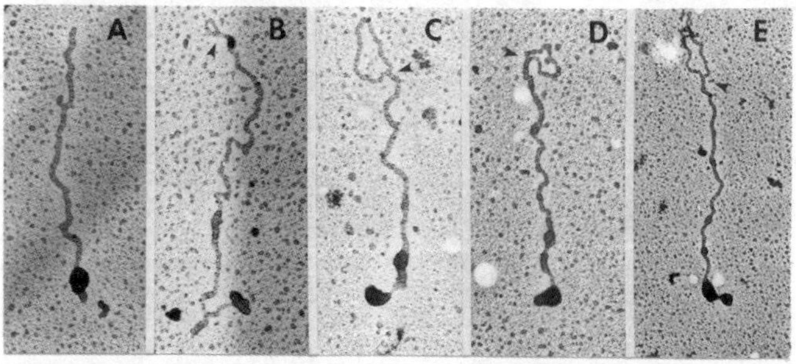

〈그림 4-1〉 전자현미경으로 본 진주조 유래 미토콘드리아 진핵산 중 작은 분자들로서 곧은 막대모양으로 양끝에 고리와 단백질 뭉치가 붙은 것들을 무작위로 모은 것이다.

작고 곧은 선형 분자들은 드물게 나타났지만 양끝에 단백질 뭉치와 올가미 모양을 한 독특한 형태 때문에 수집되었다(그림 4-1). 단백질 뭉치는 진핵산 분자 전체의 형태를 유지하는 것으로 보인다. 미토콘드리아 진핵산은 단백질이 완전히 제거되지 않은 상태임이 나타난다.

〈그림 4-1 B〉 아래 쪽의 꺾쇠 구조로 볼 때 미토콘드리아 진핵산은, 뉴클리오좀을 둘러 감는 형식과는 달리, 국지적으로 꺾였다가 풀릴 수 있음을 시사한다. 꼭대기 끝에 붙은 올가미 모양은 그 자세한 구조가 무엇이며 어떻게 생기게 되었는지 관심을 끌었다. 여러 가지 해석이 있을 수 있지만 그 중 하나는 "곧은 올가미 막대" 구조는 진핵산 복제의 중간산물일 것이라는 가능성이 제기되었다(Kim 등 1982).

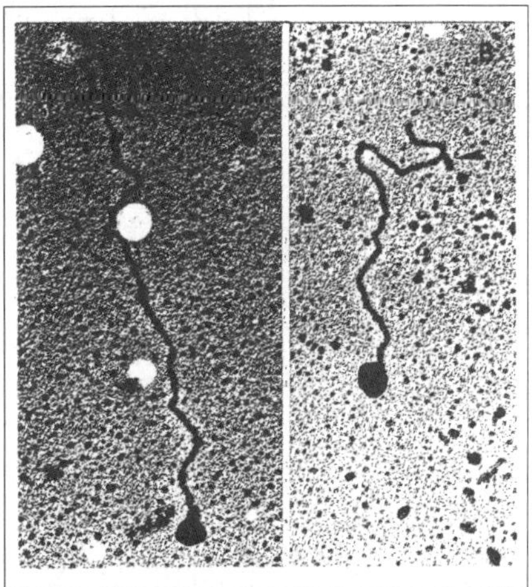

〈그림 4-2〉 전자현미경 사진으로 본 미토콘드리아 진핵산 분자들로서 한 끝에 단백질 뭉치가 붙고 다른 끝 가까이에 고리-줄기 또는 꺾쇠호나선 가지를 가진 곧은 막대 모양을 보여준다.

한 끝에 단백질 뭉치가 달린 두 개의 곧은 막대 분자로서 다른 끝 가까이에 고리-줄기 또는 줄기 모양을 가지로 달고 있는 것을 화살촉으로 표시하였다(그림 4-2). 진핵산 분자 전체가 고도로 조정된 형태를 하고 있어서 플라스미드 진핵산의 선형, 원형, 또는 단순한 초나선 이라고 간단히 정의할 수 없음이 분명하다. 분자 전체가 복제되고 있는 진핵산을 나타낼 가능성도 있다. 고리-줄기 구조(그림 4-2 A)는 양끝 역반복 서열이 줄기 부분에서 만난 전위요소transposable element에 비견될 수 있는 진핵산 단위에 해당된다고 생각해 볼 수도 있다. 짧은 줄기의 가지(그림 4-2 B)와 막대 모양 분자의 맨 끝 자체는 이중나선이 되꺾인 구조로 볼 수 있다. 이들 분자들은 자연 상태의 진핵산 구조라고 생각된다. 이 미토콘드리아 진핵산은 몇 차례의 원심분리와 페놀-클로로포름Phenol-chloroform 추출 과정 밖에는 다른 어떤 실험적 처리나 조작을 거치지 않았기 때문이다. 더욱 순수 분리를 했거나 실험 처리를 가했다면 그림에서 보는 독특한 구조는 풀어져서 일반적으로 보는 깨끗하고 전형적인 이중나선 진핵산으로 나타나게 되었을 것이다. 이들 두 분자의 형태는 제5장에서 강화자enhancer와 전위요소에 관하여 다시 논의하게 될 것이다.

고리-줄기와 고리 등 구조를 갖고 있는 작은 선형 미토콘드리아 진핵산 분자들에서 보듯이 진핵산은 매우 역동적인 동작과 형태를 취할 수 있음을 알 수 있다(그림 4-3, 4-4). 이 역동적인 이차 구조가 선형 분자 상태에서 형성되었는지 아니면 초나선 구조가 두가닥 절단을 거치기 전에 만들어졌는지는 알 수 없다. 제시된 진핵산 분자들은 실험 과정에서 조작된 인위적 구조라는 반론의 가능성도 생각할 수 있다. 만약 그렇다 하더라도 진핵산 분자가 그러한 형태를 취할 수 있다는 사실은 역시 중요한 문제로 검토할 사안임이 분명하다. 자연적인 이중나선

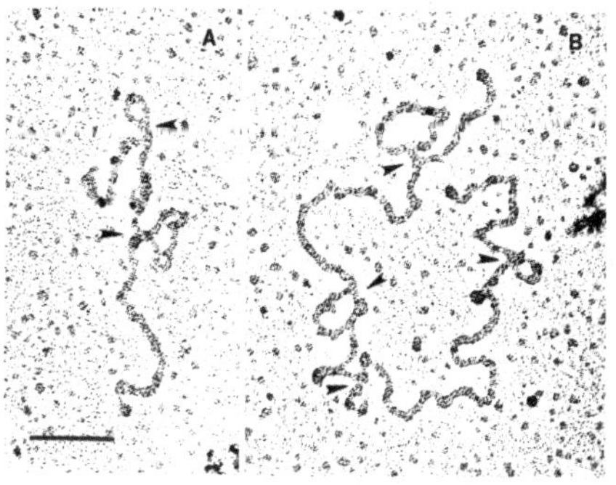

〈그림 4-3〉 전자현미경 사진으로 본 미토콘드리아 진핵산 중 작은 선형 분자들로서 고리와 고리-줄기 형태를 담고 있다(Kim 1985).

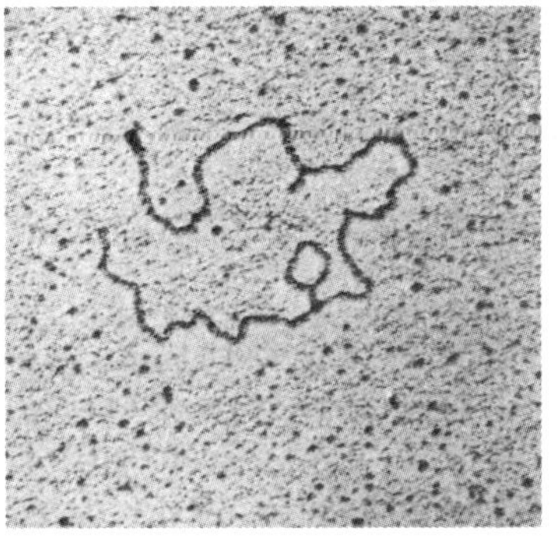

〈그림 4-4〉 꺽쇠호나선 구조가 줄기와 고리-줄기 형태에 포함된 것으로 추정되는 전자현미경 사진으로 본 미토콘드리아 진핵산 중 작은 선형 분자이다.

에서 고리-줄기 구조가 만들어졌다는 현상을 관찰함으로써 제기된 관념적 가능성은, 다름 아니라, 전위요소가 공통적으로 가지고 있는 양끝 역반복서열이 줄기 부분에서 물리적 접촉을 할 수 있다면 반복서열이 제공하는 염기서열 상보성의 특징이 네가닥 형태에서 실현될 수 있고 상동재조합으로 연결될 수 있다는 점이다.

제3장

공간모형

규격에 맞춰 만들어진 진핵산 공간 모형(아카데믹 출판사 / 분자 디자인사, 미국 플로리다주 올란도시 1984)을 사용하여 고리-줄기 구조와 고리 구조를 만들었고, 역반복서열과 정반복서열을 각각 겹치는 부분에 위치시켜 만들 수 있었다(Kim 1985). 모형 제작에 사용한 원자 결합 각도는 정규 비형 진핵산(B-DNA)이었다(Drew 등 1981).

모든 염기는 안티anti 방향이었고 모든 당은 씨2프라임-엔도(C2' -endo)였다. 정규 비형 진핵산 모형을 처음. 만들 때는 나선의 중심축을 수소결합의 가운데에 위치시켰는데(Feughelman 등 1955, Langridge 등 1960), 이 때는 이중나선의 직경이 2.0 nm이었고 큰홈이 좁아서 두 개의 이중나선이 네가닥으로 끼어들 수 없고, 이중나선이 굽혀지지도 않았다. 간단하지만 중요한 변경을 도입하여, 애초에 왓슨과 크릭(Watson and Crick 1953b)이 제안한 바와 같이 나선의 중심축을 큰홈 쪽으로 이동하면 직경은 2.2 nm 이상이 되었고, 일정한 범위 안에서는 유연하게 뒤틀리거나 꺾일 수 있었다(Kim 1985).

이 유연한 비형 진핵산은 10염기쌍으로 나선 한 바퀴를 돌고 염기 간격 3.4 nm, 직경 2.2 nm을 유지했으나 나선을 비틀어 풀어주면 당인산 사슬이 평행이 되는 한계에 도달하게 되고, 그 때에 큰홈을 안쪽으로 하여 180° 굽힐 수 있고, 굽어져 만나는 두 개의 이중나선은 서로의 큰홈으로 끼어들어 네가닥 진핵산을 만들 수 있었다(Kim 1986, 1987)(그림 4-5). 네가닥 진핵산은 상동 염기서열이 아니더라도 형성될 수 있었는데, 이를 초나선supercoil과도 구분하고 상동염기서열로 만들어지는 네가닥 염기쌍four-stranded base pairing과도 구분하기 위하여 호나선intercoil이라는 용어를 만들었다.

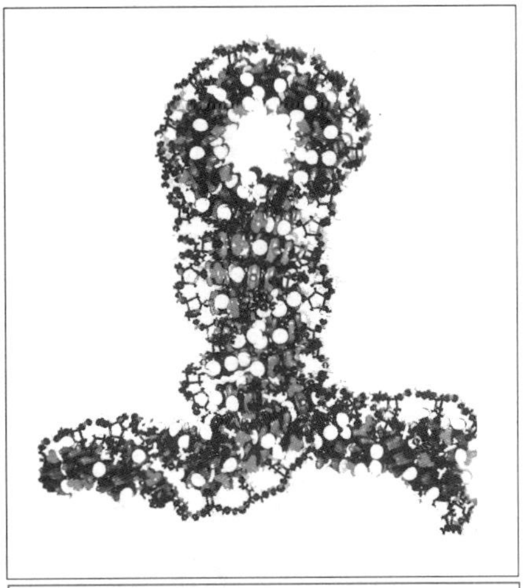

〈그림 4-5〉 꺾쇠호나선FBI 진핵산의 공간모형. 내부 가닥의 흐름을 보이기 위해 외부의 수소 원자껍질은 제거했다. 꺾쇠 고리는 최소한 6 염기쌍으로 평행인 두가닥, 작은홈이 밖으로 하고, 고리의 직경은 2.2 nm이다. 줄기는 두 개의 이중나선이 큰홈 안으로 끼어들어 네가닥을 이루며 그 직경은 두가닥과 마찬가지로 2.2 nm이다. 고리 위쪽과 바닥이 얇은 것은 나선이 아닌 평행 두가닥을 옆에서 보는 때문이다. 이 꺾쇠호나선의 독특한 구조와 특성은 진핵산의 각종 기능을 역동적으로 수행할 수 있게 해 준다.

제4장

꺾쇠호나선FBI 진핵산과 구조적 특징

우선 꺾쇠호나선FBI DNA에 대한 정의를 내리고, 이제까지 알려진 진핵산 구조와 기능이 어떤 관계가 있는지 검토하기로 한다. 꺾쇠호나선FBI DNA은 이중나선의 일부분으로서 전자현미경에서는 곁가지처럼 보이기도 한다. 비-진핵산B-DNA 이중나선은 꺾이지 않으나 어느 초점에서 나선 구조가 풀어지면서 두가닥이 평행을 이루게 되면 180° 꺾여 접힐foldback 수 있고, 접혀서 만나는 두 개의 이중나선이 넓혀진 큰홈 안으로 서로 끼어들어 네가닥인 호나선intercoil, 互螺線을 이룸을 말한다.

호나선 안에서 만나는 두 개의 이중나선이 상보성이 있는 반복염기서열을 가지고 있으면, 이는 네가닥 수소결합을 이루는 직경 2.2 nm의 진정 네가닥 나선real four stranded DNA, quadruplex DNA, 眞正四線螺線을 이룬다. FBI DNA의 공간모형으로 확인한 바에 의하면 비-진핵산B-DNA형 원자결합각도를 유지하는 한 접힌 고리 부분은 6개의 염기쌍

이하로는 좁혀질 수 없다(Kim 1985).

꺾쇠호나선FBI DNA이 굽어진 끝은 당인산쇄가 외연에서 굽어진 평행선을 이루며 그 직경은 네가닥 나선과 마찬가지로 2.2 nm이다. 넓은 의미에서, 접힌 부분에는 경우에 따라서는 수천 염기쌍이 포함될 수도 있고, 기둥 부분도 모두가 반복염기서열을 가질 필요가 없으므로 수백 염기쌍이 이상이 될 수 있어서 세포 안의 여러 가지 기능에 관여할 수 있다고 생각할 수 있다.

꺾쇠호나선FBI DNA은 이중나선 진핵산이 제한적인 세포 안 공간에서 유전자로서의 기능을 수행하는 과정에서 한시적으로 취한다고 생각되는 구조이며 순수 분리 과정에서는 모두 풀려서 관찰이 어려웠다고 생각된다. 실험적으로는 플라스미드가 부의 초나선negative supercoil, 負의 超螺線 상태에서 외가닥 절단single nick에 의해 이완될 때 생기는 에너지로 만들어진다고 생각된다(Kim and Lim 1989).

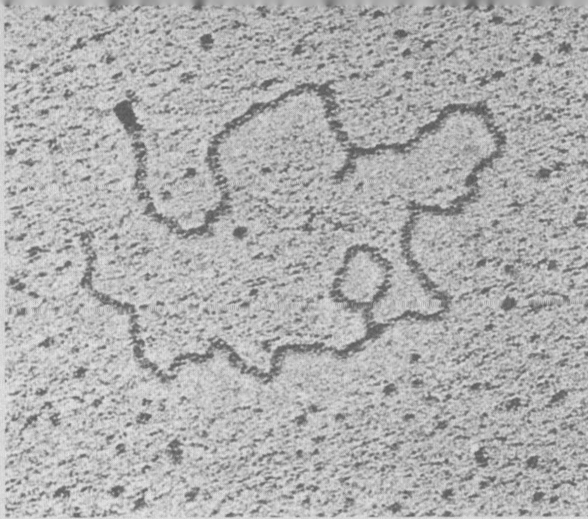

제5부

꺾쇠호나선FBI 진핵산의 기능

꺾쇠호나선FBI 진핵산 구조가 과연 반복염기서열의 상보성을 활용하여 상동재조합을 수행할 수 있을 것인지 상동재조합의 대표적인 현상인 역위, 결실, 삽입, 전위를 직접 수행하여 보여준다.

제1장

꺾쇠호나선FBI 진핵산과 역위, 결실

진핵산 공간모형으로 자연상태의 고리–줄기 형태를 재현할 수 있음을 확인하였으므로, 애초에 상정했던 대로 동형재조합이 이루어질 수 있는 지를 시도해 보았는데 그 결과는 성공적이었다.

분자내 동형재조합 과정은 크게 3단계로 이루어진다.

1) 시냅시스 또는 네가닥 염기쌍 짝짓기

2) 염기쌍 교환 또는 혼성이중나선 형성

3) 당인산 가닥 교환 또는 해결(그림 5–1~5–4)

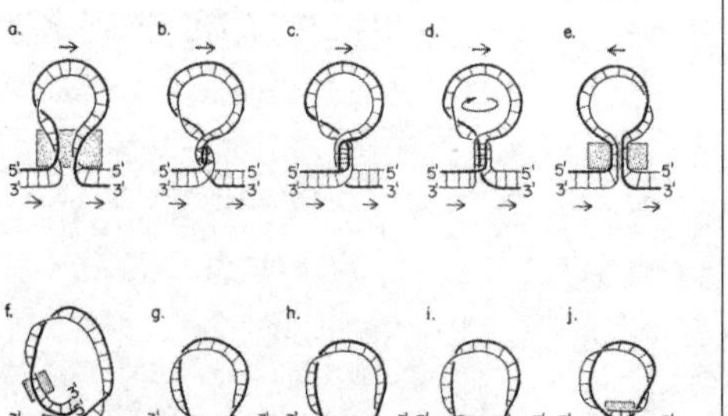

〈그림 5–1〉 동형재조합에서 가닥들의 순서적 이행 과정 (Kim 1985)

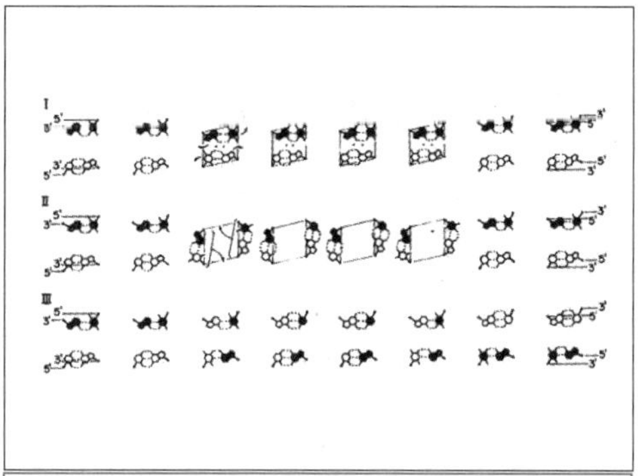

〈그림 5-2〉 동형재조합에서 염기 짝짓기의 순서적 이행 과정(Kim 1985)

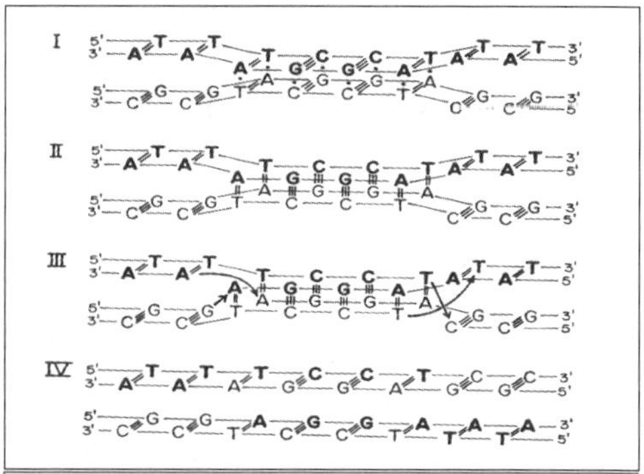

〈그림 5-3〉 동형재조합에서 염기서열 배열의 순서적 이행 과정(Kim 1985)

1) 시냅시스 또는 네가닥 염기쌍 짝짓기

네가닥 염기쌍 짝짓기는 두 개의 이중나선의 상보성 염기서열이 호나선 형태로 큰홈에서 만나게 되면 형성된다.(그림 5-1 b, g, 그림 5-2 Ⅰ). 한 쌍의 역반복서열이 줄기 부분에서 시냅시스를 형성하는 것이다. 한 쌍의 정반복서열은 고리 안에서 시냅시스를 형성한다. 중요한 점은 시냅시스는 6염기쌍 미만, 즉 이중나선의 절빈 회진 미만에 해당하는 부분으로 만들어질 수 있다는 것이다.

2) 염기쌍 교환 또는 혼성이중나선 형성

반복서열의 시냅시스가 형성되면 염기들은 당-염기 결합 각도의 최소한의 운동량인 90° 회전으로 새로운 수소결합을 만들어 혼성이중나선을 형성하게 된다.

3) 당인산 가닥 교환 또는 해결

혼성이중나선의 양끝에는 두 개의 당인산 가닥이 염기쌍 교환의 결과로 약간 비틀어지는 결과, 나선 중심축에서 서로 가까이 접근하게 된다(그림 5-4 Ⅲ, 그림 5-4 b, e). 만나는 두 당인산 가닥 중 한 가닥이 내생핵산분해효소 endonuclease에 의해 잘라지면 잘리지 않은 가닥이 그 잘린 사이를 지나가고, 잘린 가닥이 연결효소에 의해 다시 이어지게 된다. 당인산 가닥의 이동은 최소의 거리로, 최소의 운동으로 이루어진다.

| 기질과 생성물

한 쌍의 역반복서열이 기질로서 줄기 부분에서 동형재조합을 거치면 생성물로서 고리 부분이 물리적 운동이 없이도 주변 염기의 방향에 비해 뒤집어지는 "역위" 현상이 일어난다(그림 5-1 e).

역위된 고리 부분의 양끝 염기서열은 주변 서열과 날카로운 경계를 이루는 것으로 나타나지만 사실은 6개 정도의 반복서열은 혼성염기쌍으로 구성되어 있는 것이다(그림 5- 3, IV). 정반복서열 한 쌍을 기질로 한 동형재조합은 고리 부분을 하나의 원형 진핵산으로 떨어져 나가게 하는데, 혼성염기쌍 상태로 하나씩 나누어 갖게 된다(그림 5-1 j, 그림 5-4 f).

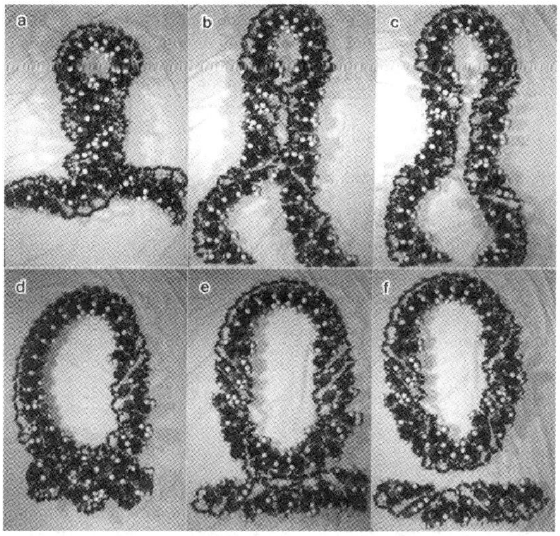

〈그림 5-4〉 꺾쇠호나선에 의한 상동재조합의 공간모형. (a–c) 줄기에 있는 역반복서열 사이에 일어난 상동재조합으로 고리에 있는 염기서열의 방향이 뒤집어짐(역위). (d–f) 고리 바닥에 있는 정반복서열 사이에서 일어난 상동재조합으로 고리에 있는 서열이 떨어져나감(결실).(Kim 1985).

| 의의

왓슨 크릭 이중나선의 가장 큰 의의는 두 개의 외가닥 진핵산이 역평행으로 만나면서 상보성을 가진 염기쌍을 이룸으로써 유전정보를 전수할 수 있는 근거를 제공한 데 있다. 그런데, 한 차원 높이, 반복서열 이중나선 자체의 상보성이 진핵산–진핵산 직접 접촉에 의한 시냅시스 과정을 거쳐 실현된 것이다. 세포 안의 좁은 밀집 공간에서 이 것이 가능하게 된 것은 주로 아데닌-구아닌AT이 많은 하나의 초점에서 진핵산-결합 단백질의 도움으로 180° 꺾임이 일어나고 역반복서열이 네가닥 수소결합으로 만나 시냅시스를 이룰 수 있기 때문이다.

이렇게 시작된 꺾쇠호나선 진핵산은 엉켜있는 진핵산 뭉치로부터 곧은 막대형 진핵산을 밀어낼 수 있을 것이다. 네가닥 부분에서 각 염기가 당-염기 결합 각도의 단순한 90° 회전을 하면 묵은 이중나선의 수소결합을 깨고서 새로운 혼성 이중나선의 수소결합을 형성한다. 혼성 이중나선 구조는 재조합 뿐 아니라 복제 원점으로서 열린 구조로 활용될 수도 있을 것으로 생각된다. 동형재조합이 6개 반복서열로 중재될 수 있으므로 그 동안 두 개 나선이 서로 꼬이고 풀어짐에 따라 일어나는 위상학적 문제점은 원천적으로 일어나지 않는다는 해결책을 제시한다.

제2장

꺾쇠호나선FBI 진핵산과 위치 특이 삽입

고리-줄기 구조에서 네가닥 염기쌍 짝짓기가 동형재조합을 중개하는 것은 진핵산의 동일 분자 내에서 역위와 결실의 경우에는 작동할지 몰라도, 위치-특이 삽입과 전위와 같은 진핵산 분자들 사이의 재조합은 설명할 수 없음이 곧 드러났다.

박테리오파지 람다가 박테리아 진핵산에 일어나는 위치-특이 삽입은 캠벨(Campbell 1962)이 처음 보고하였는데, 쌍방 모두 7 염기쌍의 상동염기서열, 즉, 파지의 attP와 박테리아의 attB를 접촉부위 attachment site, att로 활용하는 것으로 밝혀졌나(Craig and Nash 1983). 박테리오파지 피원[P1]은 6염기쌍의 attP와 attB를 동형재조합에 활용한다(Hoess 등 1984). 동형재조합에 활용될 것으로 제안된(McGavin 1971, 1977) 네가닥 염기쌍 모형이 이미 람다 파지의 삽입의 설명에 활용된 바 있다(Nash 등 1980, Nash 1981). 한쪽 경계선에서 일시적으로 잘린 가닥은 잘리지 않은 가닥을 시계방향으로 270° 돌아야 하는 것이었다. 그러나 이 제안은 네가닥 염기쌍 짝짓기는 동형재조합을 위한 좋은 모형일 수 있었으나 두 개의 원형 진핵산이 평행으로 접근하여 짧은 상동 염기쌍끼리 서로를 감싸는 위상학적인 방법에 문제가 있음이 나타났다.

위치-특이 삽입에서 꺾쇠호나선FBI 진핵산 구조가 활용될 수 있다는 근거가 몇 가지 관찰되었다.

1) 람다 파지 진핵산은 반드시 부의 초나선negative supercoil 구조이어야 한다(Mizuuchi and Mizuuchi 1978). 2) attP와 attB의 크기는 파지 피원은 6염기쌍, 파지 람다는 7염기쌍이고 상동성은 필수적이다. 3) 파지 피원 체계에서 loxP × loxB가 교차하는 지점은 8염기쌍 안에 있으며

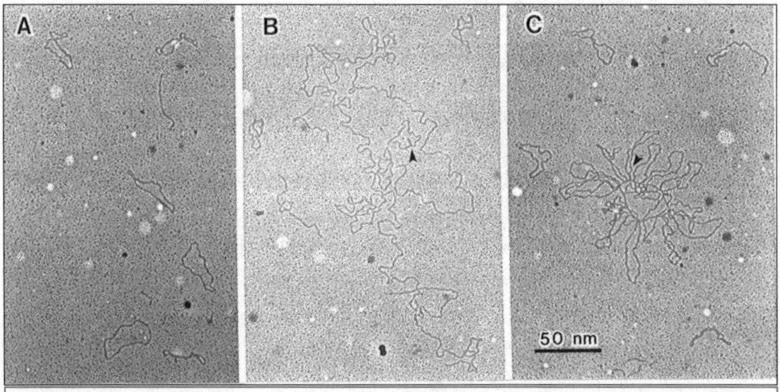

〈그림 5-5〉 진핵산의 전자현미경 사진들. A) 플라스미드 피비알322 분자들이 초나선, 열린 원형, 그리고 잘라진 선형 진핵산으로 보임. B) 전형적인 미토콘드리아 진핵산과 크기 표지 용도로 더해진 피비알322 진핵산. 중심에 위치한 열린 원형에 달린 꺾쇠호나선을 주목할 것 C) 피비알322 분자의 집합체로서, 피비알322와 진주조 미토콘드리아 진핵산 혼합액에서 발견되었음. 화살촉이 가리키는 곳에 꺾쇠호나선의 끝이 중심 원형 진핵산에 접촉함을 주목할 것(Kim and Lim 1989).

그 양쪽에 13염기쌍의 완전한 역반복서열이 위치해 있다(Hoess 등 1984). 꺾쇠호나선 진핵산 구조로서 13염기쌍이 줄기에서 만난다면 8 염기쌍은 그 바늘끝에 위치하게 된다, 4) 파지 람다의 경우 attP의 양끝에 위치한 불완전한 역반복서열과 삽입숙주인자Integration Host Factor, IHF 결합부위는 꺾쇠호나선 진핵산 구조의 경우 서로 만나게 되는 위치에 있다(Nash 1981, Leong 등 1984).

중요한 것은 플라스미드 진핵산의 전자현미경 사진에서 원형에 달린 짧은 꺾쇠 가지의 끝이 다른 운형 진핵산에 접촉하는 모양을 발견한 것이었다(그림 5-5C, Kim 1987). 그리하여 꺾쇠호나선 진핵산이 수직으로 목표진핵산에 삽입하는 과정을 공간모형으로 구성하여 만족할 결과를 얻었다(그림 5-6).

꺾쇠호나선 진핵산이 위치특이 재조합에서 수직으로 삽입하는 과정은 고도의 조정된 방법으로 이루어진다. 꺾쇠호나선 진핵산 끝의 직경 2.2 nm은 목표 이중나선의 6.5 염기쌍의 폭에 해당하므로 수직 삽입은 수술 차원의 정밀성이 요구된다고 말할 수 있다. 진핵산과 단백질의 기하학적 거리와 배열은 가깝고 고도로 조정되도록 되어 있어서 가다의 교환, 염기쌍의 교환, 끊어진 가닥의 연결 과정에 걸쳐 전체 구조적의 윤곽을 유지하면서도 최소한의 움직임으로 효율적으로 재조합을 완성할 수 있다. 위치특이전 삽입 번응은 공간모형으로 확인한 바에 의하면 다음 세 단계를 거친다.

1) 꺾쇠호나선 – 목표 복합체 구성, 2) 가닥 교환, 3) 염기쌍 교환과 끊어진 가닥의 이음이다. 가닥의 교환과 염기쌍의 교환의 순서는 목표 이중나선의 표면이 큰홈인가 또는 작은홈인가에 따라 일어나는 기하학적 배열의 긴장도에 따라 변하게 된다(그림 5-6) .

꺾쇠호나선 – 목표 복합체 구성 : 목표 이중나선 attB의 큰홈에 (그림 79) 또는 작은홈에 (그림 5-8) 접근하는 데 따라 두 가지 다른 절차를 따르게 된다. attP의 꺾쇠호나선의 끝이 6염기쌍이면 가닥이 매우 굽어져 있어서 attB 염기와 직접 접촉하기에는 거리가 있다. 목표가 큰홈 쪽이면 그래도 공여자 호나선 끝을 감싸며 굽을 수 있어서 접촉이 쉬운 편이다(그림 5-7A).

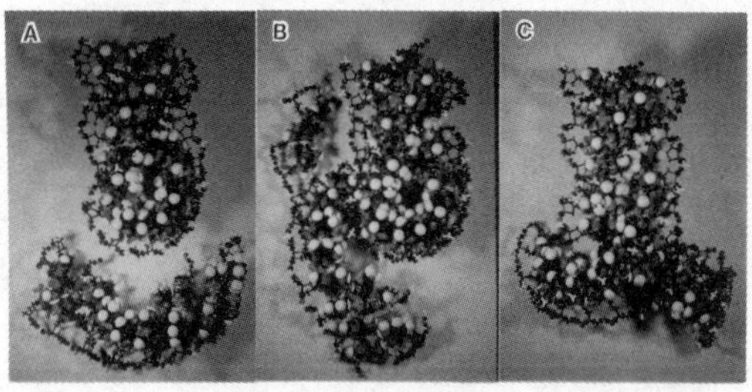

〈그림 5-6〉 꺾쇠호나선이 목표 진핵산 큰홈에 수직 접근하여 일어나는 위치–특이 재조합의 공간모형.

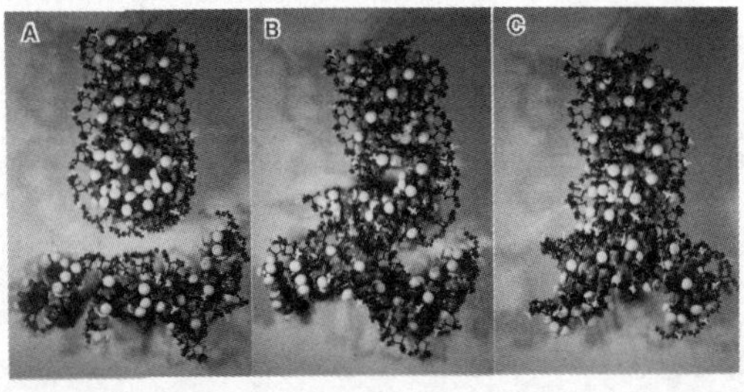

〈그림 5-7〉 꺾쇠호나선이 목표 진핵산 작은홈에 수직 접근하여 일어나는 위치–특이 재조합의 공간모형.

한편 attB 목표가 작은홈인 경우에는 공여자 attP 끝을 향하여 전혀 굽어질 수 없다. 따라서 쌍방이 모두 엇갈린 두가닥 자르기staggered double strand break을 순서에 따라 거치면서 복합체의 구조를 유지하게 된다(그림 5-8 A).

2) 가닥 교환, 3) 염기쌍 교환과 끊어진 가닥의 이음(목표 큰홈 접근) : 재조합에 관여하는 attP 끝에는 대개의 경우 아데닌-티민AT 많은 염기쌍들이 배치되어 있는데, 온도 등 여건에 따라서는 수소결합이 강하지 않아 끝의 두 가닥이 숨쉬듯 열리고 닫히면서 상대방 염기와 상동성을 탐색할 가능성도 있다고 할 수 있다. attP가 attB를 큰홈 쪽으로 접근하게 되면 attP 염기쌍의 양쪽 끝이 네가닥을 이루는 부분에 가까이 위치하여 많이 굽어있는 상태이므로 attP 양끝은 엇갈린 외가닥 끊김이 처음에는 왼쪽 위쪽 가닥에서, 다음에는 오른쪽 아래쪽 가닥에서 순서대로 일어나게 된다. attP의 왼쪽 위쪽 가닥이 끊어지면 위쪽 가닥은 attB에 가까이 나란히 정렬할 수 있고 쌍방의 염기는 90° 회전을 하여 새로운 혼성이중나선을 형성하게 된다. 상동성이 없어지는 오른쪽 끝에 이르면 attP 아래 가닥이 끊어진 곳부터 염기서열의 90° 회전으로 두번째 혼성이중나선을 왼쪽방향으로 이루어 나아간다. 공여자 작은홈과 목표물 큰홈의 접근으로 attP-attB 상동염기쌍 결합synapsis이 완성되면 양끝의 끈어진 가닥이 재조합효소에 의해 이어지고, 그 결과 파지 진핵산의 박테리아 진핵산으로의 삽입이 완성된다.

2) 가닥 교환, 3) 염기쌍 교환과 끊어진 가닥의 이음(목표 작은홈 접근) : 공여자의 꺾쇠호나선 끝이 목표에 작은홈 쪽으로 접근하면 소위 말하는 두가닥 끊김이 일어나야 한다. 더욱 정확히 말하자면 attP와 attB의 양쪽 끝에서 각각 엇갈린 외가닥 끊김staggered single strand nick이 순서대로 일어나는 것이다. 재조합 마디recombination nodule가 구조를 지탱할 수 있는 것은 꺾쇠호나선 자체의 구조적 안정성, 재조합단백질의 결합과 상호작용, 그리고 attP와 attB 사이에 새로이 형성된 혼성이중나선들 때문이다. attP 꺾쇠호나선의 굽어짐 때문에 염기서열의 교환은 왼쪽끝부터 일어나 오른쪽 끝에서 끝난다. 혼성이중나선 형성이 완성되면 작은홈-작은홈 접근에 의한 attP-attB 결합synapsis이 이루어지고 끊어진 네가닥의 여덟 끝이 이어짐으로써 위치특이재조합이 완성된다.

| 기질과 결과물

attP와 attB의 염기쌍들이 혼성이중나선을 이룰 수 있는 적절한 방향으로 평행으로 배열되면 삽입 반응은 효과적으로 일어날 수 있다. 외가닥 끊김은 굽힌 가닥의 긴장을 풀어 상동염기쌍들이 나란히 배열되어 +/-90° 회전의 최소한의 움직임으로 혼성이중나선을 만들게 된다. 그러나 attP의 염기서열이 attB의 염기서열과 반대 방향으로 배열되면 단순한 90° 회전에 의한 혼성이중나선의 형성은 이루어질 수 없고 카이χ 구조 또는 홀리데이Holliday 구조를 이루게 된다.

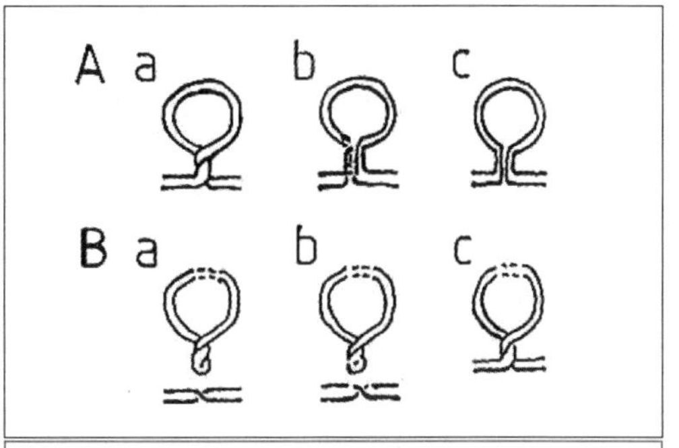

〈그림 5-8〉 꺾쇠호나선FBI 진핵산에 의한 동형재조합 모형. A. 역반복서열의 분자내 재조합에 의한 역위. B 정방향 상동염기서열의 분자간 재조합에 의한 삽입.

| 의의

위치특이적 재조합에서 꺾쇠호나선의 수직삽입 모형은 다음과 같은 내용을 설명한다.

1) 부의 초나선negative supercoil을 필요로 하는 이유, 2) 삽입하는 진핵산이 6-7 염기쌍이라는 비좁은 공간에 들어가기 위하여 꺾쇠호나선 형테를 취할 수 밖에 없는 이유, 3) attP 양쪽에 위치한 역반복서열이 삽입 반응 동안에 재조합 마디의 구조적 안정성을 제공하는 역할, 4) 양쪽 역반복서열이 삽입 후의 파지 진핵산의 역위 재조합, 전사, 또는 복제에 활용될 가능성. 이 점에 있어서는 람다 파지의 attP, 그리고 파지 피원P1에서는 attP 양쪽 끝에 있는 역반복서열은 전사에 활용되는 타타 상자TATA box로 간주될 수도 있다. 분자내 동형재조합을 중개

하는 꺾쇠호나선 구조에서는 큰홈에서 네가닥 수소결합에 의한 시냅시스가 중요한 역할을 하였다. 그러나 분자간 동형재조합에서는 재조합 부위가 180° 꺾인 꺾쇠호나선의 끝에 위치해 있다는 점이 중요하게 부각되었다. 꺾쇠호나선 끝의 6-7 염기쌍이 수직으로 삽입함으로써 오랜 퍼즐로 남았던 위상학적 문제가 해결되었다.

일반의 현실적 인식을 결론적으로 말한다면, 네가닥 진핵산은 그럴듯한 이론이기는 하나 맞지 않다는 견해가 지배적이다. 분자 내 재조합인 역위에서는 일부는 맞을 수도 있지만 다른 결론도 있으므로 믿을 수 없고, 결실에서는 두가닥 자르기로 결론이 났으므로 네가닥 결합은 해당이 안 된다는 쪽이다. 특히 람다파지 삽입의 경우 네가닥을 물리적으로 만들 수도 없을 뿐 아니라, 위쪽 한가닥이 왼쪽부터 염기쌍 교환을 시작하여 오른쪽으로 옮긴 후 아래쪽 가닥이 염기쌍을 교환하므로 네가닥 진핵산은 전혀 이야기 거리가 되지 않는 다는 결론이 났다는 인식이다. 이제까지 이중나선으로 모든 것이 잘 설명되어 왔는데 구태여 네가닥 이론은 거론할 가치도 없다는 인식이다. 그러나 네가닥이 아니라 꺾쇠호나선의 개념을 이해한다면 상황은 전혀 달라진다. 〈그림 6-1〉에서 보듯이 분자내 재조합에서는 네가닥을 만들어 재조합할 수 있고(그림 6-1 A), 분자간 재조합에서는 부의 초나선 구조를 필요조건으로 하는 파지 진핵산이 꺾쇠호나선 구조를 취하지 않을 수 없음을 〈그림 6-1 B〉 앞에서 보여준 공간모형뿐 아니라 이미 보고된 연구 결과들의 해석으로도 부인할 수 없음을 아래 논의에서 이해할 수 있을 것이다.

제3장

꺾쇠호나선FBI 진핵산과 전위

다음으로 꺾쇠호나선 진핵산 구조가 전위transposition 현상에도 활용될 수 있는지 검토하였다. 전위요소transposable element는 공통적으로 양끝에 역반복서열을 지니고 있고, 전위와 전위요소의 복제에 관한 분자 수준의 작동원리는 여러 사람에 의해 제안되었고 종합된 바 있다. 전위는 단순 보수적 방법과 복제 방법을 따라 일어난다. 전위의 공통 사항은 다음과 같다.

1) 공여자와 목표 사이에 공통 염기서열의 요구가 없으며, 목표의 선택에 특정 염기서열을 요구하지 않는다.

2) 전위가 일어나면 목표 위치의 5–9 염기가 같은 방향으로 복제되어 전위요소의 양 끝에 위치한다.

3) 전위요소는 전위과정에 자체 복제가 가능하다.

4) 양끝 역반복서열이 관여한다.

샤피로(Shapiro 1979)가 제안한 바에 따르면 전위는 다음 4단계를 거쳐 일어난다.

1) 목표에서는 네 개의 외가닥 끊김이 일어난다.

2) 공여자와 목표의 가닥들은 이어져서 카이χ 모양으로 전위요소의 이중나선에 잡힌다.

3) 염기쌍 짝짓기 하지 못한 가닥은 채워지고 전위요소의 반보존적으로 복제된다.

4) 두 개의 전위요소 사이에 위치 특이적 상보적 재조합이 일어나 원래의 공여자 분자와 함께 목표에는 삽입된 전위요소와 그 양 끝에 5-9 염기쌍의 정반복서열이 생긴다. 전위요소 양끝에 완전한 역반복서열의 존재가 필수적임을 강조하지 않은 점은 특기할만 하다.

꺾쇠호나선 진핵산에 의한 전위를 공간모형으로 실현하기 위하여 양끝 반복서열을 네가닥 진핵산 구조로 모아서 목표 이중나선에 수직으로 삽입하였다. 그 과정을 다음과 같이 3단계로 설명할 수 있다 : 1) 꺾쇠호나선-목표 복합제 형성, 2) 목표 이중나선에 엇갈린 외가닥 자르기 및 두 개 공여 가닥의 잇기, 3) 나은 외가닥 채우기(그림 5-9).

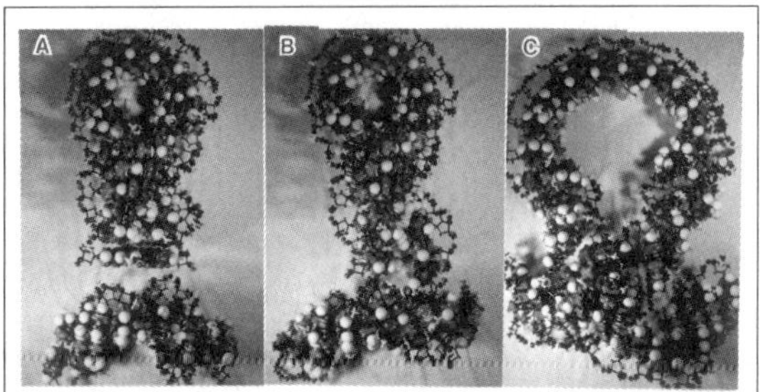

〈그림 5-9〉 꺾쇠호나선에 의한 전위의 공간 모형.

1) 꺾쇠호나선-목표 복합

체 형성

꺾쇠호나선의 뭉당한 끝이 목표에 수직으로 접근하면 서로 다른 방향의 두 가닥이 우선적으로 이중나선에 접촉하는데, 작은홈 쪽이냐 큰홈 쪽이냐에 따라 목표의 중복염기서열의 크기가 달라진다. 세포 안에서 진핵산 이중나선의 외가닥이 잘라지는 일이 생긴다면 전위요소가 삽입해 들어가는 목표를 제공할 것이다.

2) 목표 이중나선에 엇갈린 외가닥 자르기 및 두 개 공여 가닥의 잇기

엇갈린 외가닥 자르기가 목표 이중나선에 일어나면 네 개의 끊어진 끝이 생긴다. 두 개의 공여자 가닥과 두 개의 긴쪽 목표 가닥이 5' 에서 3' 방향으로 이어지면 전위요소와 목표 이중나선은 일단 양끝이 한 가닥으로 이어지고 약 6염기가 외가닥으로 남아 전위요소의 남은 두 개의 끝과 연결되기를 기다린다(그림 5-9).

3) 남은 외가닥 채우기

수선효소repair enzyme에 의해서 외가닥 부분의 염기쌍이 채워지고 끊긴 가닥이 이어지면 전형적인 목표 염기의 중복이 나타나고, 전위요소의 단순 전위 또는 자르고-붙임-식 전위가 완성된다. 복제식 전위는 다음 절에서 별도로 다룬다.

| 기질과 생성물

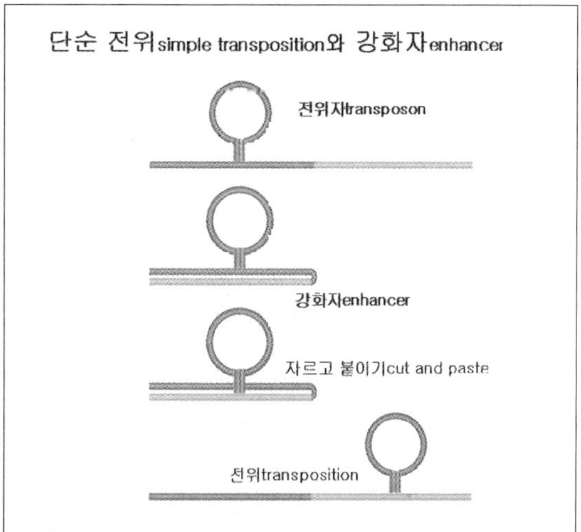

〈그림 5-10〉 단순 전위와 강화자와 꺾쇠호나선의 관계. 옮겨가고자 하는 전위자가 고리-줄기 형 꺾쇠호나선을 만들고, 먼 거리에서 꺾여 접근한 강화자가 접힌 전위자의 양끝에 밀접히 접근하여 관련 효소들과 함께 안정적 구조의 복합체를 형성한다. 전위자는 양끝 두가닥 자르기로 기주 가닥에서 분리되는 즉시 밀접한 목표 가닥에 끼워 들고, 기주는 두가닥 자르기로 인해 분해되는 일 없이 다시 연결 복구된다. 결과적으로 전위자는 단순전위simple transposition를 실현한다.

전위요소가 전위 이전에 기주 이중나선에서 분리되지 않은 상태에서 〈그림 4-3 B〉에서 보이는 바와 같은 고리와 줄기 모양을 취할 수 있을 것이다. 〈그림 4-2 A〉에서 고리와 줄기를 가진 기다란 곧은 막대 모양은 단순한 이중나선이기 보다는 이중나선이 뾰족한 끝에서 되돌아 꺾여 겹쳐진 네가닥 이상의 진핵산으로 보인다. 제2의 이중나선이 고리와 줄기의 바닥에 밀착하게 되면 분자내 전위의 목표 이중나선 역할을 할 수 있을 것이다(그림 5-10). 이 천연의 미토콘드리아 진핵산mtDNA의 밀착되고 독특한 형태는 분자의 끝에 달린 단백질 복합체에 의한 전체적인 위상학적 조절에 의해 유지되는 것임이 분명하다(그림 4-2). 이러한 형태의 밀착된 꺾쇠호나선 형태는 분명히 상동 염기서열들을 올바른 위치에 배열시키고 구조적 안정성을 확보해 주어서 전위나 동형재조합

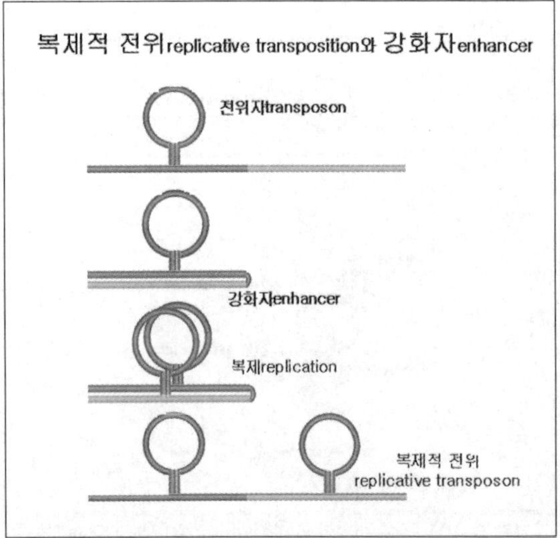

〈그림 5-11〉 복제적 전위와 강화자와 꺾쇠호나선의 관계. 전위자가 고리-줄기 형 꺾쇠호나선을 만든다. 먼 지점에서 꺾쇠호나선 구조가 유도되어 강화자가 전위자 기부에 밀착한다. 양끝 반복서열의 접촉으로 시냅시스가 형성되고, 혼성이중나선이 만들어지면 이들을 복제 시작자primer로 삼아 복제가 일어난다. 하나는 원위치에 남고 다른 하나는 밀착한 목표 가닥에 끼워 들어 복제적 전위를 완수한다.

과정의 두가닥 끊김을 포함한 복잡한 과정을 최소한의 거리와 움직임으로 수행하게 할 것이다.

복제식 전위에서는 진핵산 복제는 외가닥 공백을 채우는 과정을 연장하여 삽입된 전위요소의 복제를 수행할 가능성을 생각할 수 있을 것이다. 다른 한편, 삽입된 전위요소 전체를 복제함에 있어서 전혀 별도의 진핵산합성효소DNA polymerase와 진핵산 복제 효소들이 사용될 수도 있을 것이다. 양끝역반복서열들은 목표 자리에 들어간 후에는 일정 부분이 역위 재조합에서처럼 염기의 회전을 통하여 혼성이중나선heteroduplex을 형성할 것이다. 이미 제안된 바와 같이(Kim 1985), 이 혼성이중나선은 이제 삽입된 전이요소의 복제에 프라이머primer로 작용할 수 있을 것이다. "올가미lasso"라고 불리우는 구조는 진핵산 복제의 중간 산물의 일종일 것으로 추정된 바 있다(그림 4-1, Kim et al. 1982). 꺾쇠호나선이 진핵산 복제에 사용될 가능성에 관해서는 별도의 종합고찰이 필요하다(그림 5-11).

| 의의

꺾쇠호나선의 몽당 끝머리가 닿는 목표의 너비는 약 6 염기쌍인데, 이는 네가닥 진핵산의 직경에 맞먹는다. 이는 다시 말해서, 생체 안에서 네가닥이 존재하며 진핵산의 중요한 기능에 작용하고 있다는 증거를 제공한다. 전위의 대개의 경우 목표 염기 중복은 5-7 염기이나 예외적으로 4 또는 9 이상도 있다(Shapiro 1981). 우선, 당인산 가닥 사이의 실제 거리는 6. 5염기에 맞먹는 이중나선의 직경보다 작다. 전위에서 중복되는 목표 염기의 폭이 주어진 범위 안에서 일정치 않은 이유에 대한 가장 설득력 있는 설명은 목표 이중나선에 접근하는 방향에 달려 있다. 2.2 nm 직경인 네가닥 중 일차적으로 결합한 각이 이중나선 중 한 가닥이 작은홈 꼭지에 접근한다면 5염기쌍으로 큰홈에 접근한다면 7 염기쌍이 적절한 간격이다(그림 5-12).

전위에서 꺾쇠호나선이 수직으로 삽입하는 방법은 다음과 같이 몇 가지를 해명해 준다

1) 전위요소의 가장 중요한 특징인 양끝 역반복서열이 전위 과정에 참여한다.

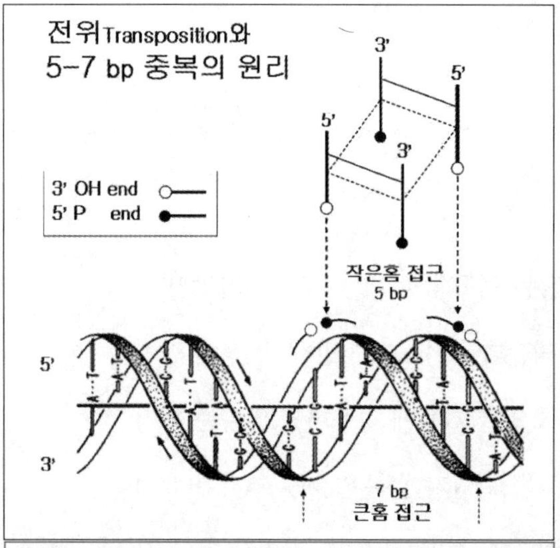

〈그림 5-12〉 전위에서 목표 서열 5 -7 bp 중복의 원리. 전위요소 끼워 들기 후 목표점 5 - 7 bp 중복이 일어나 전위요소 양끝에 위치하는 현상과 5 - 7 bp라는 숫자의 비밀은 이중나선과 네가닥 진핵산의 구조와 존재의 필연성을 간직하고 있다.

2) 목표 염기 중복에 대한 구조적 기하학적 설명을 제공한다.

3) 목표 염기 중복의 폭이 6 염기 전후인 이유는 곧 수직으로 삽입하는 전위요소의 직경 안에 네가닥이 포함되어 있음을 말해 준다.

4) 전위요소의 삽입이 완료된 후 네가닥 반복서열 부위에서 혼성이중나선이 형성되면 역위, 전사, 복제가 일어날 수 있는 구조를 제공해 준다.

제4장

꺾쇠호나선FBI 진핵산과 강화자

강화자Enhancer

강화자enhancer는 동형재조합에서는 중요한 사안으로서 한 쌍의 재조합 위치에 제 3의 요소로 첨가되어 존재하면 재조합의 효율은 1000배나 강화된다 (Craig 1988 참조). 강화자, 강화자–결합 단백질, 그리고 그들의 재조합 복합체와의 상호작용은 상당히 중요하게 다루어져 왔다. 그러나 제시된 그들 복합체의 전자현미경 사진이 과연 세포 안의 실제 상황을 반영하는 것인지는 의문의 여지가 있다. 〈그림 4–2〉 전사현미경 사진이 제시하는 바와 같이 천연의 미토콘드리아 진핵산이 취하는 형태는 강화자의 역할을 설명하는 데 훨씬 더 설득력이 있다고 말할 수 있다. 천연 미토콘드리아 진핵산은 한쪽 끝에 위치한 단백질 복합체가 전체 분자의 형태와 기하학적 배열을 통제하는 것으로 보이는 가운데 다른 끝에서는 이중나선이 180°로 급격히 꺾여 밀착하여 되돌아 오면서 고리-줄기의 밑부분에 접촉하는 부분은 강화자로써 재조합 복합체를 구조적으로 안정시키는 역할을 하는 것으로 기대할 수 있다. 이 경우 재조합에 참여하는 모든 요소들이 기하학적으로 바른 배열과 가까운 거리에 위치함으로써 최소한의 움직임으로 복합체의 틀을 유지하면서 동형재조합을 수행할 수 있게 된다(그림 5-13).

〈그림 4-2 B〉에서 곧은 막대 모양에 가지친 고리-줄기는 따라서 재조합 중간생성물의 이상적인 물리적 구조물로써, 보수적 및 복제적 전위, 역위, 삽입과 결실, 또는 절차의 겹치기 등 진핵산의 주요 기능을 수행하는 데 관여한다고 상정할 수 있다. 고리 부분은 전위요소의 내용물로써 전위, 역위, 삽입, 결실의 대상이 된다(그림 5-14). 맨 끝에서 어느 조절 요소가 꺾기를 유도하면 되돌이 이중나선은 호나선 또는 초나선의 형태로 기존 이중나선에 밀착함으로써 전체의 형태적 안정을 유지하면서 여러 가지 가능한 기능에 참여하게 된다. 되돌이 이중나선은 분자내 전위의 목표가 될 수도 있고 전위요소의 기주로 생각할 수 있는 기존 이중나선 부분은 전위요소의 양끝이 두가닥 자르기를 당해 다른 위치로 옮겨가도 흩어지지 않고 안정적으로 이어질 수 있는 구조이다(그림 5-10, 5-11).

〈그림 4-2 B〉에서 줄기 모양 곁가지는 꺾쇠호나선으로써 전사와 혹은 복제 시작점의 물리적 구조물일 수도 있다. 먼 위치에서 꺾임은

강화자를 바른 위치에 배열시키고 짧은 가지 꺾임은 진핵산-결합 조절단백질의 조절 위치 역할을 할 수 있다.

이러한 밀착되고 안정된 형태를 갖춘 꺾쇠호나선 진핵산은 역반복서열이 큰홈에서 확실한 시냅시스를 하도록 하고 강화자는 구조적 안정과 강화의 역할도 기대할 수 있다. 실험생물학의 강력한 설득력을 믿는 입장에서, 그러나 과연 이러한 독특한 진핵산 구조가 실험적으로 재생되어 생화학 및 구조생물학적 분석에 활용될 수 있을지 현실적인 제약을 인식하지 않을 수 없다. 공간 모형은 복합적인 반응 경로를 확인하는 데 유용한 공헌을 하였다. 비유하자면, 엑스선 결정학이 한순간의 초정밀 사진을 제공한다면 공간모형은 어느 반응경로의 지속적 절차를 영상물로 실연해 준다고 할 수 있다.

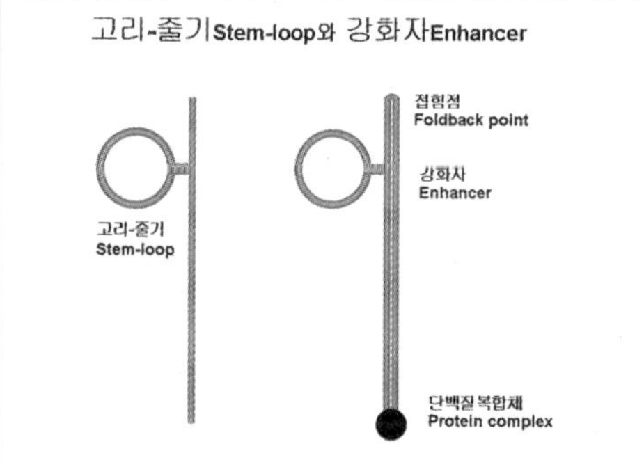

〈그림 5-13〉 고리-줄기를 포함하는 이중나선은 부정형이지만, 먼 거리의 접힘점에서 되돌아선 이중나선은 강화자로써, 또는 목표점으로써 작용할 수 있다. 한 끝의 단백질복합체가 분자 전체의 형태를 조절하는 것으로 보인다.

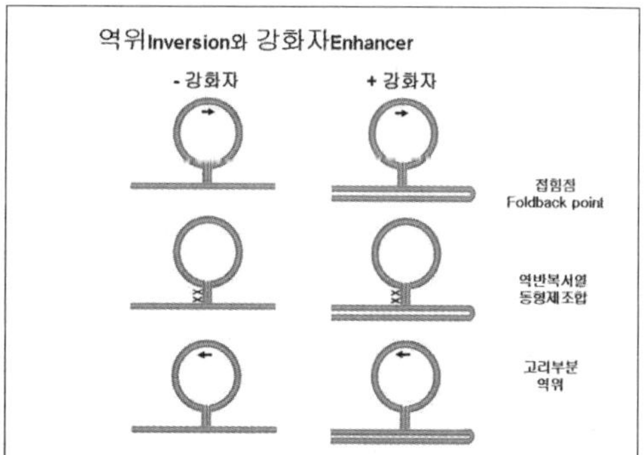

〈그림 5-14〉 고리-줄기 형태의 네가닥 줄기에서 역반복서열 사이의 역위가 일어나는데, 강화자 외 그 결합단백질이 공존하면 역위의 효율이 천 배까지 상승하는 것으로 보고되어 있다.

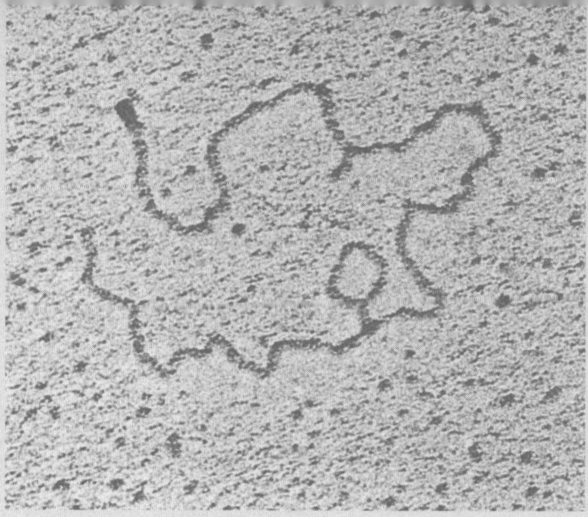

제6부

꺾쇠호나선FBI 진핵산과 앞으로의 생명과학

염기쌍 수소결합의 상보성이 진핵산 이중나선에게 유전정보의 고유한 상속권을 부여했다면, 한 단계 높은 차원에서, 반복서열의 상보성은 꺾쇠호나선 진핵산에게 유전정보의 고유한 기능의 관리권을 부여했다고 말할 수 있을 것이다.

제1장

꺾쇠호나선FBI 진핵산과 기존 동형재조합 연구

이제까지 이중나선 진핵산으로도 모든 것이 잘 설명되었는데 왜 굳이 꺾쇠호나선FBI 진핵산 모델을 채택해야 하는가? 그 구별점은 무엇인가? 그 차이점은 기존 연구결과들의 해석에서 어떤 결과로 나타나는가? 이를 증명하기 위해 앞으로 어떤 연구가 필요한가? 어떤 예측이 가능한가? 진핵산 구조와 기능에 관한 통일된 이해를 도모하기 위해서는 미해결 문제의 핵심 쟁점을 우선 파악할 필요가 있다.

상동재조합의 분자 차원의 핵심 작동원리는 관여하는 두 진핵산 분자의 상동성을 인지하는 원리이다(Campbell 1984). 오늘날 가장 널리 이해되는 관점은 재조합 단백질이 재조합 진핵산 부분의 염기를 인지하고, 단백질-단백질 상호작용에 근거하여 두 개의 상대방 진핵산 부분을 가까이 끌어온 후, 일명 홀리데이 교차점Holliday junction 또는 카이 χ 구조를 만들어 가닥들을 회전시키고, 자르고, 교환한 후 끊어진 당인산 가닥을 이어주는 것이다.

다른 대치되는 관점은 말하기를, 동형재조합의 핵심은, 단백질이 물론 관여하지만, 진핵산 염기쌍들이 직접 접촉하여 수소결합하는 시냅시스를 통하여 상동성을 확인한다는 것이다. 진핵산-진핵산 시냅시스에 의한 상동성의 확인은 네가닥 염기쌍의 형성을 의미한다. 그러나 많은 분자생물학, 생화학 연구 결과가 말해 주듯이 이는 에너지와 기하학적 이유로 가능하지 않다는 인식이 지배적이다.

재조합에 관하여서는 여러 각도에서 종합 고찰된 바 있다(Nash 1981, Shapiro 1983, Thaler and Stahl 1988, Craig 1988, Landy 1989, Van Duyne 2001). 콜드스프링하버연구소 계량적 생물학심포지엄 논문집들(1978 vol. 43 DNA: Replication and Recombination 1980 vol. 45 Movable Genetic Elements 1982 vol. 47 Structures of DNA 1984 vol. 49 Recombination at the DNA Level)은 특히 도움이 되는데, 그 이유는 그 시대에 다양한 국제적 전문가 집단에 의해 발견된 새로운 사실들이 수집되어 있으므로 전체를 파악하고 조망할 수 있는 훌륭한 자료를 제공하기 때문이다.

꺾쇠호나선 진핵산의 가치와 용도를 관련된 분야의 연구 논문을 섭렵하여 확인하기로 한다. 기존의 개념과 꺾쇠호나선 진핵산을 채택했을 때의 개념을 구분하기에 필요한 주요 용어를 나열하면 다음과 같다.

단백질-단백질 상호작용 / 진핵산-진핵산 상호작용protein-protein interaction / DNA-DNA interaction; 시냅시스 우선 / 가닥 교환 우선 synapsis-first / strand exchange-first; 외가닥 끊기 / 두가닥 자르기 single strand nick / double strand break; 꼬여 감기 / 곁돌아 감기 plectonemic winding / paranemic winding; 다중 가닥의 한 지점 끊기와 잇기 / 가닥의 상호 교환 single point breakage and reunion of polynucleotide / reciprocal strand exchange; 염기서열 특이적 재조합 효소 결합 / 염기서열 상동성의 진핵산-진핵산 확인 sequence specificity for recombinase binding / sequence homology for DNA-DNA recognition; 외가닥 침입 또는 가지 이동 / 염기 회전과 혼성 이중나선 형성 single strand invasion or branch migration / base flipping for heteroduplex formation; 부의 초나선 / 꺾쇠호나선 negative supercoil / foldback intercoil; 일반 (동형) 재조합 / 위치 특이 재조합 general (homologous) recombination / site-specific recombination.

| 역위

위치 특이적 역위 현상은 네 가지 재조합효소 체계에서 매우 잘 연구되어 있다. 네 가지 역위효소, 즉 힌Hin, 진Gin, 신Cin 그리고 핀Pin은 ~70%의 아미노산 서열이 동일하고 서로의 기질에도 작동하는 것으로 알려져 있다 (Craig 1988 종합 고찰).

박테리오파지 뮤Mu에서 유래한 진Gin은 역반복서열 사이의 위치 특이 재조합을 생체 안에서는 그대로, 실험적으로는 박테리아 기주 인자인 피스FIS와 강화자enhancer가 추가될 때에 수행한다. 진Gin 혼자서는 역반복서열을 가진 이중나선에 외가닥 끊기를 할 수 있다. 외가닥 끊기는 위치 특이적이며, 끊어진 분자는 진Gin 단백질의 9번 아미노산과 진핵산의 끊어진 자리의 5' 인산 사이에 공유결합체를 만든다 (Klippel et al. 1988). 선형 진핵산에서 진Gin은 역반복서열의 위쪽 또는 아래쪽 한 곳에 외가닥 끊기를 하는 것으로 제한되어 있으므로 두 가닥 끊기 모형은 배제된다(Klippel et al. 1988).

신Cin과 핀Pin 계통도 동일하게 외가닥 끊기를 하는 것으로 보고되었다(Iida and Hiestand-Nauer 1986). 다른 한 편, 힌Hin 계통은 두 가닥을 끊어서 8개의 끝을 만드는 것으로 보고되었다. 따라서 힌Hin은 역위효소 인버타제군invertase family 가운데에서 논란을 일으켰고, 그 저자들이 논하는 바와 같이 이 차이는 효소 정제나 실험 조건이 다른 데에 기인할 수도 있고, 반응 생성물은 진정한 중간생성물일 수도 있고 아닐 수도 있다(Johnson and Bruist 1989). 두 가닥 끊기는 네가닥 염기쌍을 사용하는 작동 원리와는 상치되기 때문에 주목할 필요가 있다.

역위효소들이 외가닥 끊기를 한다고 보고함에 있어서 역반복서열 사이에 네가닥 염기쌍이 만나는 시냅시스를 언급하지 않고, 대신 단백질의 공유결합이 단백질에 의한 재조합으로 가닥이 회전하는 것을 상정하고 있다. 역위효소가 끊어진 자리에 공유결합함으로써 이어주는 반응에 필요한 에너지를 보존한다고 해석한다.

그러나 진핵산 결합 단백질이 역반복서열 전체의 염기서열의 특이성을 요구하는지는 의심의 여지가 있다. 왜냐하면, 역반복서열에 여러 가지 돌연변이를 인위적으로 도입해도 쌍방의 상동성이 유지되는 한 재조합은 진행되기 때문이고, 이 현상은 거의 모든 동형재조합 체계에 공통적으로 적용된다(Nunes-Duby et al. 1987, Craig 1988). 이는 재조합효소가 역반복서열을 일일이 읽어내는 능력이 있다기 보다는 진핵산 자체가 상대방 반복서열의 상보성을 서로 인식함을 뜻한다.

상동 염기쌍들이 큰홈 안에서 직접 물리적 접촉을 하든지 작은홈 쪽에서 나란히 배열된 후 단순한 90° 염기 회전으로 혼성이중나선을 만듦을 의미한다. 따라서 분자 안에서 동형재조합으로 일어나는 역위 체계는 네가닥 진핵산구조를 거치는 체계를 입증한다고 결론 지을 수 있다(Kim 1985).

힌Hin 체계의 경우 그 결과는 두 가지 방법으로 해석할 수 있을 것이다.

힌Hin도 진Gin과 마찬가지로 외가닥 끊기 방법을 따를 수 있으나 실험적으로 그 중간생성물이 잡히지 않았다, 또는 두 가닥 끊기가 실제 작동할 수도 있다. 두 가닥 끊기는 결실 또는 단절excision (Reed and Grindley 1981), 면역 체계의 가변성 지역 유전자variable-region genes (Yancopoulos and Alt 1986, Yu and Lieber 2000), 그리고 람다λ integration (Nunes-Duby et al. 1987)에서도 일어난다. 역반복서열은 전위요소transposable elements의 공통 특징이고, 힌Hin 역시 역반복서열을 보유하므로 두 가닥 끊김에 의한 전위와 역위의 능력을 가졌다고 말할 수 있다. 사실상 전위요소는 전위되기 전에 역반복서열의 양끝이 모두 두 가닥 끊기로 기주 진핵산에서 분리되는 것으로 알려졌다.

공간모형으로 보여 준 바와 같이(그림 9, 그림 10) 외가닥 끊기냐 두 가닥 끊기냐의 문제는 시냅시스 때에 상동염기들이 서로 어느 방향으로 접근하느냐의 문제이다. 상동 염기서열들이 혼성이중나선을 형성할 때에 큰홈-큰홈, 또는 작은홈-큰홈으로 접근하면 외가닥 끊기로 충분하지만 작은홈-작은홈으로 접근하면 두 가닥 끊기가 필요하다. 이미 람다 파지의 위치-특이 삽입의 경우에서 보고된 바와 같이 생체 안에서는 두 가지 경우가 다 같이 일어난다고 생각함이 자연스러울 것이다.

| 결실

전위요소 감마델타$\gamma\delta$의 결실 또는 빠져나감을 다루는 해결효소 resolvase 체계에서는 마그네슘 이온이 없는 경우에 두 가닥 자르기가 일어나는 것으로 보고되었다(Reed and Grindley 1981). 그러나 결실에서도 람다 파지 삽입의 경우와 마찬가지로 외가닥 자르기와 두 가닥 자르기 두 가지 모두 작동할 것으로 논의되었다(Nunes-Duby et al. 1987, Kitts and Nash 1988).

| 위치 특이 삽입

람다 파지가 박테리아 진핵산에 삽입할 때 위치 특이적으로 동형재조합이 일어남을 캠벨(Campbell 1962)이 처음 보고한 후 attP와 attB 주변의 염기쌍들이 네가닥 진핵산 구조를 취하여 상동 염기쌍들 사이에 밀착된 시냅시스를 형성할 것으로 한때 추정되었다(Nash 1981, Nash and Pollock 1983). 그러나 람다 삽입에서 네가닥 시냅시스는 위상학적 문제 등이 있으며, 실험결과에 따라 기각되었고, 가닥 교환의 방법에 따라 두 가지 가능성이 집중 논의되어 왔다(Kitts and Nash 1987, Nunes-Duby et al. 1987, Craig 1988).

여덟 개의 끊어진 가닥이 단백질 복합체에 의해 가까이에 유지되는 조정 방법(Kitts et al. 1984, Bauer et al. 1984), 또는 홀리데이 교차점 Holliday junction이라고 불리는 외가닥 교환 중간생성물을 만들고 그것이 두 번째 가닥의 교환에 의해 재조합이 완결되는 순차적 방법이 그것이다(Hsu and Landy 1984, Nunes-Duby et al. 1987).

외가닥 끊김이든 두 가닥 끊김이든 모두 공통인 점은 위쪽 가닥이 먼저 잘리고 아래쪽 가닥이 다음에 잘린다는 것이다. 파지 attP 부위의 상대적 방향을 변경하여 실험한 결과 위 아래 가닥에 대한 순서적 선택은 교환되는 가닥의 국지적 환경이기보다는 조금 더 먼 곳에 위치한 양쪽 팔의 가닥에 연유한다는 결론을 얻었다(Kitts and Nash 1988). 이 관찰은 꺾쇠호나선 진핵산의 수직 삽입 모형과 일치하는 결과이나(Kim 1987, 그림 9, 그림 10).

람다 삽입에 할리데이 교차가 관련되는 사안에 관해서는, 람다-인트λ-int가 기질과 조절 진핵산 부분과 함께 고차원의 복합체를 형성한 결정학적 구조를 반응경로 단계별로 다른 중간생성물을 얻어 분석한 바 있다(Biswas et al. 2005). 이에 대해 꺾쇠호나선 진핵산의 관점에서 두 가지 고려할 사항을 논의할 수 있다.

1) attP 자리에서 109°에서 77° 각도로 꺾인 것은 많이 굽은 것이라고 말할 수 있을지 모르나 생체 안에서는 꺾쇠호나선을 형성할 정도로 꺾여 구조적 안정성을 확보해야만 두 가닥 끊김 같은 과정에서도 지탱할 수 있을 것이다.

2) 보고된 attP와 attB의 염기서열의 방향이 반대방향으로 되어 있어서 단순한 90° 회전으로 혼성 이중나선을 형성할 수 없게 되어 있다. 이 사안은 Nunes-Duby et al. (1987)의 자살용 기질suicide substrte 실험, 그리고, Kitts and Nash (1988)의 연구에서 홀리데이 구조는 실험 처리 중 상동성이 가장 낮은 처리구에서 나타난다는 결과를 상기시킨다. 비상동성 문제를 해결하기 위하여 랜디 연구진(Nunes-Duby et al. 1995, Azaro and Landy 1997, Van Duyne 2001, Biswas et al. 2005)은 진핵산 가닥의 맞바꿈swapping, 그리고 가지 이주branch migration 없이 상동성을 감지하는 방안을 제안하였다. 홀리데이 교차를 포함하는 중간생성물은 왜 얻기가 매우 어려운가에 대한 문제도 제기된 바 있다(Nunes-Duby et al. 1987, Hunter and Kleckner 2001). 유전학적 교배에서 외가닥 교환의 중간생성물은 전체 인트-의존int-dependent 재조합물의 1-2%에 불과하며(Echols and Green 1979, Enquist et al. 1979),

이는 홀리데이 교차의 해결이 매우 빠르기 때문이라고 해석하였다(Nunes-Duby et al. 1987). 그러나 그 해답은 키츠와 내쉬(Kitts and Nash 1988)가 보여준 바와 같이 attP 염기서열의 방향이 attB 염기서열의 방향에 어긋나는 데에서, 그리고 앞에서 보여준 꺾쇠호나선 진핵산 삽입 모형에 의한 관찰에서 찾아야 할 것이다.

| 전위

전위의 작동원리의 자세한 내용이 위치 지정 돌연변이를 동원한 삼차원 구조 분석에 이를 정도로 발전하였다(Davies et al. 2000, Vaezeslami et al. 2007). 제안된 작동원리 대부분에서 두 가지 중요한 사항, 즉 양끝반복서열의 상동성과 목표 염기의 중복에 관하여 꺾쇠호나선 진핵산의 수직 삽입에 대응할만한 설명이 발견되지 않았다(Kim 1987, Rice 2007). 전위를 성공적으로 수행하기 위해서는 양끝 역반복서열의 시냅시스로 네가닥 진핵산 또는 꺾쇠호나선 진핵산 구조를 피할 수 없다(그림 5-12). 미토콘드리아 진핵산의 전자현미경에서 관찰된 독특한 형태(그림 4-2 A)에서 전위에 이상적인 구조를 상정할 수 있는데, 다음 단계들을 거친다고 말할 수 있다.

1) 한 전위요소가 숙주 진핵산에서 고리-줄기 형태를 만든다.

2) 숙주 진핵산이 먼 거리에서 꺾이면 돌아오는 이중나선이 고리-줄기 형태의 줄기의 바닥에 밀접하게 된다.

3) 한 쌍의 전위효소transposase와 결합해 전위 마디transpososome를 형성한다.

4) 양끝 역반복서열의 끝에서 두 가닥 끊기가 일어나고 전위요소는 밀접한 다른 이중나선을 목표로 하여 5-7 염기쌍 폭으로 엇갈린 외가닥 끊기, 공백 채우기, 이어주기로 보수적 전위의 절차를 완성한다(그림 5-12).

5) 전위요소가 떠나면서 두 가닥 끊김을 당한 기주 진핵산은 흩어지지 않고 전위 마디 안에서 이어진다.

6) 전위요소가 꺾쇠호나선 진핵산 구조를 활용하여 복제를 수행하면 복제적 전위가 이루어지는데, 전위 요소 한 개는 기주 진핵산의 원위치에 남고 복제된 한 개는 밀접한 목표 자리에 옮겨 들어간다.

제2장

꺾쇠호나선FBI 진핵산의 증명

| 꺾쇠호나선FBI 진핵산 구조의 물리적 증명

꺾쇠호나선FBI 진핵산 구조 자체의 증명은 이 저술의 가장 중요한 핵심 과제이다. 꺾쇠호나선FBI 진핵산 구조의 증명은 두 가지 다른 각도에서 이루어져야 한다. 그 하나는 되돌이꺾임foldback bending, 다른 하나는 호나선 진핵산intercoil DNA의 굵기이다.

| 되돌이 꺾임

꺾쇠호나선FBI 진핵산은 외가닥이 아니라 두 가닥 진핵산이 되돌이 꺾임이 된 구조라는 점이 중요하다. 전자현미경 사진에서 미토콘드리아 진핵산mtDNA이 180°와 90°로 꺾여짐은 부인할 수 없이 확실하다(그림 4-2, Kim 1985). 가장 전통적이고 확실한 증명은 엑스선 결정학

X-ray crystallography으로서 원자배열과 수소결합 등을 정확히 확인하는 것이다. 꺾쇠호나선FBI 진핵산 구조의 경우, 문제는 되돌이 꺾임과 네 가닥 진핵산 상태를 진핵산 자체 또는 진핵산-단백질 결합상태로 결정체 수준으로까지 시험관 내에서 재현할 수 있는가이다. 생체 내에서는 부의 초나선 상태에서 국지적으로 꺾쇠호나선FBI 진핵산이 유도되는 것으로 이해된다. 쏘랄렌psorallen을 처리하여 진핵산 구조를 고정시킨 후 순수 분리하는 방법 등 발전된 방법들이 동원될 수도 있겠으나 아직 꺾쇠호나선FBI 진핵산 구조를 고정하여 분리할 정도의 연구는 진행된 바 없다. 핵자기공명NMR 방법도 용액 내에서 진핵산의 자기공명 현상을 통해 미세구조를 알아낼 수 있겠으나, 역시 연구목적에 맞는 꺾쇠호나선FBI 진핵산 시료 준비는 아직은 현실적으로 어렵다고 보아야 할 것이다.

| 굵기

호나선intercoil의 굵기가 이중나선double helix과 같고 초나선negative supercoil보다 가늘다는 점을 적절한 방법을 쓰면 확인할 수 있다.

예를 들면, 진주조 미토콘드리아에서 분리한 단백질이 플라스미드 피비알 322pBR322를 부의 초나선 형태에서 원형을 거쳐 선형으로 풀어가는 중간 과정에서 호나선 형태가 투사전자현미경으로 관찰된 바가 있다(그림 6-1, Kim and Lim 1989). 이 관찰은 두 가지 관점에서 상당한 의미가 있다. 첫째는 식물 미토콘드리아에서 분리한 단백질이 박테리아 유래 플라스미드에서 호나선 구조를 유기한 것이 중요하다. 따라서 둘째로 식물 미토콘드리아 진핵산에서 관찰되었던 호나선 등 독특한 형태들이 실험적 불순물일 수도 있다는 주장을 효과적으로 반박할 수 있게 되었다.

더욱 중요한 것은, 세 번째로 미토콘드리아 유래 단백질로 유기된 호나선은 이중나선과 같은 굵기이었음에 반해 초나선은 이중나선보다 확연히 두꺼움이 관찰되었다(그림 6-1, Kim and Lim 1989). 이는

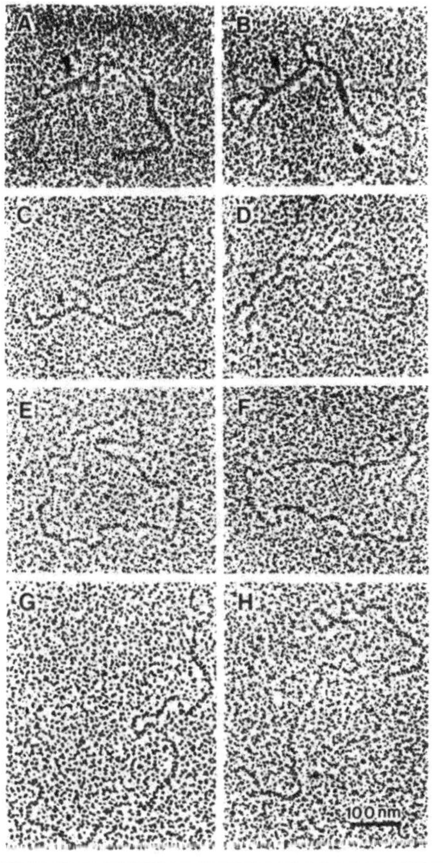

〈그림 6-1〉 피비알 322 진핵산 초나선(A, B), 호나선(C, D), 원형(E, F), 그리고 선형(G, H) 분자의 비교. 부의 초나선(A, B)은 진조조 미토콘드리아에서 분리한 단백질 처리로 단계적으로 풀린다. 초나선의 한 가닥이 잘리면 초나선 장력이 호나선 형성에 흡수되고 원형을 거쳐 선형 진핵산으로 풀린다. 호나선의 굵기(C, D)가 이중나선 부분의 굵기와 거의 동일함에 주목할 것. 전자현미경 관찰을 위한 시토크롬 씨 염색과 백금/팔라디움 그림자 처리 후에도 호나선 부분이 초나선 부분(A, B)과 확연히 구분된다. 호나선 부분의 길이는 약 120 염기쌍에 해당된다. 피비알322은 그렇게 긴 역반복서열이 없으므로 이는 호나선이 상동성이 없는 이중나선으로도 만들어짐을 보여준다(Kim and Lim 1989).

전자현미경 관찰은 진핵산 분자를 시토크롬 씨cytochrome C 결합, 백금/팔라디움 그림자 씌우기Pt/Pd shadowing등으로 처리하기 때문에 굵기가 변형되어 비교에 쓰일 수 없다는 통념에도 불구하고 얻은 결과여서 투사전자현미경 관찰도 중요한 정보를 제공할 수 있음을 보여준 것이다.

| 꺾쇠호나선FBI 진핵산 생화학적 증명

생화학적 증명은 무엇보다도 객관성과 실험 반복성을 보장해 주므로 그 신빙성이 높다고 할 수 있다. 잘 알려진 생화학적 연구 결과들 속에 이미 네가닥 진핵산four-stranded DNA의 존재를 인정하지 않을 수 없는 사례들이 숨어 있다. 다만 꺾쇠호나선FBI 진핵산 구조의 존재가 알려지지 않았던 상황에서는 전혀 그 의미를 감지할 수가 없었을 따름이다. 몇 가지 구체적인 예를 들어 보자.

| 네가닥 굵기와 6염기 폭의 일치

1) 위치특이적재조합에서 박테리오파지 진핵산이 박테리아 진핵산에 삽입하는 경우 특정위치에서 염기의 상동성이 확보되어야 가능하

다. 즉 파지 람다phage λ는 7염기, 파지 피원phage P1은 6염기의 파지 결합부위attP가 각각의 상대방 박테리아 결합부위attB와 염기서열이 일치해야 하며, 파지는 반드시 부의 초나선 상태임이 요구된다. 이 상황에서 attP는 꺾쇠호나선FBI 진핵산의 뾰족한 끝에 위치하여 목표에 수직으로 접근하게 되는데(Kim 1987), 이때 꺾쇠호나선FBI 진핵산의 직경 2.2 nm의 굵기는 목표 진핵산의 6.5염기에 해당한다. 즉, 박테리아 결합부위(attB) 6–7 염기의 폭은 파지의 네가닥 진핵산의 굵기에 일치함이 확인된 것이다(그림 6–2).

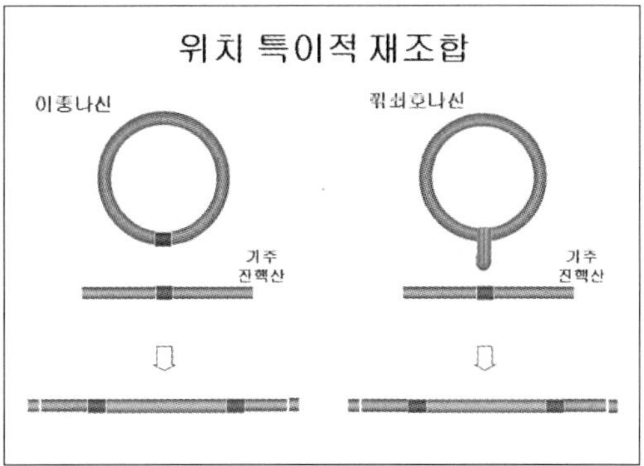

〈그림 6–2〉 위치특이적 재조합과 꺾쇠호나선의 역할. 람다파지 진핵산 결합부위attP와 박테리아 진핵산 결합부위attB의 위치 특이적 재결합에 있어서 이중나선과 꺾쇠호나선의 작동 원리를 비교한다. 꺾쇠호나선 꼭지점에 위치한 7bp 상동서열은 기주 목표점의 상동서열에 수직으로 접근하여 가닥 자르기 – 상동염기쌍 교환 – 자른 가닥 이음으로 파지 진핵산이 기주 박테리아 진핵산에 끼워 들어 간다.

2) 전위요소가 새로운 위치로 옮겨 들어가면 목표 진핵산 5 7 염기가 들어온 전위요소 양끝에 중복되어(target site duplication) 나타난다. 전위요소의 양끝 역반복서열이 꺾쇠호나선FBI 진핵산 형태의 네가닥으로 모아져 목표에 접근할 때 2.2 nm 직경 안에 있는 두 가닥이 목표의 당–인산 뼈대sugar phosphate backbone를 작은홈으로 접근하면 5bp–큰홈으로 접근하면 7bp 간격으로 엇갈려 자른staggered cut 후,

삐져나온 두 끝에 5' – 3' 방향으로 연결하면 양끝에 외가닥이 된 5–7 염기 구간이 남게 되고 이를 진핵산 수선DNA repair 방법으로 채우면 목표 양끝 중복 현상이 일어나는 것이다. 수천 염기서열 길이를 가진 전위요소가 이중나선의 굵기밖에 안되는 2.2 nm를 목표로 들어가려면 전위요소 양끝을 같은 2.2 nm 굵기인 네가닥으로 모으지 않을 수 없는 것이다(Kim 1987, Rice 2005와 Davies et al. 2000 참조) (그림 5–12). 이렇게 네가닥으로 모아진 역반복서열은 전위 작업 동안 구조적 안정을 도모할 뿐 아니라 전위 후 역위와 복제 과정에 참여하는 구조로 쓰일 수 있다(Mizuuchi et al. 2007 참조).

| 진핵산–진핵산 접촉

1) 상동재조합은 재조합효소가 상동염기서열을 인지하여 결합한 후 양측을 가까이 끌어와 자르고 교환하는 단백질–단백질 위주의 상호작용인 것으로 널리 알려져 있다. 역위효소군invertases에 속하는 진Gin, 신Cin, 핀Pin, 힌Hin은 아미노산의 약 60%가 공통이고 서로 기능도 바꿔 수행할 정도이다. 이중 힌Hin만은 예외적으로 재조합중간 산물이 두 가닥 끊어짐double strand break으로 생기는 것으로 보고되어 논란의 여지가 남아 있으나 다른 역위효소들은 외가닥 끊어짐single strand nick

이 두 번 일어나는 경로를 사용 하고 진Gin의 경우 9번 세린serine이 끊어진 가닥에 공유결합을 한다. 외가닥 끊어짐은 두 반복서열이 큰홈major groove 쪽에서 만난다는 것을 의미한다(Kim 1985).

인위적 염기치환 실험을 해보면 양측 반복서열이 서로 상보성이 보장되는 한 역위 반응은 일어난다는 것이다. 즉, 역위효소가 결합할 때 개별적 염기를 고정적으로 요구하기보다 진핵산과 진핵산의 직접적인 접촉에 의한 상동성의 확인이 더욱 중요하다는 결론에 도달하게 된다(Kahmann 1987).

큰홈에서 상동 염기들이 직접 접촉하기 위해서는 네가닥으로 시냅시시스synapsis를 이루지 않으면 불가능한 일이다.

| 분석법의 한계

꺾쇠호나선 구조의 실제를 물리적으로 증명하는 일은 아직도 간단치 않다. 꺾쇠호나선의 구조적 특징에 접근하는 개념들, 예를 들면 네가닥 진핵산quadruplex DNA, 단백질 결합에 의한 진핵산 굽어짐DNA bending, 염기의 회전base flipping 또는 삐쳐나감extrusion, 비-지 진핵산 변환B-Z DNA transition(Ha et al. 2005) 등이 보고된 바 있다. 염색체말단telomere가 실험적 고정에 의해 고리가 형성되었는데, 세 가닥과 외가닥으로 구성된 티-고리t-loop로 해석하였다.

꺾쇠호나선의 반복서열이 90° 회전하여 만드는 혼성이중나선은 몇 가지 독특한 구조적 특징을 가지고 있어서 동형재조합뿐만 아니라 비-지 진핵산 변환, 진핵산 복제의 시작, 그리고 겉돌아 감기paranemic coiling 등에 관한 구조적 이해를 도와준다. 혼성이중나선 구조를 항체 단백질 또는 쏘랄렌 등으로 고정하여 구조를 다각도로 연구하는 가능성도 생각할 수 있다.

외가닥 진핵산의 경우 머리핀hairpin, 꺾쇠foldback, 십자형cruciform 등 구조가 관찰되었고 연구의 대상이 되기도 하였다. 그러나 천연의 이중나선이 꺾쇠 구조를 만드는 일은 전에 보고된 바 없다.

비-진핵산B-DNA 이중나선이 180° 꺾이는 것은 그 꺾임점에서 나선이 풀려 두 가닥이 평행이 될 때 가능하고, 꺾여 생긴 고리는 가장 조여 들어도 공간모형에 주어진 비-진핵산 결합각도의 한도 안에서는 최소한 6염기쌍은 필요한데, 이때 그 고리의 직경은 네가닥과 마찬가지로 2.2 nm로서 이 독특한 구조적 특징이 중요한 기능에 활용된다. 따라서, 꺾쇠호나선의 물리적 증명에서 꺾어짐에 관한 한 천연 미토콘드리아 진핵산의 전자현미경 사진과 공간모형의 재현으로 보아 설득력이 있다고 할 것이다. 단백질 결합에 의한 진핵산의 굽어짐이 실험적으로 보고되고 있으나 실험 조건과 재료의 한계로 180° 꺾임의 실현은 당분간 쉽지 않을 것으로 보인다.

엑스선 회절X-ray diffraction과 진핵산-단백질 결합의 결정학적 관찰은 가장 정확하고 중요한 정보를 제공하는 것은 틀림없다. 그러나 꺾쇠호나선의 네가닥 수소결합, 굵기, 높이 등의 물리적 증명은 간단치 않을 것으로 보인다. 남은 문제는 시료의 준비에 있다. 생체 안에서 진핵산 분자 전체의 형태에 영향을 미치는 여러 요인들에 의해서 만들어질 것으로 추정되는 꺾쇠호나선 구조를 실험적으로 어떻게 재현할 수 있는가가 문제의 핵심이다. 그 문제가 해결된다면 핵자기공명NMR 방법도 공헌할 수 있을 것이다.

투사전자현미경transmission electron microscopy, TEM 방법이 진핵산을 시토크롬 씨cytochrome C 결합, 백금/팔라디움 그림자 씌우기Pt/Pd shading 등 처리를 요구하여 두께에 영향을 미치는 데 반하여 원자현미경atomic force microscope, AFM은 진핵산 분자를 아무런 추가 처리를 하지 않은 상태로 분자의 직경과 높이를 측정할 수 있다. 따라서 두 가닥 진핵산, 네가닥 진핵산, 그리고 초나선의 실제 직경과 높이를 결정적으로 비교 확인할 수 있는 방법으로 크게 기대를 받았다. 특히 높이에 대해서는 그 해상도가 가장 정확할 것으로 기대되었다.

그러나 결국 알려진 것은 원자현미경AFM 기술이 문제가 아니라 진핵산이 항상 나선형태로만 존재하는 것이 아니란 사실이었다. 델몬티(Delmonte 1977, 2003)의 문헌조사에 따르면 원자현미경AFM, STM scanning tunneling microscope으로 측정한 진핵산의 직경은 기대했던 2.0 nm~2.2 nm와는 거리가 멀었고, 높이는 1.6 nm~1.2 nm 또는 더 작게 측정되었다. 합성진핵산을 고해상도 엑스선회절로 분석한 결과 B-DNA 구조가 다형성polymorphism을 가졌음을 아노트(Arnott, S. et al. 1982)가 보고했다. 딕커슨(Drew, Samson, and Dickerson 1982)은 비-진핵산B-DNA의 엑스선 회절이 일정하지 않은 것은 극저온에서도 마찬가지이므로 정적인static 문제라는 결론을 내린 바 있다(Kim 1986 참조).

제3장

꺾쇠호나선FBI 진핵산의 생물학적 의의

결론적으로, 꺾쇠호나선 진핵산 개념이 적절히 적용되면서 그동안 유전자의 분자생물학에서 논난이 되어왔던 문제들이 해결됨을 알 수 있다.

1) 동형재조합에서 진핵산–진핵산 상호 인식이 확실히 실현되었다. 분자 내 재조합에서는 가능한 큰홈–큰홈 접근에 의한 시냅시스가 분자간 재조합에서는 불가능하다는 이유로 네가닥 진핵산 이론은 기각되었다. 그러나 작은홈–큰홈, 작은홈–작은홈 접근에서 순차적 외가닥 또는 두가닥 사르기가 선행되었나 하너라노 상동성에 근거한 혼성이중나선heteroduplex의 형성여부가 재조합의 성패를 좌우한 것이다.

2) 유전체에서 널리 분포되어 있는 역반복염기서열과 정반복염기서열의 염기서열 6쌍 길이의 숨은 역할을 이해할 수 있게 되었다.

3) 꺾쇠호나선 진핵산 특유의 염기배열 모형은 가장 중요한 위치마다 발견되고, 진핵산의 복제, 전사, 재조합, 전위 등 진핵산의 거의 모

든 중요 기능에서 효과적으로 활용될 수 있으며 이중나선 가닥들이 뒤꼬이는 해묵은 위상학적 문제들을 해소한다.

이제는 축적된 연구 문헌을 재조명하고, 올바른 해석을 끌어냄으로써 앞으로 바른 관점에 기반을 둔 생물학연구 전략을 세워야 할 것이다. 이중나선 발견 초기부터 제기되었던 문제점들에 대한 대안들은 부분적이었으나 모두 논리와 실험과 관찰에 근거하여 그들 고유의 존재이유가 있었음을 깨닫게 된다. 이제까지 보고된 많은 연구 결과들은 고도의 정밀성으로 검증된 내용들이었으며, 이들은 꺾쇠호나선 진핵산 구조에 입각한 해석에서 그 의미가 더욱 살아나는 경우가 많았다. 즉, 이제까지의 보고들은 종래의 이중나선 차원의 진핵산 구조로 해석되어 왔으나, 새로운 차원인 꺾쇠호나선 진핵산으로 해석될 때 통일성과 생물학적 의미가 더욱 부각됨을 알 수 있다.

| 꺾쇠호나선FBI 진핵산의 생물학적 의미

진핵산의 동형재조합은 정방향 또는 역방향 반복서열 간에 일어나는 현상임을 공통적으로 인지하면서도 이제까지는 재조합 단백질이 모든 절차의 중개자 역할을 하는 것으로 설명하였다. 그러나 꺾쇠호나선FBI 진핵산의 개념이 도입되면서 드디어 반복서열 사이에 존재하는 상보성 원리가 적용되었고, 진핵산 분자들이 직접 재조합 과정에 작용하여 예측된 결과물을 생성해 냄을 처음으로 보여 주었다.

진핵산이 위에 말한 기능을 수행할 수 있기 위해 취하는 형태적 변형은 공간모형으로 충분히 가능함을 실제 작동으로 확인하였으며, 이는 이제까지 구조적으로 불가능하다고 믿어 왔던 사고의 장벽을 허문 사건으로써 분자생물학의 중요한 하나의 이정표로 기록될 것이다.

꺾쇠호나선FBI 진핵산이 진핵산의 여러 가지 중요 기능에 필수적으로 활용된다는 사실이 기본 개념으로 자리 잡게 될 것이며 여러 수준에서 연구와 응용에 적용될 것이다. 진핵산의 복제, 전사, 재조합, 전위 등 기능이 개별적, 독립적 현상이 아니라 상호 유기적으로 연결되어 일어나는 현상으로 이해되기 시작될 것이다.

인간 유전체의 45%를 점하는 반복서열repeat sequence의 분류, 역할, 응용 등에 획기적 발전이 있을 것이며 전체 염색체 차원에서 일어나는 역위, 결실, 전좌, 중복, 유전자 개조gene conversion 등 현상에 관한 총체적인 이해가 증진될 것이다.

대칭서열palindrome의 이상에 의한 각종 유전병, 진핵산 수선 이상과 암 발생, 인간 유전병과 연관이 많은 단일염기다형성single nucleotide polymorphism(SNP)과 반복염기서열의 관련 등이 밝혀지면서 진핵산 삼차구조의 중요성이 증진될 것이다.

지구상 생물 종의 진화에 반복염기서열 또는 전위요소의 역할이 중요함이 더욱 밝혀질 것이며, 전위요소에 내재하는 꺾쇠호나선FBI 진핵산 구조가 중요한 역할을 한다는 것이 드러날 것이다.

꺾쇠호나선FBI 진핵산 모티프를 이용한 각종 탐색, 분석, 분리 등 기초와 응용 연구가 활발히 일어날 것이다.

제4장

꺾쇠호나선FBI 진핵산의 기대되는 역할

진핵산 구조와 기능의 미해결 문제들

이제까지 연구되어 온 많은 분자생물학적 내용들이 꺾쇠호나선FBI 진핵산 구조의 활용이라는 각도에서 재조명되면서 새로운 연구와 해석이 활발하게 일어날 것이다.

진핵산 구조에서 다양한 재해석 작업, 특히 예외적 구조로 분류되어 충분한 논의를 거치지 못한 내용들이 재핵석되는 과정을 거치게 될 것이다.

재조합 관련 연구는 이미 많이 진전되어 있으므로 기존 결과의 재해석, 주변 관련 논문들을 통한 예외적 현상 또는 관련된 현상의 재조명, 또는 새로운 기획에 의한 연구가 가능하다, 그러나 실질적으로는 결론이 이미 모두 드러난 상태로 간주할 수 있다.

진핵산 복제 분야에서 여러 각도에서 많은 새로운 연구가 가능하다. 특히, 과거 문헌의 재해석과 재조명에 의한 개념 재정립 과정이 우선적으로 이루어져야 할 것으로 판단된다. 진핵산 복제 개시점의 대량 발굴과 이용도 가능해질 것이다. 반복서열이 관여된 유전질환의 원리적 이해가 증대될 것이고, 이에 근거한 진단과 치료의 길이 열릴 것이다. 후생유전학epigenetics, 발생development과 분화differentiation에서 전위 요소들의 역할이 크게 들어날 것이다.

미세아핵산microRNA의 연구는 그들의 해당 유전자가 소유하고 있는 전형motif이 꺾쇠호나선 진핵산에 해당되느니만큼 진핵산과 아핵산의 유기적인 상호작용을 유전자발현 조절과 발생 분화에 맞물려 이해하고자 하는 연구 분야로 크게 발전할 것이다.

| 유전체학 시대의 총체 생명과학

후기 유전체 시대에는 풍부한 유전체 정보의 컴퓨터 분석에 힘입어 생명체의 일생에 걸친 유전정보의 일사불란한 활용, 개별 유전자의 활용 여부를 결정하는 스위치switch 작용원리, 염색체 상에서 유전자의 배열과 유기적 활용에 필요한 배선circuitry 연결 작용원리의 종합적 이해와 응용이 증진될 것이다. 이는 유전체서열genome sequence 정보와 미세배열microarray을 이용한 기능유전체학과 생물정보학의 유기적 활용으로 더욱 이해가 증진될 것이다. 유전자원과 돌연변이체의 유전분석에 연계된 구조 및 기능 유전체학, 단백질체학, 대사체학이 생물정보학과 긴밀히 연결될 때 그 집단연구의 효과는 극대화될 것이다(그림 6-3).

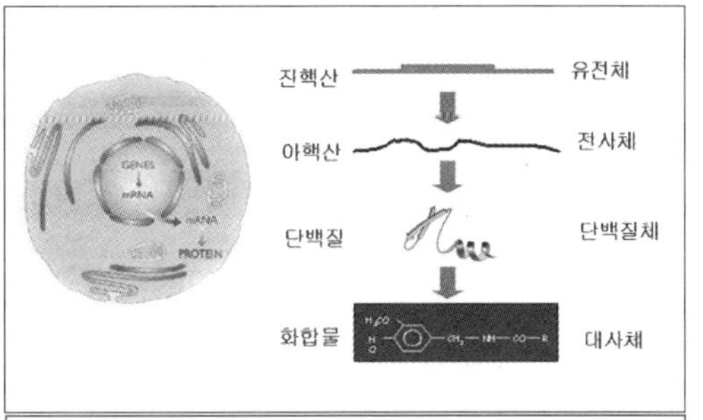

〈그림 6-3〉 유전체, 전산체 단백질체, 대사체의 생물정보학에 의한 유기적 종합은 총체생물학의 발달로 연결된다.

염색체 차원의 진핵산 구조, 전체적 기하학적 배열global geometry의 이해가 갈수록 중요해질 것이다. 최첨단 전자현미경과 원자력 현미경을 동원한 세포유전학cytogenetics, 형광실물결합법fluorescent in situ hybridization, FISH 연구의 효용이 더욱 커질 것이다.

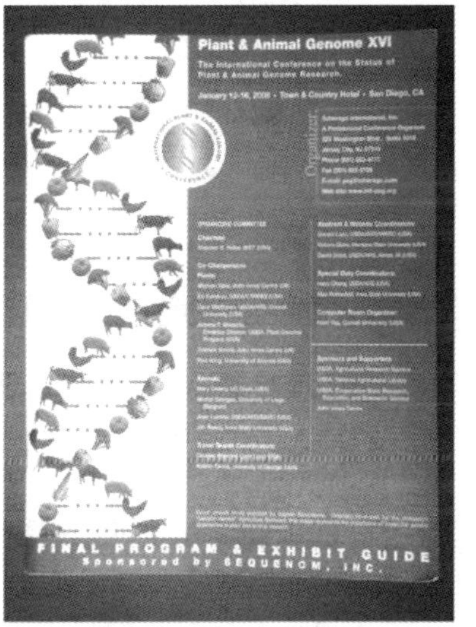

〈그림 6-4〉 식물동물유전체 국제학술대회는 매년 1월 중순 미국 샌디에고에서 일주일간 열린다. 40여개 참가국과 2100명 참가자 수가 매년 느는 추세이다. 농업, 임업, 축산업, 수산업에 관련된 중요 식물, 동물, 미생물을 대상으로 분자육종과 유전체 연구 사업이 종합적으로 발표되고 토의된다.

식물은 교배와 유전분석이 활발히 전개될 수 있어 동물보다 유리한 조건을 가지고 있다. 모델식물의 유전자 염기서열 정보가 제공되는 상황이므로 농업적으로 실용성 있는 작물을 대상으로 연구할 경우 실제 분자육종을 통한 실용적 공헌으로 경제적 성장과 고급 전문인력을 위한 새로운 직종의 창출 효과를 거둘 수 있다. 한편 식물유전체 염기서열 분석. 비교유전체학, 미세배열microarray 및 대사체학 등 총체생물학은 새로운 경지이므로 원천 과학 지식과 실용적 기술의 선점 기회가 증대되고 있으나, 그만큼 국제적 각축전이 치열하게 전개되므로 때를 놓치게 되면 영속적인 기술의 종속 관계에 떨어지게 될 위험한 상황이다(그림 6-4).

진핵산 염기서열에서 상보성 원리가 FBI DNA, 네가닥 진핵산에서 스위치 또는 진단 표지로 활용될 수 있음을 이용한 진핵산 컴퓨터DNA computer, 생물나노 공법bionano technology, 진단체계 개발에 단초를 제공할 것이다. 고차원 수학과 생물리학biophysics이 적용되어 염색체 또는 유전체 차원에서 일어나는 현상들의 해석에 도움을 줄 것이다.

맞춤의학이 말해주듯 모든 생물의 유전체 정보를 컴퓨터에 담아 분석, 활용하는 시대, 사람 개인의 유전자도 일일이 분석할 수 있을 정도로 기술이 발전했고 비용이 저렴해졌으므로 단백질 정보를 함유하는 개별 유전자는 물론이려니와 이들 유전자 활용을 조절하는 데 중요한 요인들, 특히 꺾쇠호나선FBI 진핵산 구조의 중요성이 인식되어 연구되고 활용될 것이다.

| 진화와 비교유전체학

비교유전체학의 도움으로 발전하게 될 진화, 발생과 분화, 대사체학과 비교생리학 등에서 전위요소의 다양함과 기능의 정교함이 드러날 것이며, 전위요소의 기능에 꺾쇠호나선이 중요한 역할을 수행함이 더욱 드러날 것이다.

| 결론

진핵산 이중나선 구조의 발견 이후 50여 년간 유전학과 생물학은 장족의 발전을 거듭하여 인간유전체 염기서열이 모두 결정되었고, 생명공학의 산업화가 현실로 다가왔다.

한편, 분자생물학이 고도로 발전함에도 불구하고 진핵산의 복제, 전사, 재조합, 전위 등 핵심 기능을 진핵산의 분자 수준의 설명에는 미해결의 과제들이 쌓여 있었다. 전자현미경으로 관찰한 천연의 진핵산이 보여주는 독특한 형태들에 착안한 꺾쇠호나선FBI 진핵산 구조의 개념이 발전되었고, 이 구조가 동형재조합, 위치특이재조합, 전위 등 현상을 중개할 수 있음이 공간모형으로 확인되었다.

더 나아가, 진핵산 복제와 전사 등 과정도, 기존 연구 문헌의 증거들에 기초하여, 꺾쇠호나선FBI 진핵산으로 설명할 수 있는 가능성이 제시되었다. 이로써 생체내의 제한된 공간과 시간의 조건에서 진핵산이 수행하는 기능을 더욱 명료하게 이해할 수 있게 되었고, 단백질 구조를 결정하는 유전자의 정보와는 관계없어 보이는 반복염기서열들이 행하는 중요한 역할들을 이해하게 되었다.

이제까지 진핵산이 세포 안에서 수행하는 기능을 이중나선 구조에 제한된 해석으로 일관하여 초래된 개념의 장벽들이 해소되었으며, 앞으로 유전자에 근거한 생명 현상을 염색체와 유전체 차원에서 종합적으로 이해하는 데 새로운 길을 열었다고 할 수 있다.

염기쌍 수소결합의 상보성이 진핵산 이중나선에게 유전정보의 고유한 상속권을 부여했다면, 한 단계 높은 차원에서, 반복서열의 상보성은 꺾쇠호나선 진핵산에게 유전정보의 고유한 기능의 관리권을 부여했다고 말할 수 있을 것이다.

1. S. S. Abdel-Meguid, N. D. F. Grindley, N. S. Templeton, T. A. Steitz, Proc. Natl. Acad. Sci. USA 81, 2001. (1984)

2. Bruce Alberts, Alexander Johnson, Jullian Lewis, Martin Raff, Keith Roberts, Peter Walter, Molecular Biology of THE CELL, 4th ed. Garland Science, pp. 1463, (2002)

3. Marco A. Azaro, Arthur Landy, The Iisomeric Preference of Holliday Junctions Influences Resolution Bias by λ Integrase, EMBO J. 16, 3744l-3755, (1977)

4. C. E. Bauer, S. D. Hess, J. F. Gardener, R. I. Gumfort, DNA Interactions During Bacteriophage λ Site-Specific Recombination, Cold Spring Harbor Symp. Quant. Biol. 49, 699-705, (1984)

5. Tapan Biswas, Hideki Aihara, Marta Radman-Livaja, David Filman, Arthur Landy, Tom Ellenberger. A Structural Basis for Allosteric Control of DNA Recombination by λ integrase. Nature, 435, 1059-1066, (2005)

6. T. A. Brown, Genone 3, Garland Science Publ., pp. 713, (2006)

7. Francis H. C. Crick, James D. Watson, The Complementary Structure of Deoxyribonucleic Acid, Procd. Royal Soc. (London) A, 223, 80-96, (1954)

8. Byung-Dong Kim, "Was the Original B-DNA Four-stranded?" Korean J. Breeding 18, 187-188, (1986)

9. Byung-Dong Kim, "Foldback Intercoil DNA: An Intermediate of Intramolecular and Intermolecular Recombination" Proc. 10th Intnl. Symp. Korean Sci. & Engin. Assoc. 10, 123-126, (1987)

10. Byung-Dong Kim, Kil-Jae Lee, and A. Gib Debusk, "Linear and 'Lasso-like' Structures of Mitochondrial DNA from Pennisetum typhoides." FEBS Lett. 147, 231-234, (1982)

11. Byung-Dong Kim, Yong Pyo Lim, "The Foldback Intercoil Structure

of pBR322 DNA Induced by a Novel Pearl Millet Mitochondrial Enzyme" Korean Biochem. J. 22, 19–25, (1989)

12. Alan Campbell, Episomes, Adv. Genet., 11, 101–145, (1962)

13. Alan Campbell, Types of Recombination: Problems and Common Strategies, Cold Spring Harbor Symp. Quant. Biol. 49, 839–844, (1984)

14. Nancy L. Craig, The Mechanism of Conservative Site?Specific Recombination, Annu. Rev. Genet. 22, 77–105, (1988)

15. Nancy L. Craig, Howard A. Nash, The Mechanism of Phage λ Site-Specific Recombination: Site-Specific Breakage of DNA by int Topoisomerase, Cell, 35, 795–803, (1983)

16. Francis H. C. Crick , James C. Wang, W. R. Bauer, Is DNA Really a Double Helix- J. Mol. Biol. 129, 449–461, (1979)

17. Francis H. C. Crick and James D. Watson, The Complementary Structure of Deoxyribonucleic Acid, Proc. Royal Society of London A 223, 80–96, (1954)

18. Douglas R. Davies, Igor Y. Goryshin, William Reznikoff, Ivan Rayment, Three-Dimensional Structure of the Tn5 Synaptic Complex Transposition Intermediate, Science 289, 77–85, (2000)

19. H. Drew, R. M. Wing, T. Takano, C. Broka, S. Tanaka, K.Itakura, R. E. Dickerson, Structure of a B-DNA dodecamer:Conformation and Dynamics, Proc. Natl, Acad. Sci. USA 78, 2179. (1981)

20. H. Echols, L. Green, Some Properties of Site-Specific and General Recombination Inferred from int-Initiated Exchanges by Bacteriophage Lambda, Genetics 93, 297–307, (1979)

21. L. W. Enquist, H. Nash, R. A. Weisberg, Strand Exchange in Site-Specific Recombination, Proc. Natl. Acad. Sci. USA, 76, 1363–1367, (1979)

22. M. Feughelman et al., Nature 175, 834-838, (1955)

23. N. D. F. Grindley, D. J. Sherrat, Sequence Analysis at IS1 Insertion Sites: Models for Transposition. Cold Spring Harbor Symp. Quant. Biol. 43, 1257.-1261, (1978)

24. S. C. Ha, K. Lowenhaupt, A. Rich, Y. K. Kim, K. K. Kim, Crysral Structure of a Junction Between B-DNA and Z-DNA Reveals Two Extruded Bases, Nature, 437, 1183-1186, (2005)

25. F. Heffron, Tn3 and Its Relatives, In Mobile Genetic Elements(ed. J. A. Shapiro), p. 223, Academic Press, New York, (1983)

26. R. Hoess, K. Abremski, N. Sternberg, The Nature of the Interaction of the P1 Recombinase Cre with the Recombining Site loxP, Cold Spring Harbor Symp. Quant. Biol. 49, 761-768, (1984)

27. R. Holliday, A Mechanism for Gene Conversion in Fungi, Genet. Res., 5, 282, (1964)

28. R. C. Hopkins, Deoxyribonucleic Acid Structure: a New Model, Science 211, 289, (1981)

29. R. C. Hopkins, Alternative Description of the Transition between B-DNA and Z-DNA, Cold Spring Harbor Symp. Quant. Biol. 47, 129-131, (1982)

30. P. Hsu, A. Landy, Resolution of Synthetic att-Site Holliday Structures by the Integrase Protein of Bacteriophage λ, Nature 311, 721-726, (1984)

31. Shigeru Iida, J. Meyer, W. Arber, Genesis and Natural History of IS-mediated Transposons, Cold Spring Harbor Symp. Quant. Biol. 45, 27.-43, (1980)

32. Shigeru Iida, Rosemarie Hiestand-Nauer, Localized Conversion at the Crossover Sequences in the Site-Specific DNA Inversion System of

Bacteriophage P1, Cell, 45, 71–79, (1986)

33. R.C. Johnson, M.F. Bruist, Intermediates in Hin–Mediated DNA Inversion: a Role for Fis and the Recombinational Enhancer in the Strand Exchange Reaction, EMBO J. 8, 1581–1590, (1989)

34. Paul A. Kitts, H. A. Nash, Lambda Integrase Recombination: Supercoiling, Synapsis, and Strand Exchange, Cold Spring Harbor Symp. Quant. Biol. 49, 735–744, (1984)

35. Paul A. Kitts, Howard A. Nash, Bacteriophage Lambda Site–specific Recombination Proceeds with a Defined Order of Strand Exchanges, J. Mol. Biol. 204,95–107, (1988)

36. Nancy Kleckner, Transposable Elements in Prokaryotes, Annu. Rev. Genet., 15, 341, (1981)

37. Anke Klippel, Gabriele Mertens, Tilo Patschinsky, Regine Kahmann, The DNA Invertase Gin of Phage Mu: Formation of a Covalent Complex with DNA via a Phosphoserine at Amino Acid Position 9, EMBO J. 7, 1229–1237, (1988)

38. Arthur Landy, Dynamic, Structural, and Regulatory Aspects of λ Site–Specific Recombination, Annu. Rev. Biochem. 58, 913–949, (1989)

39. R. Langridge, D. A. Marvin, W. E. Seeds, H. R. Wilson, C. W. Hooper, M. H. F. Wilkins, L. D. Hamilton, The Molecular Configuration DeoxyribonucleicAcid. II. X–Ray Diffraction Study of Crystalline Form of Lithium Salt. J. Mol. Biol.J. Mol. Biol. 2, 19. (1960)

40. P. Leder, E. E. Max, J. G. Seidman, S.–P. Kwan, M. Scharff, M. Nau, B. Norman, Recombination Events That Activate, Diversify, and Delete Immunoglobulin Genes, Cold Spring Harbor Symp. Quant. Biol. 45, 859–865, (1980)

41. J. M. Leong, S. Nunes−Duby, A. Oser, C. F. Lesser, P. Youderian, M. M. Suskind, A. Landy, Site−specific Recombination Systems of Phages φ80 and P22: Binding Sites of Integration Host Factor and Recombination−induced Mutations, Cold Spring Harbor Symp. Quant. Biol. 49, 707−714, (1984)

42. C. S. Levings,III, B.D. Kim, D. R. Pring, M. F. Conde, R. J. Mans, J. R. Laughnan, S.J. Gabay−Laughnan, Cytoplasmic Reversion of CMS−S in Maize−Association with a Transpositional Event, Science 209, 1021−1023, (1980)

43. R. Lewin, Genes. John Wiley & Sons, Inc., New York. pp.715. (1983)

44. Yong Pyo Lim, Byung−Dong Kim, "Isolation and Characterization of a DNA−binding Protein from Pearl Millet Mitochondria" Korean Biochem. J. 21, 351−356, (1988a)

45. Yong Pyo Lim, Byung−Dong Kim, "A Novel Topoisomerase from Soluble Fraction of Pearl Millet Mitochondria: Its Purification and Characterization" Korean Biochem. J. 21, 357−364, (1988b)

46. Barbara McClintock, Controlling Elements and the Gene, Cold Spring Harbor Symp. Quant. Biol. 21, 197, (1957)

47. Stewart McGavin, Models of Specifically Paired Like (Homologous) Nucleic Acid Structures, J. Mol. Biol. 55 293. (1971)

48. Stewart McGavin, A Model for the Specific Pairing of Homologous Double−Stranded Nucleic Acid Molecules During Genetic Recombination, Heredity, 39, 15, (1977)

49. Mathew Meselson, Franklin Stahl, The Replication of DNA in Escherichia coli, Proc. Natl. Acad. Sci. USA, 44, 671−682, (1958)

50. M. S. Meselson, C. M. Radding, A General Model for Genetic

Recombination, Proc. Natl, Acad. Sci. USA, 72, 358. (1975)

51. K. Mizuuchi, M. Mizuuchi, Integrative Recombination of Bacteriophage lambda: In vitro Study of the Intermolecular reaction, Cold Spring Harbor Symp. Quant. Biol. 43, 1111–1114, (1978)

52. Tae Sung Moon, Seung Mok Kim, Byung-Dong Kim, "The Structure of Four-stranded DNA: A Theoretical Approach" Mol. Cells, 4, 289–294, (1994)

53. Howard A. Nash, Integration and Excision of Bacteriophage λ: the Mechanism of Conservative Site Specific Recombination, Annu. Rev. Genet. 15, 143–167 (1981)

54. Howard A. Nash, K. Mizuuchi, L. W. Enquist, R.A. Weisberg, Strand Exchange in λ Integrative Recombination: Genetics, Biochemistry, and Models, Cold Spring Harbor Symp. Quant. Biol. 45, 417–428. (1980)

55. Howard A. Nash, T. J. Pollock, Site-Specific Recombination of Bacteriophage Lambda. The Change in Topological Linking Number Associated with Exchange of DNA Strands, J. Mol. Biol. 170, 19–38, (1983)

56. Simone E. Nunes-Duby, Marco A. Azaro, Arthur Landy, Swapping DNA Strands and Sensing Homology without Branch Migration in λ Site-Specific Recombination, Current Biology, 5, 139–148 (1995)

57. Simone E. Nunes-Duby, Lloyd Matsumoto, Arthur Landy. Site-Specific Recombination Intermediates Trapped with Suicide Substrates, Cell, 50, 779–788, (1987)

58. W. J. Peacock, E. S. Dennis, W. L. Gerlach, M. M. Sachs, D. Schwartz, Insertion and Excision of Ds Controlling Elements in Maize, , Cold Spring Harbor Symp. Quant. Biol. 49, 347.354, (1984)

59. R. R. Reed, N. D. F. Grindley, Transposon-Mediated Site-Specific

Recombination in Vitro: DNA Cleavage and Protein-DNA Linkage at the Recombination Site, Cell, 25, 721-728, (1981)

60. Phoebe A. Rice, Visualizing Mu Transposition: Assembling the Puzzle Pieces, Genes & Develop. 19, 773-775, (2007)

61. G.. A. Rodley, R. S. Scobie, R. H. T. Bates, R. M. Lewitt, A Possible Conformation for Double-Stranded Polynucleotides, Proc. Natl. Acad. Sci. USA, 73, 2959-2963, (1976)

62. James A. Shapiro, Molecular Model for the Transposition of Bacteriophage Mu and Other Transposable Elements. Proc. Natl. Acad. Sci. USA, 76, 1933, (1979)

63. James A. Shapiro, (ed.) Mobile Genetic Elements. Academic Press, New York. pp. 688, (1983)

64. N. Sigal, B. Alberts, Genetic Recombination: The Nature of a Crossed Strand-Exchange between Two Homologous DNA Molecules, J. Mol. Biol. 71, 789, (1972)

65. David S. Thaler, Franklin W. Stahl, DNA Double-Chain Breaks in Recombination of Phage λ and of Yeast, Annu. Rev. Gent. 22, 169-197, (1988)

66. S. Tonegawa, H. Sakano, R. Maki, A. Traunecker, G. Heinrich, W. Roeder, Y. Kurosawa, Somatic Reorganization of Immunoglobulin Genes during Lymphocyte Differentiation, Cold Spring Harbor Symp. Quant. Biol. 45, 839-858, (1980)

67. Soheila Vaezeslami, Rachel Sterling, William Reznikoff, Site-Directed Mutagenesis Studies of Tn5 Transposase Residues Involved in Synaptic Complex Formation, J. Bacteriol. 189, 7436-7441, (2007)

68. Gregory D. Van Duyne, A Structural View of Cre-loxP Site-specific

Recombination, Annu. Rev. Biophys. Biomol. Struct. 30, 87-104, (2001)

69. J. Craig Venter, M. D. Adams, E. W. Meyers, et al., The Sequence of the Human Genome, Science, 291, 1304-1351, (2001)

70. T. A. Weinert, K. M. Derbyshire, F. M. Hughson, N. D. F. Grindley, Replicative and Conservative Transpositional Recombination of Insertion Sequences, Cold Spring Harbor Symp. Quant. Biol. 49, 251-260, (1984)

71. J. H. Wilson, Nick-free Formation of Reciprocal Heteroduplexes: A Simple Solution to the Topological Problem, Proc. Natl. Acad. Sci. USA, 76, 3641, (1979)

72. George Yancopoulos, Frederick W. Alt, Regulation of the Assembly and Expression of Variable-Region Genes, Annu. Rev. Immunol. 4, 339-368, (1986)

73. Kefei Yu, Michael R. Lieber, The Nicking Step in V(D)J Recombination is Independent of Synapsis: Implications for the Immune Repertoire, Molec. Cell Biol. 20, 7914-7921, (2000)

74. James D. Watson, Tania A. Baker, Stephen P. Bell, Alexander Gann, Michael Levine, Richard Losick, Molecular Biology of the Gene, 5th ed., Benjamin Cummings, Cold Spring Harbor Laboratory Press, pp. 732, (2004)

75. James D. Watson, Francis H. C. Crick, Molecular Structure of Nucleic Acids: A Structure for Desoxyribose Nucleic Acid, Nature, 171, 737-738, (1953a)

76. James D. Watson, Francis H. C. Crick, The Structure of DNA, Cold Spring Harbor Symp. Quant. Biol. 18, 123-131, (1953b)

용어찾기(한글)

용어찾기(영어)

A-DNA 에이-진핵산

A, Adenine 아데닌

Adenodine 아데노신

Alternative splicing 선별적 잘라이음

Atomic force microscope, AFM 원자현미경

Atomic torsion angle 원자결합각도

B-DNA 비-진핵산

Bacteriophage 박테리오파지

Base 염기

Base extruction 염기외각노출

Base flipping 염기회전

Bioinformatics 생물정보학

Bionanotechnology 생물나노기술

Biophysics 생물리학

Branch migration 교차점의 이동

C, Cytosine 시토신

Cell fate 세포운명

Central dogma 중심설

Centromere 염색중심체

Chargaff' s low 샤가프의 법칙

Choloroplast 엽록체

Chromatin 염색질

Chromosome 염색체

Codon 코돈

Complementarity 상보성

Conservative site specific recombination 보수적 위치특이재조합

Control of gene expression 유전자 발현 조절

Controlling element 조절인자

Crossing over 교차

Cruciform 십자형

Cytdine 시티딘

Cytogenetics 세포유전학

Dedifferentiation 탈분화

Deletion 결실

Differentiation 분화

Direct repeats 직접반복

DNA computer 진핵산 컴퓨터

DNA dependent RNA polymerase 진핵산 의존성 아핵산 중합효소

DNA ligase 진핵산 연결효소

DNA polymerase 진핵산 중합효소

DNA repair 진핵산 수리

DNA, Deoxyribonucleic acid 진핵산

Dolly 돌리

Double helix 이중나선

Double strand break 두 가닥 자르기

Enhancer 강화자

Epigenetics 후생유전학

Euchromatin 동질염색질, 진성염색질

Exon 엑손

FBI DNA, Foldback Intercoil DNA 꺾쇠호나선 진핵산

Four strand DNA, Quadruplex DNA 네가닥 진핵산

Four stranded base pairing 네가닥 염기쌍

Functional genomics 기능유전체학

G, Guanine 구아닌

Gene 유전자

Gene activating protein 유전자 활성 단백질

Gene conversion 유전자 개조

Gene jump 유전자 도약

General recombination 일반재조합

Genetic engineering 유전공학

Genome 유전체

Genome map 유전자 지도

GMO, Genetically modified organism 지엠오, 형질전환식물

Guanosine 구아노신

Gyrase 자이라제

Hairpin 머리핀

Helicase 헬리카제

Heterochromatin 이질염색질, 혼성염색질

Histone 히스톤

hnRNA Heterogeneous nuclear mRNA 혼성핵아핵산

Holliday junction 홀리데이교차점

Holistic biology 총체생물학

Homologous recombination 동형재조합

Human genome project 인간유전체연구사업단

Insertion 삽입

Insulin 인슐린

Intron 인트론

Inversion 역위

Invertase 역위효소

Inverted repeat sequence 역반복염기서열

IS element, Insertion sequence element 삽입서열요소

Lagging strand 지연가닥

Leading strand 선도가닥

LINEs, Long interspersed elements 긴산재형 인자

Linkage 연관

Linker histone 연결히스톤

LTRs, Long terminal repeats 장말단반복서열

Major groove 큰홈

Metabolome 기능질체

Minor Groove 작은홈

Mitochondria 미토콘드리아

Molecular marker 분자 표지

Movable genetic elements 유동 유전자

mRNA, Massenger RNA 전령아핵산

mtDNA, Mitochomdrial DNA 미토콘드리아 진핵산

Negative supercoil 부의 초나선

non-LTR retrotransposons 서열이 없는 레트로전위인자

Nucleoid 뉴클레오이드

Nucleoside 뉴클레오시드

Nucleosome 뉴클레오좀

Nucleosome core particles 뉴클레오좀 핵심입자

Nucleotide 뉴클레오티드

Nucleus 핵

Okazaki fragment 오카자키 조각

Omics 오믹스

One gene One enzyme theory 1 유전자 1효소설

Open promoter complex 개방촉진자 복합체

ORF, Open reading frame 전사부위, 열린읽음틀

Origin of replication 복제기점

Phosphate moiety 인산기

Plasmid 플라스미드

Polymerization 중합

Positive effector 양성적 영향자

Primer 시작자

Primer binding site 시작자 결합부위

Principle of dominance 우성의 법칙

Principle of independence 독립의 법칙

Principle of segregation 분리의 법칙

Promoter 촉진자

Protein 단백질

Protein scaffold 단백질 뼈대

Proteome 단백질체

Pseudogene 가짜유전자

Psorallen 쏘랄렌

Recombination 재조합

Recombination nodule 재조합마디

Redifferentiation 재분화

Repeat sequences 반복염기서열

Replication 복제

Restriction enzyme 제한효소

Retrotransposable element 레트로전위인자

Retrotransposon 레트로전위효소

Reverse transcription 역전사

RNA polymerase II 제2 아핵산 중합효소

RNA, Ribonucleic acid 아핵산

Semiconservative replication 반보존적 복제

Sequence motif 염기서열 주제

SINEs, Short interspersed elements 짧은산재형 인자

Site specific recombination 위치특이적 재조합

Split gene 분열유전자

Staggered single strand nick 엇갈린 외가닥 자르기

Stem-and-loop-structure 줄기와 고리 구조

Stem cell 줄기세포

Structural genomics 구조유전체학

Synaptonemal complex 시냅시스 결합체

T, Tymine 티민

Target site duplication 목표위치반복

TATA box 타타상자

TBP, TATA binding protein 타타결합단백질

Telomere 염색말단체

TEM, Transmission election microscopy 투사전자현미경

Template 주형

Tn, Transposon 전위자

Topoisomerase 토포이소머라제

Topological problem 위상학적 문제

Totipotency 전형성능

Transcription 전사

Transcriptome 전사체

Translation 번역

Transposable element 전위인자

Transposase 전위효소

Transposition 전위

tRNA, Transfer RNA 전이아핵산

Tymidine 티미딘

U, Uracil 우라실

X-ray crystallography 엑스선 결정학

Z-DNA 지-진핵산

인명찾기

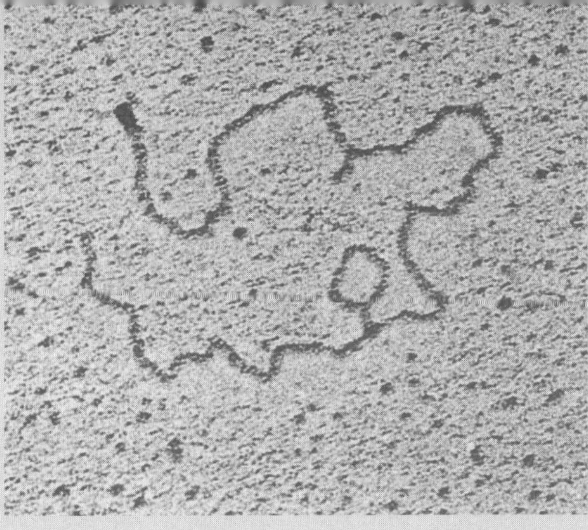

부록

노벨상 수상으로 알아보는 DNA구조 발견 그 후

메모리 보드

논문 원문 9편

| 노벨상으로 알아보는 이중나선 그후

생리의학상과 화학상 40명의 빛나는 업적

DNA의 이중나선 구조가 밝혀진지 올해로 50주년이 된다. 더욱이 올해는 인간이 가진 DNA의 30억쌍 염기 정보를 모두 밝히는 인간게놈프로젝트가 완료될 예정이어서 더 뜻깊은 해다. 1953년 4월 25일자 '네이처'에는 DNA에 관한 세개의 논문이 나란히 실렸다. DNA가 이중나선 구조로 이뤄졌다는 왓슨과 크릭의 이론적 논문이 앞서고, 핵산의 결정 구조를 밝히는 윌킨스의 논문과 이중나선 구조의 결정적 단서를 제공한 X선 사진이 포함된 프랭클린의 논문이 뒤따랐다.

1962년 왓슨과 크릭, 윌킨스는 DNA 구조 발견에 대한 공로를 인정받아 노벨 생리의학상을 받았다. 하지만 프랭클린은 그렇지 못했다. 노벨상은 3인을 초과할 수 없으며 사망한 사람에게는 추서하지 않는다는 원칙이 있었기 때문이다. 프랭클린은 DNA 구조에 대한 결정적 증거를 제공하고도 38세의 젊은 나이에 요절했다.

왓슨과 크릭이 DNA의 상세한 구조를 밝힘으로써 인류는 마침내 생명현상을 분자 수준에서 이해할 수 있게 됐다. 이중나선을 이루는 DNA사슬을 부모에게서 절반씩 물려받기 때문에 자식은 부모를 닮는다. 이중나선에 담긴 DNA의 유전정보는 RNA라는 통신병을 통해 단백질을 만들도록 명령을 내린다. 또한 DNA 는 세포 내 특수한 메커니즘에 의해 자기 자신을 복제할 수 있으며, RNA는 DNA와는 달리 단일 가닥으로 세포 내 자기 역할을 담당한다. 더욱이 DNA의 이중나선을 재단하면 의약품을 비롯한 유용한 물질을 생산할 수 있는데, 이는 가위 역할을 하는 제한효소가 발견됐기 때문이다. 이처럼 DNA의 구조 규명은 생명공학 혁명의 출발점이 됐다. 그렇다면 처음 DNA 구조가 밝혀진 후 지금까지 50년 동안 생명과학은 어떤 과정을 거쳐 발전돼 왔는지 그동안의 노벨상 수상내용을 중심으로 알아보자.

• 단백질이야 핵산이냐

왓슨과 크릭이 DNA 구조 해결에 몰두하던 1950년대 중반은 '유전자' 에 대한 관심이 과학자 사이에서 대단했다. 그 무렵 멘델의 유전법칙이 다시 발견돼 널리 알려졌고, 유전인자가 염색체에 존재한다는 사실도 밝혀지면서 초파리 염색체(모건, 1933년 노벨 생리의학상)와 옥수

수 염색체(맥클린토크, 1983년 노벨 생리의학상)를 중심으로 세포유전학이 발달하기 시작했다.

1910년 미국의 유전학자 토머스 모건은 흰색 눈을 가진 초파리 돌연변이를 연구해 염색체가 유전에 관여한다는 사실을 확인했다. 하지만 1924년 염색체가 단백질과 핵산(DNA와 RNA)이란 두 물질로 이뤄졌음이 밝혀지면서 유전연구는 다시 딜레마에 빠지기 시작했다. 이제는 유전자가 단백질과 핵산 중 어디에 들어있는지를 가려야하기 때문이다. 여기에 대해 대다수의 과학자들은 단백질 쪽에 손을 들었다. 복잡한 유전형질을 전달하려면 단순한 핵산보다 수천종에 이르는 단백질이 더 적합하다고 본 것이다.

그러나 상황은 또다시 역전됐다. 유전자가 DNA 안에 들어있다는 결정적인 증거가 박테리오파지(박테리아에 침입하는 바이러스)를 연구하는 그룹에 의해 발견됐기 때문이다. 미국 뉴욕 근교에 위치한 콜드 스프링 하버연구소에는 매년 여름 박테리오파지 연구자들이 모여 연구결과를 발표하고 토론하는 전통이 있었다. 왓슨은 1952년 이곳에 지도교수를 따라갔다가, 유전인자는 단백질이 아니라 핵산이라는 알프레드 허쉬(1969년 노벨 생리의학상)의 결정적인 연구결과를 듣는다.

생물과 무생물의 중간 단계인 박테리오파지는 스스로 증식할 수 있는 능력이 없어 살아있는 다른 세포 안에 들어가 증식한다. 허쉬는 박테리오파지를 이루고 있는 단백질과 핵산(DNA) 중 어느 것이 숙주 세포 안으로 들어가는지를 연구했다. 1952년 허쉬는 박테리아에 기생하는 바이러스인 박테리오파지가 박테리아에 감염될 때 핵산인 DNA만 그 안으로 들어간다는 사실을 발견했다. 물론 단백질은 거의 들어가지 않았다. 이 사실은 핵산인 DNA가 유전물질임을 입증한 것이다.

DNA가 과연 자기복제의 원판으로 사용되는지는 바로 3년 뒤인 1956년 미국의 아서 콘버그에 의해 증명됐다. 그는 오초아와 함께 장에서 흔히 자라는 세균인 대장균의 추출물에서 DNA를 합성하는 효소를 발견했다. 길다란 DNA 사슬을 원판으로, 마치 복사기가 원본을 복사해내듯 DNA를 그대로 복세해내는 복제효소를 발견한 것이다. 이 효소는 아데닌(A), 구아닌(G), 시토신(C), 티민(T)의 네가지 염기를 실에 꿰듯 복제하기 때문에 'DNA 중합효소'(DNA polymerase)라는 이름이 붙여졌다. 이를 통해 모든 생체에서 DNA가 어떻게 복제되는지를 알게 됐다. 콘버그와 오초아는 1959년 노벨 생리의학상을 수상했다.

이에 앞서 비들과 타툼, 레더버그는 유전자에 돌연변이를 일으켜 그 양상을 비교하는 기법으로 유전자 하나가 단백질 하나를 결정한다는 '1유전자 1효소설'을 발표했다. 이 공로를 인정받은 이들은 1958년 노벨 생리의학상을 받았다.

• DNA와 RNA 그리고 단백질

그렇다면 DNA에서 시작된 유전정보는 생명현상에 어떻게 번역돼 쓰일까. 이에 대해 크릭은 1958년 다음과 같은 가설을 세웠다. A, G, C, T 네개의 염기로 구성된 DNA의 유전정보는 RNA의 A, G, C, U(우라실)로 옮겨 쓰인 다음, RNA의 염기 순서에 따라 단백질의 구성요소인 20가지 아미노산이 각각 결정돼 단백질이 합성된다는 것이다. 즉 유전정보는 DNA → RNA → 단백질로 흐른다는 것이다. '센트럴 도그마'(central dogama)라 불리는 이 가설은 그러나 그때까지 이론적인 수준에서 논의되던 것이었고 실험적으로는 검증되지 않았다. 이에 따라 많은 과학자들은 경쟁적으로 이 연구에 몰두했다.

1966년 드디어 센트럴 도그마의 실험적 증명이 이뤄졌다. 미국의 로버트 홀리와 마셜 니런버그, 고빈드 코라나는 DNA로부터 전달된

RNA의 유전정보는 염기 세개가 하나의 특정 아미노산을 지정하는 방식으로 발현된다는 사실을 발견했다. 이 과정에서 이들은 RNA의 기능과 구조를 분자 수준에서 규명했다. 예를 들어 DNA의 유전정보가 TGT였다면 이는 RNA에서 UAU로 바뀌고 이는 곧 티로신이라는 아미노산을 지정하는 식으로 DNA와 RNA, 단백질의 관계를 밝혀냈다.

이에 따라 인류는 수없이 나열된 DNA의 염기가 어떻게 특정 아미노산으로 번역돼 생명체의 벽돌인 단백질을 만드는지 구체적으로 알게 됐다. 홀리, 코라나, 니런버그는 이 같은 공로를 인정받아 1968년 노벨 생리의학상을 수상했다.

생명현상에 대한 또하나 중요한 의문은 수많은 유전자들이 한꺼번에 모두 활용되는 것 같지는 않은데, 세포는 어떻게 원하는 유전자만 선택해 발현시키는가였다. 이 문제는 프랑스의 야콥과 루오프, 모노가 해결했다. 이들은 DNA의 유전자 앞부분에 조절인자 단백질이 붙어 있으면 RNA를 만드는 전사효소가 자리 잡을 수 없어 RNA가 만들어지지 않고 결국 단백질로 번역되지도 않는다는 사실을 발견했다. 전사는 조절인자가 떨어져 나가면 시작된다. 유전자의 발현 조절은 이렇게 스위치 역할을 하는 조절단백질에 의해 이뤄진다는 점을 규명한 것이다. 이런 조절을 절묘히 운용하면서 미생물이나 고등생명체는 시시각각 전개되는 환경의 변화와 세포 내부의 여건에 적응해 생명현상을 유지하는 것이다. 야콥과 루오프, 모노는 이 공로를 인정받아 1965년 노벨 생리의학상을 받았다.

1975년 노벨 생리의학상은 DNA에서 RNA를 거쳐 단백질로 흐른다는 유전정보의 센트럴 도그마를 정면으로 반박한 연구에 돌아갔다. 미국의 볼티모어와 둘베코, 테민은 RNA에서 DNA를 만들어내는 'RNA복제효소' 를 발견했다. 이 발견은 그동안 생명과학계를 지배하던 센트럴 도그마를 깨뜨렸고, 많은 과학자에게 생명현상이란 알면 알수록 더욱 복잡하다는 경외심을 심어줬다.

이런 발전이 꾸준히 있었지만 20여년 간 DNA 분자를 직접 다루는 연구는 사실상 답보 상태에 빠져 있었다. DNA는 길다란 실타래나 국수가락과 같은 거대한 물질인데, 어느 부분만 잘라서 집중적으로 다룰 수 없었고 네가지 염기서열의 단조로운 반복 밖에 없는 무미건조한 물질에 불과했다. 이에 따라 DNA는 다양한 단백질에 비해 연구하기 어려운 대상으로 인식됐다. 이런 답보 상태를 깨뜨리는 반가운 사건이

터졌다.

• 유전공학 이끈 가위 효소

1978년 노벨 생리의학상을 받은 스위스인 아버, 미국인 네이탄스와 햄 스미스는 제한효소라는 독특한 효소를 발견했다. 그후 제한효소는 수백가지가 발견돼 DNA 연구를 폭발적으로 발전시키는 계기를 마련했다. 제한효소는 DNA의 수많은 염기서열 중 자기만 알아보는 네개 또는 여섯개의 염기서열을 찾아내 자르는 특성을 갖고 있다. 즉 커다란 나무를 토막 내 여러가지 길이의 장작더미를 쌓을 수 있게 된 것이다. 이 토막들을 짜맞춰 상대적 위치를 결정하면 유전자 지도를 만들 수 있고, 주소가 분명한 작은 조각들을 반복적으로 분리해낼 수 있어 여러가지 연구가 가능해졌다. 더욱 중요한 것은 잘라진 조각의 끝을 이어주는 연결효소도 발견됐다는 점이다. 이는 곧 오늘날 유전공학 혁명을 일으킨 재조합 DNA 기술로 연결됐다.

박테리아에는 자신의 염색체 이외에 플라스미드라고 불리는 5천 염기쌍 정도의 작은 고리모양의 DNA가 있는데, 이는 자체적으로 복제가 가능하다. 이 플라스미드의 한군데를 제한효소로 자른 후 외부의 유전자를 연결효소로 이어주면 재조합 DNA가 된다. 이 재조합 DNA를 다시 대장균 세포 안으로 집어 넣어 정상적으로 배양하면 플라스미드에 끼어 있는 외부 유전자도 복제된다. 당뇨병 치료에 필수적인 인슐린 유전자를 플라스미드에 끼워 넣으면 인슐린을 대량으로 생산할 수 있다. 대장균은 평균 30분에 한번씩 분열하므로 하룻밤만 키우면 몇백만배로 증식하기 때문이다. 1980년 노벨 화학상은 이같은 기술을 개발한 미국의 폴 버그에게 돌아갔다.

• 게놈프로젝트 뒷받침한 DNA 연구

같은해 노벨 화학상을 공동 수상한 미국의 웰터 길버트와 영국의 프레드릭 생거는 DNA 염기서열을 손쉽게 읽어내는 기술을 개발했다. 생명체의 전체 게놈을 밝혀내는 게놈프로젝트를 뒷받침하는 기술이 등장한 것이다. 생거는 1958년에도 아미노산 서열 분석법으로 노벨 화학상을 받아 두개의 노벨상을 거머쥐는 영예를 차지했다.

1982년에는 클루그가 바이러스의 핵산과 단백질 구조를 밝혀 노벨 화학상을 수상했고, 1989년에는 알트만과 체크가 RNA도 단백질과 마찬가지로 효소의 기능을 갖는다는 사실을 발견해 노벨 화학상을 받았다. 1993년에는 네명의 수상자가 나왔다. 노벨 생리의학상을 받은 로버츠와 샤프는 박테리아와 달리 진핵세포를 가진 동·식물에는 하나의 유전자 안에 여러개의 의미없는 조각들이 끼워져 있음을 밝혀냈다. 노벨 화학상을 수상한 미국의 캐리 멀리스와 마이클 스미스는 중합효소연쇄반응(PCR)을 개발해 DNA 한가닥을 수십억개의 가닥으로 증폭할 수 있는 기술을 개발했다. PCR은 극미량의 DNA를 짧은 시간 안에 대량으로 증폭해 분리하거나 분석할 수 있게 함으로써 누구나 손쉽게 DNA 연구에 진입할 수 있는 길을 열었고, 생명공학의 폭발적인 발전에 기폭제가 됐다. 인간게놈프로젝트 역시 PCR이 없었더라면 꿈도 꾸지 못할 계획이었다.

지난 2002년 노벨 생리의학상은 선충의 유전체 연구를 통해 세포의 늙음과 죽음을 통제하는 유선사의 비밀을 밝혀낸 브레너와 호비츠, 설스톤에게 돌아갔다. 특히 브레너는 왓슨과 크릭이 이중나선 DNA 모형을 만들어 처음 공개할 때 참여한 4인의 증인 가운데 하나로 알려져 있고, 이들과 함께 일생 동안 분자생물학의 발달에 많은 공을 쌓은 인물이다.

지난 2월말 왓슨이 명예소장으로 있는 콜드 스프링 하버연구소에서는 DNA 구조발견 50주년을 기념하는 특별 학술대회가 열렸다. 필자도 이 자리에 참석해 이중나선 DNA는 '폴드백 인터코일'(FBI, FoldBack Intercoil)이라는 새로운 구조로도 존재할 수 있으며, 이 구조는 DNA 재조합 등 중요한 기능을 효과적으로 설명할 수 있다는 이론을 제시했다.

총 8인의 노벨상 수상자들(왓슨, 브레너, 콘버그, 니런버그, 길버트, 샤프, 햄 스미스, 체크)과 크릭(화상회의로 참석)이 참석한 이 대회는 6일 간에 걸쳐 지난 50년의 발자취와 그들이 결정적인 발견을 했던 상황 등을 되돌아봤다. 참석자 모두는 이구동성으로 50년 전 DNA 이중나선 구조가 발견됨으로써 신의 영역에 속했던 생명의 신비를 인간이 시험관 안에서 연구하는 시대가 열렸고, 관련된 거의 모든 과학자들이 생존해 있는 상황에서 인간 유전체의 전체 염기서열을 읽어냈다는 일은 어느 누구도 예측할 수 없었다고 말했다. 올해 75세인 왓슨은 60주년 기념 행사에도 참석할 수 있기를 바란다는 말로 이 특별회의의 폐회를 선언했다.

DNA 구조 발견 이후 현재까지 핵산과 유전자에 직접 관련된 노벨상은 생리의학상 32명과 화학상 8명으로 총 40명에 달한다. 국적으로 보면 일본 1명, 스위스1명, 프랑스 3명, 영국 7명, 미국 28명이다. 영국인 7명은 모두 왓슨, 크릭과 케임브리지대를 통해 직간접으로 인연이 있었고, 미국인들도 많은 경우 하버드, 칼텍, 매사추세츠공대(MIT)와 콜드스프링하버연구소 학술회의에 참여하는 소수의 그룹에 연결돼 있음을 주목할 필요가 있다. 바른 시기 바른 장소에서 바른 인연을 맺어 바른 문제를 찾아 열심히 정진할 때 과학은 커다란 발전을 이룬다는 교훈을 새삼 일깨워 준다.

〈동아사이언스〉 2003년 3월호, 김병동

| 메모리 보드 (CSHL Memory Board)

수많은 DNA 관련 노벨상 수상자를 배출한 미국 콜드스프링하버연구소 전경(www.cshl.edu)

1. Ever heard of four-stranded DNA? (2003.2.24)

It was during the 1982 Symposium on Structures of DNA. DNA molecule with many conformations was the main theme. The first session on June 2 was lead by Alex Rich and other structural biologists. While listening to the presentations sitting among the packed audience in the Bush Lecture Hall my mind was running busy to figure out how to make sense out of the stem-and-loop structure of native mitochondrial DNA(mtDNA). The stem was not any thicker than double stranded region in the EM pictures that I have taken of the pearl millet mtDNA. Stem-and-loop structure of DNA being reminiscent of a transposable element stuck on my head for the past two years waiting for a good explanation. It is highly unlikely, but by all means, if the stem-and-loop DNA were the real representation of a transposable element it would be very nice, because then the use of the terminal inverted repeats could be explained. Cruciform structure was the hot topic then to explain the utility of inverted repeats. Proteins such as DNA recombinase and transposase were known to mediate DNA recombination. I began to think that when inverted repeats can encounter their counterpart that close in the stem region, then complementarities between the two duplexes might be physically recognized.

How close do two duplexes have to be to recognize each other's complementary sequences? My eyes were fixed to the space filling model of B-DNA being displayed on the podium. There was one more such model brought by another crystallographer. I could not wait until coffee break when I walked to the front and asked for a permission of Tom Steitz to lay my hands on the models. I wanted to see if the two models could be brought together close enough to slide into each other's major groove and become of the same thickness as a double stranded DNA. Well, to my dismay, the major groove of standard B-DNA was not wide enough to let the other duplex slide in.

On Wednesday evening, dining hall of the Blackford Hall was sparsely occupied since speakers of the Symposium were invited to dine out by tradition at houses of the members of Long Island Biology Society. We were engaged in an idle after dinner talk. Scientists on my table were mostly from European countries. I was waiting my turn to talk. I changed the topic by asking "Has anyone ever heard about Four-stranded DNA?" "Four-stranded DNA? No, I haven't." "No, I haven't either." My burning question about the possible existence of Four-stranded DNA that had been lingering on my mind all the day fell flat. Someone on the next dinner table, however, overheard my questioning and came to our table. "Did you talk about Four-stranded DNA?" "Yes, I did." "Why, are you interested in it?" "Yes, I am." "Well, I have published one article about a unique DNA structure in Science not long ago." Robert Hopkins and I walk out to the back yard lawn to get engaged into more serious talk about Four-stranded DNA enjoying the evening breeze from the Cold Spring Harbor Bay.

I explained that I am preoccupied by the notion of Four-stranded DNA based upon my EM pictures of some unusual shapes of mtDNA. Hopkins introduced me to his own Science paper and to Stewart McGavin's two papers in Journal of Theoretical Biology (1971 and 1977). For the first time I learned that there are a few people who talked about

Four-stranded DNA. This reinforced me that I am on the right track of thinking, but then I was anxious to know how much is already known about it by others. I hurried down to the library as I said good night to Hopkins. Library was still open. I was able to track down those references on Four-stranded DNA. I decided to check as well the famous Watson and Crick's 1953 NATURE paper on double helical structure of DNA to find out for the first time that their paper was accompanied by two more papers, one by Morris Wilkins group and the other by Rosalind Franklin. CSHL was generous for visitors in making copies free of charge. I was able to copy a rather full collection of the earlier day references on DNA structure, which I had no easy access before. I was all set to take a journey into the wonderland of Four-stranded DNA.

Next day, during a coffee break in the afternoon, Hopkins and I happened to stand briefly next to James Watson. We casually mentioned to Watson about Four-stranded DNA. I do not remember exactly what I had said to him and what his answer was. Soon the session started. The last speaker was an oriental (Keith Yamamoto) of similar stature of mine. As soon as he reached the podium the CSHL photographer approached him and gave a shower of photographic flashes to the extent that the audience wondered what this is all about. Later on that day, Barbara McClintock approached me and asked what I wanted to talk about. I said "Four-stranded DNA" Looking at her nodding I remembered myself asking earlier that day Bruce Alberts if I could have a brief talk in the session on DNA replication which he was to chair. He of course figured that I did not possess much substance to stand up at the podium of the CSH Symposium.

To visit this topic, use this URL :
http://www.cshl.edu/cgi-
bin/ubb libtaty/ultinatebb.cgi?ubb=get topic;f=8;t=000003

To find about the papers on the related topics by BD Kim visit;
http://plaza.snu.ac.kr/~mglab/en frame.htm

2. Four-stranded DNA defies any experimental approach (2004.3.3)

For the second half of the Symposium on Structures of DNA, I felt 'the loneliness in the crowd'. I was struggling inside to figure out what would be the best thing to do next. If I were ever to speak up about the 'Four-stranded DNA' and claim for the Nobel Prize, I would be better come up with descent experimental evidences. But it was hopeless. These unusual conformations of mtDNA was rather scarce and not of the uniform sizes and shapes. It would be impossible to isolate the 'stem-and-loop' molecule in quantity. As soon as I attempt to purify the 'Four-stranded' stem portion it would disintegrate. If you ever to talk about DNA structure, or any biological structure in general, you should use the language of X-ray crystallography or NMR. However, there is no way to obtain a homogeneous solution of the 'stem' DNA, not to mention even growing any crystal out of it. Do I even know the name and function of the mtDNA molecule or gene? No, there is no single soul in the whole world working on pearl millet mtDNA, and I just started looking into it. And it is not as easy as maize mtDNA either.

What if I talk to people working on the model organisms such as phage lambda, E. coli, yeast, fruit fly, and maize? They already have transposable elements to test it on. No, they would not listen to me who comes out of nowhere. If it were that simple and easy they could have finished the story in a couple of months even before I begin figuring out what experiments I should be doing. During coffee breaks those 'established' scientists from 'Big Labs' formed lines on the pay phones calling back the home laboratory. They seemed to be yelling and screaming. "So, did you get the result yet? Good, I will be talking in the next session." "You better hurry up and do the test right away. So and so talked about that and it is all hot here."

It was hopeless. Making a story of Four-stranded DNA based merely on an EM picture of stem-and-loop shapes of DNA was only a day dream. It was not a science. I had better give it up. On the other hand, it was too neat an idea to simply dump into a garbage can. Transposable elements were hot topics then. Every one was proposing his own model about the molecular mechanism about how transposable elements jump around and insert onto a new target site. Movable genetic elements all had common features of terminal inverted repeats. Upon transposition to a new site they caused a duplication of 4–9 base pair target sequence in direct orientation. It was generally understood then that an enzyme called transposase would recognize the terminal repeats, and facilitates transposition of the 'jumping gene' into a target site. The idea that terminal inverted repeats could physically make direct contacts in the major groove and recognize each other's repeat as complementary sequences was totally out of sight. Instead, cruciform structure was one of the favorite configurations to explain the utility of inverted repeats. Double helical structure of DNA has been fixed in everyone's mind as a fact. It had been proven and worked fine as evidenced by the explosive development of molecular biology and genetic engineering. Even with the EM pictures of tight stem-and-loop DNA on hand it took me two whole years before it slowly dawned on me that the stem region might contain a Four-stranded DNA.

The last resort I could turn to was to see whether the stem-and-loop DNA could be reconstructed by a space-filling model of DNA.

3. Space-filling model (2004.3.3)

On my way home to Kingston, where I was a faculty at University of Rhode Island, I visited Tom Steitz at Yale University in New Haven, Connecticut. I wanted to have a look at his space-filling models of DNA and protein. Space-filling models he showed to me were the CPK models, the same kind the canonical B-DNA had been built of and shown on the cover of a text book of Molecular Biology of the Gene. The model was built to the atomic scale. It was heavy and was supported by central axis and transparent ladders. To build a stem-and-loop DNA many sets of those models would be needed. To my dismay, price of it was way out of my reach.

As I was checking through the piles of the mail in my office I found one brochure that caught my eyes. It was about an introduction of new space-filling model made of rather tiny plastic units that was distributed by the publisher Academy Press (AP). The plastic model had some unique features. This Ap model had bases and ribose units separately and were connectable with oxygen and phosphate atoms. Caps for van der Waal's radius were removable to reveal the backbones of DNA molecule. Unlike CPK model Ap model allowed bond angles adjustable at 5 degree increments and stayed fixed through out global manipulation of the DNA strands. Being a plastic model it was small and light, and easy to handle. Most important, it was cheap. I asked for an opinion of a biophysics professor in the Department of Chemistry about the plastic model and my interest in Four-stranded DNA. His response was down right simple and clear. "It is energetically impossible. Don't waste your time on it." On the next day I visited the associate dean for research. I briefly explained to him about what I am up to with the DNA space-filling model. I somehow persuaded him to make his historical contribution on research by buying me the AP model of DNA.

I never took any class about X-ray crystallography nor about atomic torsion angles. No wonder I did not dare talk to any knowledgeable scientist lest he would talk me out of this absurdity. The entire tool I had were the books "Structures of Nucleic Acids," "Double Helix," and the reprints about DNA structure that I made the copies of at the library of Cold Spring Harbor Laboratory. However feeble the possibility to be the truth, it was too good and too important not to take the chance. In my saltbox house on the 36 Heritage Drive, Kingston, Rhode Island my solo game of the DNA puzzle began. The DNA model I made was too big to take pictures of. I put the model on a white blanket on the bottom of the basement and I took the pictures on the top of the stair case.

4. Model building (2004.3.16)

The first model I built was the canonical B-DNA. It was in Kingston, Rhode Island sometime in the fall of 1984. That year I attended the CSH Symposium on "Recombination at the DNA Level." A twenty base pair column of double stranded DNA was built around a steel rod, which supported the structure as a helix axis. Two of the double helix models were built and brought close together. I tried to put them together tightly as I had done during the 1982 CSH Symposium with the CPK DNA models, but again, the major groove was rather too narrow to accept the other double helix in it. After brooding for some time I decided to remove the steel rod support. The B-DNA models lay flat on the floor. I realized that the DNA model was flexible even with the atomic torsion angles were fixed for B-DNA configuration. It was as if one can bend his elbow and wrist inwards but not outwards. I tried various manipulations on the model. As I twisted the double helix the major groove could be squeezed or widened to the extreme of parallel track beyond which point the model would break.

At this point I made two rather important discoveries, which had not been described previously as properties of double helix DNA. First, at the extreme unwinding of the helix two strands became parallel to each other as in an arch, but not straight on a flat surface, and the arch could be squeezed to form a small loop of DNA with as little as six base pairs. Second, both arms of the bent duplex DNA could slide into each other's major groove to form a four stranded DNA as unwinding of the double helix caused the major groove open wide enough to accept the other duplex DNA. The diameter was 2.2 nm for the four stranded DNA as well as for the double stranded DNA. This was the first realization that the B-DNA can foldback by bending 180° and squeeze into each other's major groove to form a four stranded DNA at the same thickness of double stranded DNA. This was the historical moment to confirm that the B-DNA molecule can assume the configurations consistent with my transmission electron microscope(TEM) pictures of the stem-and-loop structure and the stem structure of native mitochondrial DNA.

The next apparent step I undertook was to test with the space filling model whether the inverted repeats can undergo homologous recombination. Out of a 38 base pair–long duplex, I put 10 base pairs in the middle flanked by six base–pair inverted repeats so that they can make a direct physical contact in a stem-and-loop structure. In the four strand base pairing situation flipping of the inverted repeat bases 90° outwards placed them exactly in the position to pair by hydrogen bonding with the bases that were likewise flipped out of the complementary duplex, thus a heteroduplex in the inverted repeats was formed. This was in complete agreement with the prediction made by McGavin in 1971. When entangled sugar phosphate backbones were cut-pass-and-joined, presumably should be done by a recombinase, the synaptic complex was resolved. To my surprise, in the resulting molecule, the strand direction in the loop has been inverted, which is consistent with genetic and molecular biological reports. Homologous recombination between direct repeats in the loop configuration resulted in deletion of the internal sequence as a circular DNA molecule, which is again consistent with the literature. This was the historical moment to show that the DNA molecule itself is the major player of homologous recombination instead of a protein, 'recombinase' that was supposed to bring those repeat sequences close by, cut, exchange sequences, and resolve. Utility of the repeat sequences as double stranded complementary base pairing partners in homologous recombination was realized.

My joy was doubled about this time as I cuddled around my first baby, Jihyun Jennifer, born in February of 1985 in Kingston, Rhode Island. We took lots of pictures of the baby in the background of yellow forsythias and pink rhododendrons in the backyard of the Heritage Drive 36. She was lovely and looked just after her mother, Il Young who was also a faculty at the University of Rhode Island.

I took pictures of the stem-and-loop space filling models that performed inversion of the loop sequence by homologous recombination between inverted repeats. Diagrams were drawn and the EM pictures of mitochondrial DNA were selected, and the manuscript was prepared. I submitted the manuscript entitled "Four-stranded DNA: An Intermediate of Homologous Recombination and Transposition" to SCIENCE. I also sent the manuscript to James Watson at Cold Spring Harbor Laboratory. He sent to me a type written letter on a letter headed paper. Watson thanked me for sending the manuscript to him. He mentioned that they are at the final stage of writing the revised edition of the "Molecular Biology of the Gene." Watson mentioned that he will urge Jeffrey Roberts of Cornell University to seriously consider the utility of four stranded DNA in recombination in his chapter. Watson encouraged me to talk to as many people as possible about this interesting finding on DNA structure.

In the meantime I received a letter from SCIENCE mentioning that my manuscript passed the initial screening and was sent out for the second step review. My high hope was shattered when I received a final notice from SCIENCE saying that the manuscript was not selected for publication. I started out sending the manuscript to the scientists who I considered knowledgeable and closely related to the topic. Francis Crick was one of them who did not respond at all. Several months later I encountered Crick at a conference reception in MIT. He remembered the manuscript when I called upon his memory, and asked me if I still believed in it. He quickly excused himself as soon as he heard my answer to him, "Of course, I do." One day I visited Paul Howard-Flanders at Yale University by appointment. We were engaged in a four hour non-stop conversation the content of which I do not recall at all; no single correction or constructive suggestion. I visited Alexander Rich and his associate, Andy Wang several times. The manuscript had been circulated in the lab and it did not fly. I even showed many EM pictures of DNA to Rich who told me, "The pictures may be interesting, but unless I see actual hydrogen bonds with my eyes, I would not believe in four stranded DNA. I visited John Cairns at Harvard School of Public Health. When I arrived at his office, I found him carrying himself large flasks containing culture media. He apparently was actively carrying out his own research at his rather senior age. He listened to my explanation tentatively, and then suggested that I write to Robin Holliday in Australia. Holliday wrote me back suggesting writing to Neville Symonds of Brighton, UK, and registering for the EMBO Workshop on Genetic

Recombination at Nethybridge. I followed their helpful suggestions. I eventually attended the EMBO Workshop held during June 30–July 5, 1986 and gave a talk. Sung-Hou Kim of UC Berkeley was another person who did not give much explanation but vaguely indicated that it is not wise to jump into other people's turf as an outsider or an amateur. Uttam RajBhandary at MIT suggested that the model building is interesting but more research work should follow to substantiate my finding. Furthermore, my model building may explain intramolecular recombination, namely inversion and deletion, but not intermolecular recombination, namely site specific insertion of lambda phage and transpositions. Upon his comment I realized that my work was only half done. And I started to look into those problems as the next task.

While I was busy single-handedly promoting the idea of four stranded DNA and the publication of the manuscript, I was contacted by the Seoul National University (SNU), my alma mater, to apply for a faculty position of plant biotechnology, which has been created for the promotion of biotechnology as the future hope of science and technology. I turned down such an opportunity at SNU the previous year and this meant that I lost my last opportunity to return to SNU. I had to turn it down though because the position which was made available by the retirement of my master program advisor, ex-dean Hyun-Koo Pyo, was to teach post–harvest biology. I left this field as soon as I received my Ph. D. degree at University of Florida and moved on to Biochemistry as a postdoctoral fellow with Professor Eugene Sander in the Department of Biochemistry and Molecular Biology at Shands Teaching Hospital in the same campus.

This new plant biotechnology position at SNU was attractive to me. In this position I can keep working on DNA and plant tissue culture. Does coming back to Korea mean that I am effectively giving up the pursuit of the four stranded DNA? I reached a conclusion that it will be a long term process to realize the acceptance of this rather new concept of DNA structure. Present day research technology and research material may not be adequate enough to solve the problem right away. My family also liked the idea of going back to home country as I reached the age of 40s. In applying for the position one problem arouse. I needed to present more recent publication. Out of this urgency I handed the manuscript written for SCIENCE to my visiting Korean friend so that it can be published in Korean Journal of Breeding in time. It was the days when airmails took almost one month and even FAX was not readily available. Therefore, that paper was published in 1985 even without my proof reading. I closed my 17 years of research activity in the USA and moved back to Seoul Korea in July 1987.

Linear and 'lasso-like' structures of mitochondrial DNA from *Pennisetum typhoides*

Byung Dong Kim, Kil Jae Lee and A. Gib DeBusk
Department of Biological Science, Florida State University, Tallahassee, FL 32306, USA
Received 9 August 1982

Previously unidentified structures of plant mitochondrial DNA, namely intact linear molecules and 'lasso-like' structures, are described. The genomic-size circular DNA is concluded to be an end product of the progression of the 'lasso' structure. These findings give insight into the heterogeneity of mitochondrial DNA unique to higher plants.

Mitochondrial DNA (Pennisetum typhoides) *DNA-protein complex* *Linear DNA structure* *Lasso-like DNA structure* *Circular DNA*

1. INTRODUCTION

Heterogeneity of mitochondrial DNA (mtDNA) molecules appears to be unique to higher plants [1,2]. The suggested source of heterogeneity is many fold:

(1) Different sizes of circular genomic DNAs [3,4];
(2) Mixed population of the different classes of mtDNA; i.e., chromosomal and plasmid-like DNA molecules in linear, open-circle and supercoil conformations [5-9];
(3) Complexity of the restriction endonuclease digest patterns [10,11].

Furthermore, in each reported case of plant mtDNA, circles only constituted a minor proportion (~5%), with the majority of the population being linear molecules. The linear mtDNAs have been generally considered to be produced by breakage of circles during isolation [5]. During an electron microscopic survey intended to identify size and conformation of the pearl millet mtDNA molecules, we observed previously unidentified conformations, namely, intact linear molecules and 'lasso-like' structures. The genomic-size circular DNA may be an end product of the progression of the 'lasso' structure.

Presented at the USDA Symposium on Genetic Engineering: Application to Agriculture, Beltsville MD, May 1982

published by Elsevier Biomedical press

2. MATERIALS AND METHODS

Etiolated shoots of pearl millet (Pennisetum typhoides, cv. Gehi) were grown, mitochondria were purified, any extra-mitochondrial DNA was di-gested with bovine pancreas DNase I and mtDNA was isolated by phenol-chloroform extraction and ethanol precipitation as in [12]. The DNA molecules were spread using the formamide procedure in [13]. The spreading solution contained 40% formamide, 0.1 M Tris (pH 7.5); the hypophase con-tained 10% formamide, 0.01 M Tris (pH 8.5); and the spreading was performed at 23℃. Grids were examined and photographed in a Philips 200 electron microscope. Measurements of molecules were made on an enlarged photocopy using a computerized graphics program.

3. RESULTS AND DISCUSSION

Table 1 shows the distribution of size and conformation of the mtDNA

Table 1
Distribution of size and conformation of the mtDNA

DNA conformation	Size		Sum	% Total
	<5㎛	> 5㎛		
Linear	38	72	110	53
'Lasso'	50	36	86	42
Circle	2	4	6	3
Other	5	0	5	2
Sum	95	112	207	100
Protein complex	46	23	69	33

Molecules are grouped into two classes, small-size DNA under 5㎛ (see fig.1) and larger-genome-size DNA over 5㎛ (see fig.2)

molecules. Among a random population of 207 molecules, 53% were linear, 42% were of 'lasso' structure, and only 3% were circular. The other 2% were highly twisted, irregular supercoil molecules. Typical circular duplex DNAs of genome size (two 16.7㎛ and two 12.7㎛) and of plasmid-like DNA size (one 2.1㎛ and one 0.5㎛) were identified in this population. Linear molecules and 'lasso' structures were present in both the small-size (under 5㎛) and the larger-genome-size mtDNAs as shown in Distribution of size and conformation of the mtDNA, fig.1 and fig.2, respectively. Both linear and 'lasso' structures were considered to have been isolated intact, as shown by the protein complexes attached to one end. Close examinations of the DNA-protein complex under higher magnification revealed tertiary DNA structures such as nucleosome-like knobs and rabbit ears. The terminal protein complex was not as highly structured as capsids of adeno 2 virus and T7 bacteriophage [14,15]. It was rather amorphous and varied in size, indicating that it might be the membrane-bound protein complex. The nature of the link between proteins and DNA is not yet known, but it is resistant to our conditions of extraction (2% Sarkosyl, 100㎍ pronase/ml for 60 min at 37℃) and to 3 repeats of phenol-chloroform phase separation.

Linear mtDNA molecules were not of a unit size, but were broadly heterogeneous

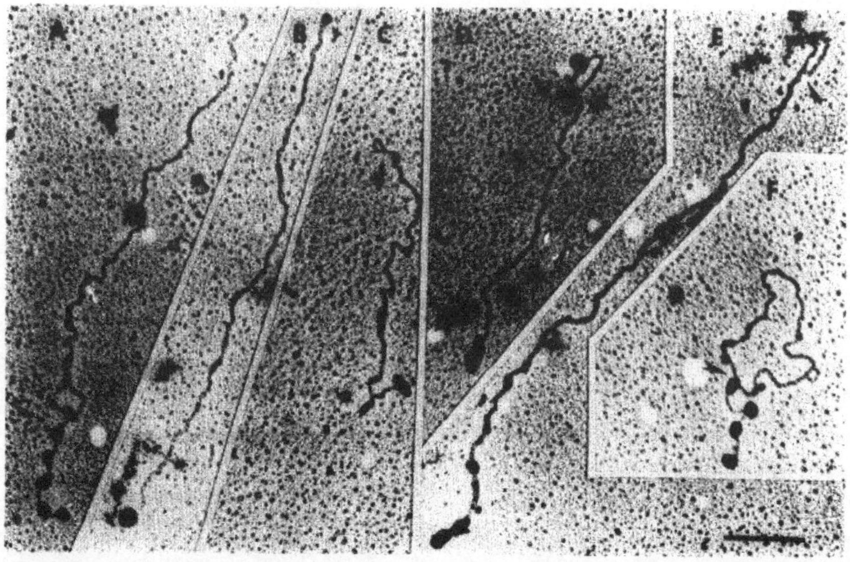

Fig.1. Electron micrograph of linear and 'lasso' structures of small-size mtDNA: (A) a linear molecule with 5 protein complexes on one end; (B) a linear molecule with a terminal protein complex and a swollen tip on the other end; (C,D) 'lasso' structures with different sizes of circle; (E) a 'lasso' structure with a small locally unwound strand below the circle; (F) a 'lasso' structure with 80% circularization. Molecular sizes, measured as circle plus tail, are: (A) 4.1 μm; (B) 3.6 μm; (C) 2.9 μm; (D) 2.7 μm; (E) 4.7 μm; (F) 3.6 μm. Arrowheads indicate the forks. Bar is 0.5 μm.

in size, ranging from as small as 1.6μm to as large as 42μm. One cannot rule out the possibility that the molecules beyond the lower and upper limits have been overlooked. It is concluded that direct measurement of the contour lengths of linear and 'lasso' molecules may not represent the true values, because close examination of the electron micrographs revealed that varying proportions of the DNA strand are entrapped by protein complexes as condensed knobs (see also [15]) and the twists in linear molecules cause regional protrusions from the supporting plane of nitrocellulose membrane (Koller, Th., personal communication). Because of the broad heterogeneity in size and conformation, small-size linear and 'lasso' structure DNAs did not resolve as discrete bands in agarose gel electrophoresis.

The circles of the 'lasso' structures varied in size from very small up to almost full circle, as shown in fig.1 and fig.2. The swollen tip of the linear DNA molecule in fig.lB is indicative of the initiation of the

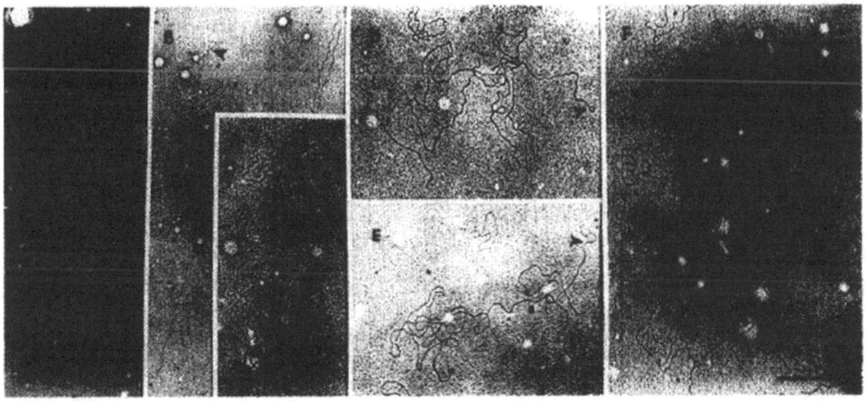

Fig.2. Electron micrograph of linear and 'lasso' structures of large-genome-size mtDNA: (A) intact linear molecule with a terminal protein complex; (B-F) 'lasso' structures with varying degrees of circularization. The small circular DNA molecules are pBR322, included in each spread as an internal size marker (4362 basepairs or 1.48 μm). Molecular sizes, measured as circle plus tail, are: (A) 7.3 μm; (B) 7.0 μm; (C) 5.7 μm; (D) 8.0 μm; (E) 9.3 μm; (F) 18.3 μm. Arrowheads indicate the forks. Bars are 1.0 μm for A,B and 0.5 μm for C-F.

growing circle. Measurement of the circle and the tail in relation to the unit length would normally assist in understanding the origin of the 'lasso' structure [16,17]. However, no significant relationships between circle and tail were detected because of the broad heterogeneity of the DNA molecules. The fork regions of most of the molecules were double-stranded and completely closed. However, in a few small-size molecules the forks were loose as if the tight supercoil had been locally unwound. Also, note in fig.lE a local unwinding below the circle. The 'lasso' structure has been de-scribed only in a limited number of systems [16-18]. Even though direct experimental evidence is lacking, several proposals have been made that the 'lasso' structures might be involved in the replication fork of the mtDNA of Paramecium [16], circularization of the linear MVM DNA [17], and transposition of bacteriophage Mu [18]. We obtained electron microscopic evidence suggesting the direct involvement of a 'lasso' structure in DNA replication (to be reported elsewhere). If the reported linear-'lasso'structures represent replicative forms, the genesis of the circular mitochondrial genome of pearl millet becomes apparent. Our data with pearl millet mtDNA are consistent with the heterogeneity of size and conformation in

higher plant mtDNA. Concatemerization, recombinatorial and transpositional rearrangements, as well as amplification, may all be major contributors to plant mtDNA heterogeneity [4,19]. Findings of intact linear molecules and 'lasso' structures in pearl millet mtDNA in this study, however, provide fresh insight into the formation of various mtDNA species. We are now in a position to study systematically the molecular mode(s) of replication in higher plant mtDNA. In-depth study of the DNA structure at the fork of the 'lasso' structure in relation to its formation and progression remains an intriguing and challenging problem. Isolation of the DNA-protein complex emphasizes the dynamic functional features of mtDNA molecules.

ACKNOWLEDGEMENTS

We thank Dr A. McGraw and Bill Miller for technical assistance in electron microscopy. This research was supported by the Committee on Faculty Research Support of the Florida State University to B.D.K.

REFERENCES

[1] Wallace, D.C. (1982) Microbial. Rev. 46, 208-240.

[2] Gray, M.W. (1982) Canad. J. Biochem. 60, 157-171.

[3] Synenki, R.M., Levings, C.S. iii and Shah, D.M. (1978) Plant Physiol. 61, 460-464.

[4] Levings, C.S. iii and Pring, D.R. (1978) Stadler Symp. 10, 77-93. Univ. Missouri, Columbia MO.

[5] Kolodner, R. and Tewari, K.K. (1972) Proc. Natl. Acad. Sci. USA 69, 1830-1834.

[6] Pring, D.R., Levings, C.S., iii, Hu, W.W.L. and Timothy, D.H. (1977) Proc. Natl. Acad. Sci. USA 74, 2904-2908.

[7] Kemble, R.J. and Bedbrook, J.R. (1980) Nature 284, 565-566.

[8] Powling, A. (1981) Mol. Gen. Genet. 183, 82-84.

[9] Dale, R.M.K., Duesing, J.H. and Keene, D. (1981) Nucleic Acids Res. 9, 4583-4593.

[10] Quetier, F. and Vedel, F. (1977) Nature 268, 365-368.

[11] Pring, D.R. and Levings, C.S. iii (1978) Genetics 89, 121-136.

[12] Kemble, R.J., Gunn, R.E. and Flavell, R.B. (1980) Genetics 95, 451-458.

[13] Davis, R.W., Simon, M. and Davidson, N. (1971) Methods Enzymol. 21, 413-428.

[14] Gunther, M. and Revet, B. (1978) in: Replication of Mammalian Parvoviruses (Ward, D.C. and Tattersall, P. eds), pp. 469-477. Cold Spring Harbor Lab., New York.

[15] Saigo, K. (1975) Virology 65, 120- 127.

[16] Goddard, J.M. and Cummings, D.J. (1975) J. Mol. Biol. 97, 593-609.

[17] Bratosin, S., Laub, O., Tal, J. and Aloni, Y. (1979) Proc. Natl. Acad. Sci. USA 76, 4289-4293.

[18] Harshey, R.M. and Bukhari, A.I. (1981) Proc. Natl. Acad. Sci. USA 78, 1090-1094.
[19] Levings, C.S., iii, Kim, B.D., Pring, D.R., Conde, M.F., Mans, R.J., Laughnan, J.R. and Gabay-Laughnan, S.J. (1980) Science 209, 1021-1023.

韓育誌 17(4) : 453-466 (1985)
Korean J. Breed 17(4) : 453-466(1985)

[綜說]

Four-stranded DNA: An Intermediate of Homologous Recombination and Transposition

Byung-Dong Kim*

4줄로 된 DNA：同型再結合과 轉位의 中介

金 昞 東*

ABSTRACT

Stem-and-loop structures found in native duplex DNA from Pennisetum typhoides mitochondria suggest that four-stranded DNA mediates homologous recombination and transposition. A space-filling model of DNA has been constructed for the stem-and-loop structure by using atomic coordinates of Watson-Crick DNA B Ⅰ model but with reversed chain directions(Hopkins' B Ⅱ model). The stem forms four-stranded DNA by interduplex base pairing between inverted repeat sequences. A molecular pathway of homologous recombination involving four--stranded DNA formation has been proposed and tested with the space-filling model. Biological significance of the four-stranded DNA and repetitive sequences is discussed.

INTRODUCTION

A stem-and-loop structure has been found in mitochondrial DNA (mtDNA) from pearl millet (Pennisetum typhoides) in trace amounts (25 in about 500 molecules) (Fig. 1) along with rigid linear molecules and 'lasso-like' structures as described[1]. Unlike the stem-and-loop heteroduplexes that are formed in vitro for demonstration of transposable elements[2] the stem-and-loop structure of the pearl millet mtDNA was not exposed to conditions that cause denaturation and reannealing.

The fact that both the stem and the loop have the same thickness (Fig. 1) presented a topological puzzle, since if the native double strand DNA were a continuous molecule then the stem region should be twice the thickness, or at least distinguishably thicker than the double strand. On the other hand, if the stem is apparently taken as double strand, then the DNA molecule should have double single-strand breaks at both ends of the stem. This is highly unlikely because any supercoil DNA molecule with four-point breaks will be subject to nuclease activity and take on a relaxed form. The native DNA molecules observed by electron microscopy contain several stem-and-loop structures and kinks which are suggestive of highly twisted molecules (Fig. 1). The

* College of Resource Development, Department of Plant Science. The Univ. of Rhode Island, Kingston, RI02881-0804. 〈1985. 5. 22. 接受〉

fork regions of most stem-and-loop structures are tight, smooth and continuous with no indication of broken or single-stranded regions. Some forks look slightly unwound which suggest that the stem is formed by tight intraduplex supercoiling of a continuous double strand DNA molecule.

FOUR-STRANDED DNA

It is suggestive that the stem contains four-stranded DNA that is formed between homologous direct or inverted repeat sequences. If so, the native stem-and-loop structure might represent in vivo intermediate of transpositional event. So far, the stem-and-loop structure occurs with too low a frequency to allow one to enrich them for direct physical and biochemical characterization. It is yet to be shown whether the stem region actually contains repeat sequences, even though circumstantial evidence suggests so. For instance, transpositional events involving plasmid-like linear DNAs have been reported in the mitochondria from S-type cytoplasmic male sterile lines of maize. These episomes contain about 200-base-pair terminal inverted repeats[3].

In fact, four-stranded base pairing at homologous DNA sequences has been proposed as a model for genetic recombination by McGavin[4]. One of the novel features of the Watson-Crick double helix model of DNA is that the complementarity of base paring of purine and pyrimidine allows the copying mechanism of the new strand off the old template strand[5]. The same complementary base pairing mechanism should also be applicable for recombination, since in both general genetic recombination and gene conversion, pairing of homologous genomes is involved[6,7]. Additional hydrogen bonds can be formed between two homologous duplex sequences, for example, AT and TA, or GC and CG. Formation of such interduplex hydrogen bonds between two nonhomologous duplexes, for example, GC and AT, is not favored due to steric misfit[8]. An attempt to construct a four-stranded DNA model has been made with the Watson-Crick DNA-B configuration by Wilson[9]. He proposed a pair-first model of recombination as an alternative of cut-first model[6,10]. A few diagramatic illustrations[11,12], as well as electron microscope pictures suggestive of four-stranded DNA[13] have also been presented.

Yet, the thesis of four-stranded DNA has never been developed. Evidence presented was mostly fragmental and not conclusive. More important, current DNA models have not been compatible with the proposed four-stranded DNA[9,14]. Recently, an alternative to Watson-Crick DNA B I model (Configuration I) has been proposed as DNA B II model (Configuration II) by

Hopkins[15] based on recent X-ray crystallography data of synthetic alternating purine-pyrimidine polynucleotides[16]. The DNA BⅡ model which takes the same atomic coordinations but with reversed chain directions possesses many novel features and allow formation of four-stranded DNA[17].

If the native stem-and-loop structure indeed contains four-stranded DNA and represents intermediate of homologous recombination or transposition then it should be compatible with the space-filling model of DNA. Such a DNA model should allow four-stranded base pairing, sharp turns to form stem-and-loop structures and kinks, and should accomodate homologous recombination events. Also, such four-stranded DNA should have the same thickness as double strand DNA as suggested in electron microscope pictures (Fig. 1).

In this paper I present evidence for such four-stranded DNA molecules in native forms with a space-filling model of DNA. Furthermore I propose a pathway of homologous recombination via a four-stranded DNA intermediate as has been tested by a space-filling model of DNA.

MODEL BUILDING

To demonstrate the feasibility and some consequences of the formation of four-stranded DNA via homologous duplex base-pairing, scaled space-filling models[18] have been constructed. Satisfactory models have been built for a stem-and-loop structure and a loop structure by forming four-stranded hydrogen bonds at inverted repeat and direct repeat regions, respectively (Fig. 2, a & d). The models are consistent with the configurations of the native mtDNA observed in the electron microscope (Fig. 1) in terms of handedness (right handed), thickness, sharp turns and continuity of the strands. The diameter measured at perpendicular angles to the dyad axis is 2.2 nm for both the double-stranded and the four-stranded DNAs. Thus four-stranded DNA may not always be distinguished from double-stranded DNA by its thickness in electron micrographs.

For model construction, arbitrary deoxyribonucleotide sequences of 38 base pairs containing both direct and inverted repeats have been assigned as follows:

Also, note that the palindromic sequence (5′) GAATTC (3′) which is the recognition

(5′) A G T G T C A C G A A T T C A T G C G G A C T C C G A A T T C T G T C A C A G (3′)

(3′) T C A C A G T G C T T A A G T A C G C C T G A G C T T A A G A C A G T G T C (5′)

site of the restriction endonuclease EcoRI can be taken as either a direct or inverted repeat. For illustration of base pairing and the sugar-phosphate backbone, space-filling caps have been removed except for purines and pyrimidines (Fig. 2). In case of inverted repeat the loop of the internal sequences can be as small as six base pairs without change in the torsion angles. In the small loop the major groove where hydrogen bonding occurs is bent inwards, whereas the minor groove and the sugar-phosphate backbones are underwound and exposed on the periphery.

Initially, a right-handed Watson-Crick double helix DNA B I model was built using dihedral torsion angles as described[19]. The original B I DNA model did not accomodate four-stranded base pairing nor even the sharp turns mentioned above. The most tight super-coiling with a B I DNA double helix could only produce a diameter of about 2.7 nm over a short distance of four base pairs. The diameter of double strand B-DNA is 2.0 nm.

An alternative model to the Watson-Crick structure for DNA B I has been built according to the Hopkins' DNA B Ⅱ model[15], but with one modification(Fig.2). In building the B Ⅱ model, all bases used have been *anti* and all sugars C-2'*endo* as in the B I model[17]. In contrast, Hopkins for his B Ⅱ model used all bases syn and all sugars C-3' *endo* pucker[19] The right-handed B Ⅱ model takes the same dihedral torsion angles as the original B I model, but has reversed chain directions. The 5′ to 3′ direction in the B Ⅱ model is downward on the left side of the minor groove. This B Ⅱ model has several unique features compared to the Watson-Crick structure. The B Ⅱ model is relatively smooth and compact with a wider major groove and an almost nonexistent minor groove. The B Ⅱ model is extremely flexible to bending and twisting. Even though this form of DNA can make one complete turn for each 10 base pairs with a pitch of 3.4 nm, when unwound it can assume a parallel track of sugar-phosphate backbone with no twist, and it transforms into a left-handed B Ⅱ DNA molecule upon full negative coiling[15,17].

PATHWAY OF HOMOLOGOUS DNA RECOMBINATION

Once constructed, the stem-and-loop structure models should further facilitate homologous recombination as predicted. The feasibility of recombination with the four-stranded intermediate has been tested with the B Ⅱ DNA model (Fig. 2, a · f). Based on the native DNA (Fig. 1) and the space-filling models (Fig. 2), a pathway of homologous DNA recombination is proposed at molecular detail (Figs. 3-5).

The pathway of homologous DNA recombination consists of three major steps: four-stranded DNA formation, base pair exchange, and strand exchange.

Four-stranded DNA Formation

Unlike the B I model, the B Ⅱ model has a major groove wide enough to intercalate another major groove of double strand DNA (Fig. 2, a & d, Fig. 3, b & g). Since base pairs of the B Ⅱ DNA are exposed in the major groove, intercalation of two duplexes brings their base-pairs into direct contact to allow additional hydrogen bonding between homologous duplexes as proposed by McGavin[7]. As a result, energetically stable four-stranded DNA can be formed between homologous DNA duplexes (Fig. 4, I, Fig. 5, I). This tight supercoil of four-stranded DNA still maintains ten base pairs per turn and the 3.4 nm pitch of the original duplexes. Diameter of the four-stranded DNA is the same as the double strand DNA (Fig. 2, a & d, Fig. 3, b & g, Fig. 4, I).

Base Pair Exchange

Base pair exchange occurs in two steps: disruption of the original base pairs followed by formation of new heteroduplexes. Forces that cause positive or negative twist, such as enzyme actions and thermal activation might disrupt the hydrogen bonds of four-stranded DNA. As disrupted bases flip outward ±90°new hydrogen bonds are formed between bases from counterpart double helices while the original sugar-phosphate backbones remain intact[8, 20] (Fig. 2, b & e; Fig. 3, e & h; Fig 4, Ⅱ ; and Fig. 5, Ⅱ). In the original four-stranded DNA major groovees from two duplexes match face-to-face to form interduplex hydrogen bonds in the core and the four sugar-phosphate backbones stay outside far apart from each other. However, in the resulting pair of heteroduplexes new major grooves face outside (Fig. 2, b & e ; Fig. 4, Ⅱ). The sugar-phosphate backbones stay inside and their mutual ionic repulsion may be stabilized by some cations. At both ends of the exchanged base pairs the four-strandedness persists, being held not by the four-stranded hydrogen bonding, but by the original sugar-phosphate backbones and new heteroduplex base pairing.

Strand Exchange

Strand exchange occurs in two steps: hydrolytic breakage of phosphodiester bonds at both junctions by an endonuclease followed by joining of the exchanged strands by a ligase. Combination of these two-step reactions leads to several alternative products as described below. At both junctions between the repeat and nonrepeat sequences one strand from each duplex is heavily twisted and constrained at the P-O3′ bond (Fig. 2, b & e; Fig. 5, Ⅲ). If two constrained strands undergo hydrolytic cleavage at the P-O3′ bonds by an endonuclease and are then joined to the exchanged strands by a ligase the four-stranded entanglement is resolved (Fig. 2, c & f; Fig. 3, d & i; Fig. 4. Ⅲ; and Fig. 5, Ⅲ). In the space-filling model, exchanging strands at both junctions are placed close together in the core of the four-stranded helix. Thus, actual movement of the exchanging strands is minimal contrary to the proposed 270° rotation of the flanking strands in bacteriophage lambda integration[11]. After resolution, the original repetitive nucleotide sequences appear the same even if one strand of each repeat unit has been actually exchanged.

The substrate and product of the DNA recombination event warrant some description.

Substrate

Direct and inverted repeat sequences of double strand DNA are the potential sites of homologous recombination (Fig. 3, a & f). Palindromic sequences can play a dual role as direct or inverted repeats, even though they may undertake different conformations as the recognition sites of restriction endonucleases[21]. Theoretically, the size of the repeat could range from a minimum of two base to a stretch of genes and full chromosomal lengths of a synaptonemal complex. Homologous pairing can occur between intra-or inter-duplex repeat sequences, however, intraduplex repeats must be spaced at least six base pairs apart by internal sequences to avoid steric hindrance unless the DNA molecule undergoes structural transition.

Product

Uneventful as it may look at the nucleotide sequence level, four-strand-mediated homologous recombination brings about major DNA rearrangements at the genetic level. Upon completion of recombination via inverted repeats, the internal nonhomologous sequence is inverted in orientation in relation to the flanking sequences without experiencing direct physical flipping (Fig. 3, e). Direct repeats, on the other hand, form a loop structure as an intermediate, and result in deletion of the loop region upon completion of recombination (Fig. 2, f). One repeat unit is included in the deleted circle and the other repeat unit is left in the remaining strand (Fig. 3, j). Two palindromic sequences can be taken either as inverted repeats or as direct repeats depending upon the orientation of the two paired double helices. It is not unusual to find short direct repeats within longer inverted repeat sequence, or *vice versa* Consequently, the recombination of palindrome sequences will lead either to inversion or deletion of the internal sequences.

Products of intrarmolecular recombination have been described above. In intermolecular recombination, various alternative products are predicted, basically as a result of recombination involving dierect repeats. Intermolecular recombination between linear DNAs at one repeat unit may produce a single crossover(Fig. 4, Ⅲ; Fig. 5, Ⅲ). An additional recombination event at the second repeat unit downstream may lead to a double crossover and various gene duplication and gene conversion effects[7]. Homologous recombination between two circular DNAs may form fused circular DNA. Recombination between circular and linear DNAs may result in insertion of the circular DNA. Recombination between concatemers will resolve them into daughter circular DNA molecules. Thus, products predicted for the homologous recombination pathway described above are consistent with those for general transposition and general recombination. Incomplete recombination, resulting from a lack of ligation reactions, may lead to formation of various byproducts of DNA such as restriction endonuclease fragments and lasso structures. Endonucleolytic cleavage of stem-and-loop structures may yield small circles, linear stems, and/or deleted stem-and-loops.

DISCUSSION

The possibility that the stem-and-loop structure of native mtDNA from pearl millet contains four-stranded DNA has been confirmed by construction of such a molecule with space-filling model of DNA. It has also been demonstrated that it is not the DNA B I model, but the DNA B Ⅱ model that facilitates homologous DNA recombination. It has been further tested with space-filling model that the four-stranded DNA actually mediates homologous recombination and transposition.

The pathway of recombination proposed in this paper is consistent with observed transpositional events[22] . This pathway is also consistent with the pair-first model of recombination[8,9] even though the cut-first or single strand invasion model[6,10] may be a viable alternative. The proposed pathway which suggests that homologous recombination could also occur before or without DNA replication is consistent with the observations made on yeast by Esposito[23]

Formation of four-stranded heteroduplex by base exchange has implications for some biological functions. In four-stranded homoduplex where four-stranded base pairing occurs, bases are in the core of the helix and are protected from outside by four sugar-phosphate backbones. In contrast, base pairs in newly formed heteroduplexes are directly exposed to outside. These exposed base pairs may allow sequence-specific protein binding, initiation of replication, transcription, and formation of multiple strand networks.

Another unique feature of this pathway is that after homologous recombination, a pair of repeat units can exchange one strand of each double strand even though the repeat sequences appear unchanged (Fig. 4 & 5). This has important biological implications in that cells can undergo silent as well as apparent recombination and gene conversion while maintaining their original genomic content. This mechanism might also explain how a transposable element can transpose itself without leaving its original site[22].

The proposed pathway of homologous recombination may explain some unanswered molecular mechanisms of biological phenomena (See 24) such as phase variation, pseudogenes and multigene families, the binary system of maize controlling elements, immunoglobulin genes, yeast mating type interconversion, and fungal gene conversion[25]. It is would be interesting to see if topoisomerase, resolvase and restriction endonuclease employ four-stranded DNA for their actions.

The fact that four-strand formation and recombination can occur with as little as six nucleotide sequences is indicative of the dynamic roles of repetitive and palindrome sequences in DNA function. In fact homologous recombination is not limited to genetic recombination and gene conversion. Terminal inverted repeats are known to be essential for transpositional events which once has been coined as illegitimate recombination. Abundant presence of repetitive sequences of known and unknown functions have been reported in eukaryotes as well as prokaryotes[26]. Vast amounts of molecular and nucleotide sequence date suggest that most of the recognition sites by DNA-binding proteins have two-fold axis symmetry, hairpin structure or repetitive sequences (See 24; 27, 28). Their unique ability to form four-stranded DNA and to facilitate homologous recombination may hold the key to understanding the role of repetitive sequences.

Author Note : Dr. Byung-Dong Kim is an assistant professor of plant science at the University of Rhode Island, Kingston 02881.

REFRENCES

1. B. D. Kim, K. J. Lee and A. G. DeBusk. FEBS Lett. 147, 231 (1982).

2. S. Iida, J. Meyer and W. Arber. Cold Spring Harb. Symp. Quant. Biol. 45, 27 (1980).

3. B. D. Kim, R. J. Mans, M. F. Conde, D. R. Pring and C. S. Levings, III. Plasmid 7,1 (1982), C. S. Levings, III et al. Science 209, 1021 (1980).

4. S. McGavin. J. Mol. Biol. 55, 293 (1971).

5. J. D. Watson and F. H. C. Crick. Nature

(London) 171, 737 (1953).

6. R. Holliday. Genet. Res. 5, 282 (1964).

7. D. Baltimore. Cell 24, 592 (1981).

8. S. McGavin. Heredity 39, 15 (1977).

9. J. H. Wilson. Proc. Natl. Acad. Sci. USA 76, 3641 (1979).

10. M. S. Meselson and C. M. Radding. Proc. Natl. Acad. Sci. USA 72, 358 (1975).

11. H. A. Nash, K. Mizuuchi, L. W. Enquist, and R. A. Weisberg. Cold Spring Harb. Symp. Quant. Biol. 45, 417 (1980).

12. P. Leder, et. al. Cold Spring Harb. Symp. Quant. Biol. 45, 859 (1980). V. I. Lim and A. L. Mazanov. FEBS Lett. 88, 118 (1981). A. Stasiak and T. Klopotowski. J. Theor. Biol. 80, 65 (1979).

13. C. E. Hall and L. F. Cavalieri. J. Biophys. Biochem. Cytol. 10, 347 (1961). H. Potter and D. Dressler. Cold Spring Harb. Symp. Quant. Biol. 43, 969 (1978).

14. N. Sigal and B. Alberts. J. Mol. Biol. 71, 789 (1972).

15. R. C. Hopkins. Science 211, 289 (1981).

16. A. H. J. Wang, et al. Nature (London) 282, 680 (1979). S. Arnott, R. Chandrasekaran, D. L. Birdsall, A. G. W. Leslie, and R. L. Ratliff. Nature (London) 283, 743 (1980).

17. R. C. Hopkins. Comments Mol. Cell. Biophys. 2, 153 (1984).

18. Academic Press/Molecular Design, Inc., Orlando, Florida.

19. H. Drew, et al. Proc. Natl. Acad. Sci. USA 78, 2179 (1981).

20. P. Howard-Flanders, S. C. West, and A. Stasiak. Nature (London) 309, 215 (1984).

21. H. Smith. Science 205, 455 (1979).

22. J. A. Shapiro. Proc. Natl. Acad. Sci. USA 76, 1933 (1979)

23. M. S. Esposito. Proc. Natl. Acad. Sci. USA 75, 4430 (1978)

24. B. Lewin. Genes. John Wiley & Sons, Inc. New York. pp. 715 (1983), J. A. Shapiro (ed.) Mobile Genetic Elements (Academic Press, New York, 1983), pp. 688.

25. G. R. Fink and T. D. Petes. Nature (London) 310, 728 (1984).

26. J. A. Shapiro and B. Cordell. Biol. Cell 43, 31(1982).

27. S. S. Abdel-Meguid, N. D. F. Grindley, N. S. Templeton and T. A. Steitz. Proc. Natl. Acad. Sci. USA 81, 2001 (1984).

28. N. Panayotatos and R. D. Wells. Nature (London) 289, 466 (1981).

29. This work was supported in part by the Florida State University and by the Rhode Island Agricultural Experiment

Station (Contribution Number 2256). Thanks are due to Dr. J. H. Taylor for the use of electron microscope, to Dr. E. Patric for the purchase of DNA molecular model and to Ms. D. M. DeCarlo for the art work.

摘要

Pennisetum typhoides의 미토콘드리아의 自生重複DNA에서 發見된 stem-and-loop 구조는 4줄로 된 DNA가 同型再結合과 轉位를 中介함을 提案하게 한다. Watson-Crick의 DNA B I 모형 중에서 고리方向이 逆方向으로 된 원자조정(Hopkins의 B Ⅱ모형)을 이용해서 stem-and-loop구조를 위해 DNA의 space-filling 모형의 구성을 시도하였다. 그 stem은 逆으로 反復된 連續系列사이에서 二重구조間의 鹽基結合으로 4줄 DNA을 형성한다. 4줄 DNA 形成을 포함하는 同型再結合의 分子經路가 제안되어 space-filling 모형으로 검토되었다. 4줄 DNA와 反復的 連續系列의 生物學的 意義가 論議되었다.

FIGURE LEGENDS

Figure 1. Electron micrograph of the native mtDNA molecules from Pennisetum typhoides that contain stem-and-loop structures. Arrow heads point regions of four-stranded DNA. Also note kinks and prominent stems. Bar is 250 nm.

Figure 2. Stem-and-loop DNA models illustrating three steps of homologous recombination mediated by four-stranded DNA formation with inverted (a-c) and direct (d-f) repeats. Space-filling caps have been removed except for bases to expose base pairing and sugar-phosphate backbones. # Scale is 1.25cm to 0.1nm. Atomic coordinates of right-hand B-DNA[19] have been used with one exception, reversed chain direction[15]. All bases used have been *anti* and all sugars C-2′-endo. An arbitrary sequence containing direct and inverted repeats has been assigned as described in the text. #(a) Four-stranded DNA formation at the inverted repeat sequences GAATTC. Diameter from phosphorus to phosphorus is 2.2 nm for both double strand and four-stranded DNA region. (b) Base pair exchange by ±90° turn of complementary bases. This turn does not require any change of bond angles in the backbones and glycosidic bonds. four-stranded hydrogen bonds no longer exist. Instead, a pair of heteroduplex is formed with the major grooves exposed outside. (c) Strand exchanges resolve the four-stranded heteroduplex into one continuous duplex. New inverted repeats are heteroduplexes even though no change is apparent at nucleotide sequence level. Orientation of the internal nonhomologous region has been reversed. (d) Four-stranded DNA formation at the direct repeat sequences TGTCAC. (e) Base pair exchange and formation of heteroduplexes of the direct repeats. (f) End products of the direct repeat recombination. Strand excharges result in deletion of a circular, plasmid-like molecule. Two heteroduplx repeats are shared by each product.

Figure 3. Diagramatic presentation of the pathway of homologous recombination via four-stranded DNA formation with inverted repeats (a-e) and direct repeats (f-j). (a & f) Substrates : right handed, double strand B II DNA containing repeated sequences as indicated. (b & g) four-stranded DNA Formation : Major groove of B II DNA is wide enough to intercalate another major groove and form interduplex hydrogen bonds among complementarg homologous sequendes. (c & h) Base pair exchange : As the original hydrogen bonds are disrupted, bases rotate $^{+}/^{-}90^{\circ}$ outside to form new hydrogen bonds on heteroduplexes. (d & i) Strand Exchange : At both ends of heteroduplexes the constraint of strands is resolved via endonucleolytic breakage, strand exchange, and resealing at P-O3° bonds. (e & j) Products : Recombination with inverted repeats results in inversion of orientation of the internal sequences whereas recombination with direct repeats results in deletion of internal sequences together with one repeat unit.

Figure 4. A base pair and strand exchange model for the pathway of DNA recombination. I. Four-stranded base pairing at homologous sequences. II. Base pair exchange. Base pairs of the original duplexes are disrupted as bases rotate $\pm$ 90° and form new heteroduplex base

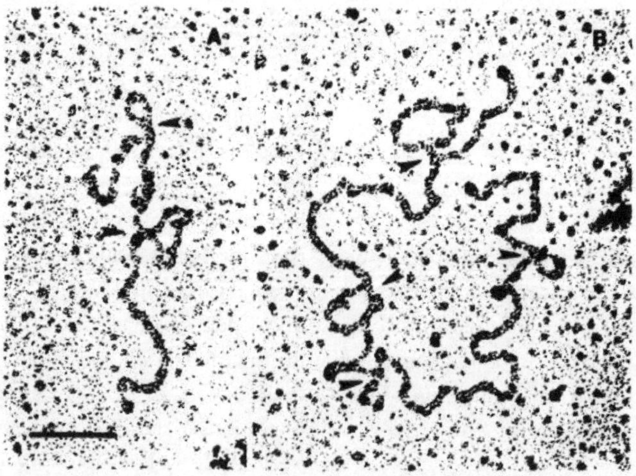

FIGURE 1. (B. D. KIM)

pairs. Sugar phosphate backbones remain unchanged. III. Strand exchange at P-O3′ bonds resolve the four-stranded structure into two heteroduplexes with the effect of genetic crossover. An arbitrary nucleotide sequence has been assigned the same as in Figure 5.

Figure 5. A nucleotide sequence model for the pathway of DNA recombination. Ⅰ. Four-stranded base pairing at homologous sequences. Ⅱ. Base pair exchange that disrupts four-stranded base pairing to form two heteroduplexes. Backbone strands are not changed but constrained at both junctions by twists. Ⅲ. Strand exchange at P-O3′ bonds relieves twist pressure. In the space-filling model, exchanging strands at both junctions are brought close together in the core. Thus actual movement of the exchanging strands is minimal Ⅳ. Product of the homologous recombination is equivalent to genetic crossover. Repeat sequences appear unchanged even though they are heteroduplexes. Lack of ligase activity during strand exchange will result in staggered cut.

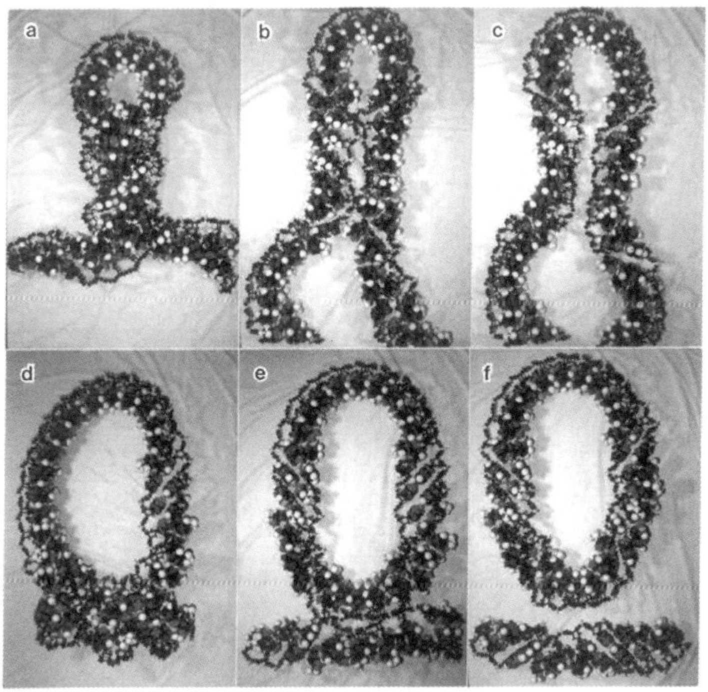

FIGURE 2. (B. D. KIM)

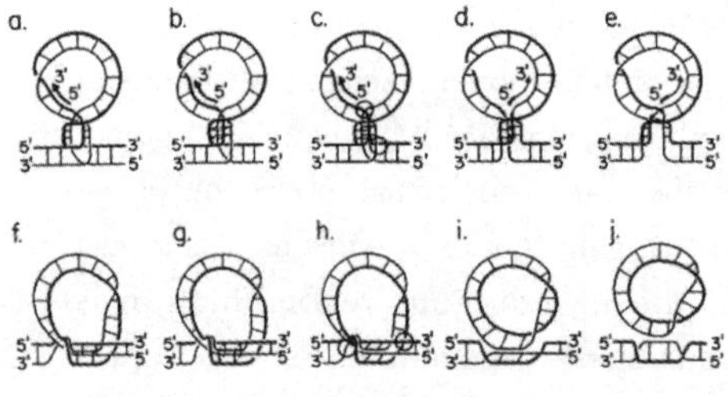

FIGURE 3. (B. D. KIM)

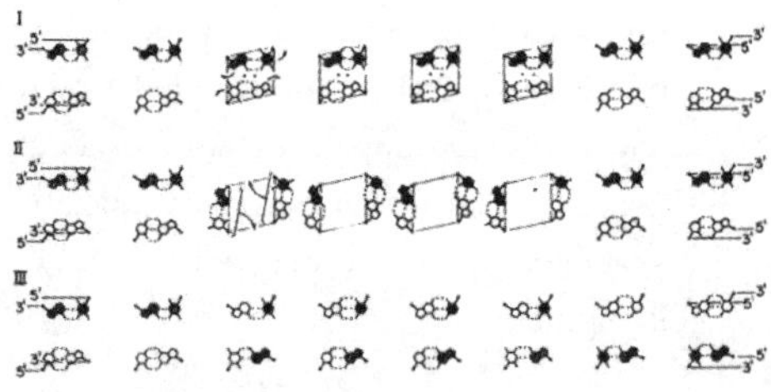

FIGURE 4. (B. D. KIM)

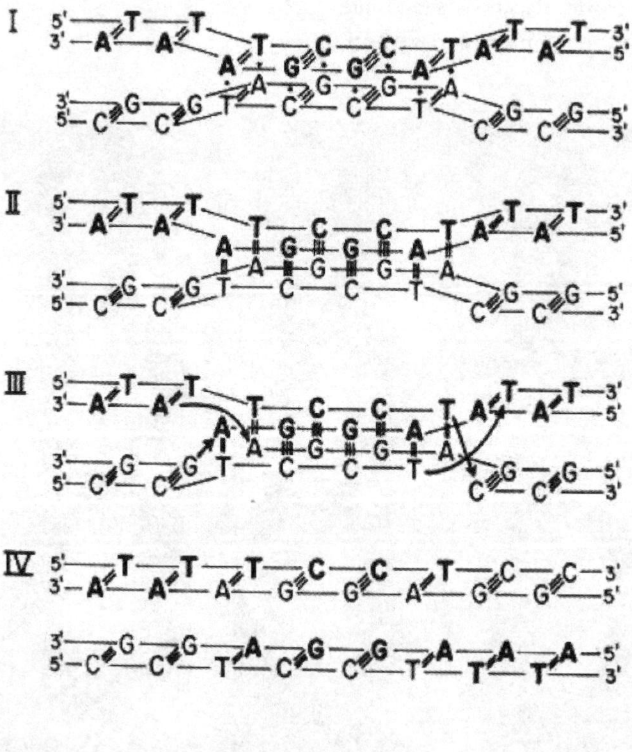

FIGURE 5. (B. D. KIM)

Was the Original B-DNA Four-stranded?

Byung-Dong Kim*

B-DNA는 원래 4줄로 되었는가?

김 병 동*

I have recently demonstrated, with a space-filling model, that four-stranded B-DNA can mediate intramolecular site-specific recombination (inversion and deletion)[1]. It became possible only by moving the helix axis of the B-DNA from the center of the duplex hydrogen bonds to the major groove. This simple but important adjustment of the 'rigid' canoical B-DNA[2] permitted enough flexibility of the Watson Crick double helix B-DNA to bend, twist and intercoil in the major groove. Novel native DNA configurations as seen in electron micrographs, such as 'lasso', stem, and stem-and-loop structures could be reconstructed with the 'flexible' B-DNA model[1]. An improved feature of the Academic Press model allowed the atomic torsion angles of B-DNA to remain fixed throughout the manipulations[3] . It is suggestive that the 'flexible' B-DNA, but not the 'rigid' canonical B-DNA[2], represents native DNA for its genetic function. In this communication I hope to clarify the apparent discrepancies surrounding 'rigid' canonical B-DNA by reexamining both earlier and recent literature of DNA structure. I emphasize two points for consideration. First, double-stranded B-DNA is flexible enough to bend, twist, and intercoil in the major groove. This intrinsic property of B-DNA is important for its genetic functions. Second, Franklin and Gosling's original x-ray diffraction diagram[4] which was used by Watson and Crick[5] in the development of the concept of double helix contained four-stranded DNA.

The original Watson Crick model[5] of B-DNA placed the helix axis in the major groove, therefore, the diameter was larger than 20 Å (22-24 Å). Crick and Watson[6] predicted that reversible B to A transition can take place only if successive pairs of bases are not stacked directly on top of one another, but displaced to one side.

*로드아일랜드대학 농학과 (Department of Plant Science College of Rhode Island Kingston, RI 02881, U. S. A.)

Rigidity was introduced to the double-stranded B-DNA model by Feughelman et al.[7] who modified the original Watson Crick model[6] by placing the helix axis in the center of the hydrogen bonds, and fixing the diameter at 20 Å. Modification was made to satisfy the rigidity of the B-DNA fiber structure and to place the hydrogen bonds close together, and was widely adopted later as canonical B-DNA[2].

Space filling models and electron micrographs of native DNA show double-stranded B-DNA is very flexible and difficult to keep fixed at the rigid canonical configuration. Non-rigid nature of double helix B-DNA is also suggested from recent research results. Arnott's high resolution x-ray diffraction data of synthetic oligonucleotides established polymorphism of B-DNA[8]. Dickerson's group obtained a similar result[9]. Nonuniform distribution of x-ray displacements in the dodecamer B-DNA structure was primarily static rather than thermal. The dynamic motions which produce twist-angle variation and helix unwinding in solution were not accessible in the crystal[9].

Self complementary four-stranded B-DNA, in contrast, is rigid, has a 34 Å pitch, 10bp per turn, and a, diameter of 22 Å as first described by McGavin[1,10]. The helix axis of four-stranded DNA lies in the center of the interduplex hydrogen bonds, in the major groove of each double-helix. Unlike doublestranded DNA, four-stranded DNA satisfies the symmetry requirement of the x-ray diffraction intensity and cross pattern[2]. Density data also fits four-stranded DNA[4]. Well but not doulble-stranded DNA (Two symmetrical double strands fill in each other's major groove). Franklin and Gosling determined there are about 32 nucleotides(equivalent to three-stranded DNA)with a cylinder of radius 10 Å and height 34 Å, based on the density of DNA, about 1.63gm/cc[4]. I propose that from their x-ray diffraction diagrams [2, 4, 5], a 22 A diameter, or 11 A radius can be used for calculation. This contrasts with their 'effective diameter' of 20 Å and 10 Å radius. The number of nucleotides is then 42, a value corresponding to a 10.5 nucleotide long four-stranded DNA. Note that diameter of the four-stranded DNA space filling model measures exactly 22 Å.

Space filling model of double and four-stranded B-DNA are also consistent with the detailed description of the DNA fiber preparations and x-ray diffraction patterns of Franklin and Gosling[11]. A to B transition was not always reversible. The two x-ray diagrams (Figs. 2 and 4 in reference 11) which were obtained from fibers of irreversible B structure must have been stabilized by four-stranded DNA in part, if not the entirety, of the fiber. The 'rigid' B-DNA duplex with 20 Å diameter and loosely intercoiled duplexes may undergo reversible transition to a double-stranded

A-DNA, but would buckle upon extended stretching as the reversible DNA fiber would have[11].

The complete base paired four-stranded DNA is a rigid, nonbuckling, sturdy rod with 34Å pitch, 10 bp per turn, and 22Å diameter[1,10]. These characteristics, with the position of the helix axis, density, x-ray diffraction intensity and cross pattern (See 2), and physical properties of the DNA fiber, support my four-stranded B-DNA description of the original x-ray diffraction diagram4).

1. Kim, B. D. 1985. Korean J. Breed. 17, 453-466. The modified BII DNA model I used in the article was found identical to the Watson Crick B DNA. I acknowledge Drs. R. C. Hopkins and S. McGavin for their clarifying this confusion.
2. Langridge, R. et al. 1960. J. Mol. Biol. 2, 19-37.
3. Drew, H. R. et al. 1981. Proc. Natl. Acad. Sci. USA 78, 2179-2183.
4. Franklin, R. E. and Gosling, R. G. 1953 a. Nature 171, 740-741
5. Watson, J. D. and Crick, F. H. C. 1953. Cold Spring Harb. Symp. Quant. Biol. 18, 123-131.
6. Crick, F. H. C. and Watson, J. D. 1954. Proc. Roy. Soc. A 223, 80-96.
7. Feughelman, M. et al. 1955. Nature 175, 834-838.
8. Arontt, S. et al. 1980. Cold Spring Harb. Symp. Quant. Biol. 57, 53-65.
9. Drew, H. R., Samson, S., and Dickerson, R. E. 1982. Proc, Natl. Acad. Sci. USA 79, 4040-4044.
10. McGavin, S.1971. J. Mol. Biol. 55, 293-298.
11. Franklin, R.E. and Gosling, R.G. 1953b. Acta Cryst. 6, 673-677.
12. Rhode Island Agricultural Experiment Station Contribution Number 2332.

Proceedings, 10th Symposium of the Korean Scientists and Engineers Association at home and abroad. Seoul, Korea. July 7-10, 1987.

Foldback Intercoil DNA : An Intermediate of Intramolecular and Intermolecular Recombination

Byung-Dong Kim
College of Agriculture,
Seoul National Univ.

ABSTRACT

Foldback stem-and-loop structures found in native duplex DNA from Pennisetum typhoides mitochondria suggest that double stranded DNA is flexible enough to make sharp bends of 90° and 180°, and form a foldback intercoil (FBI) structure by tightening a supercoil in the widened major groove of each duplex. A space-filling model of DNA has been constructed for the FBI structure by using atomic torsion angles of B-DNA (Kim, 1985). The stem forms a four-stranded DNA by interduplex base pairing between inverted repeat sequences. A model pathway of intramolecular and intermolecular recombination involving four-stranded DNA formation has been proposed. Biological significance of repetitive sequences and the FBI DNA is discussed.

1. INTRODUCTION

Mitochondrial DNA (mtDNA) from pearl millet (Pennisetum typhoides) contains rigid linear molecules and "lasso-like" structures (1). In addition, rare but unusual structures of DNA molecules such as foldback secondary structures have been found by electron microscopy (Fig. 1) (2). Some of the foldback secondary structures of mtDNA resembled the heteroduplex stem-and-loop DNA. The heteroduplex stem-and-loop DNA is formed in vitro by mixing denatured DNA segments from a wild type and a mutant bacteria that contains a transposable element (3). Unlike the heteroduplex, the native

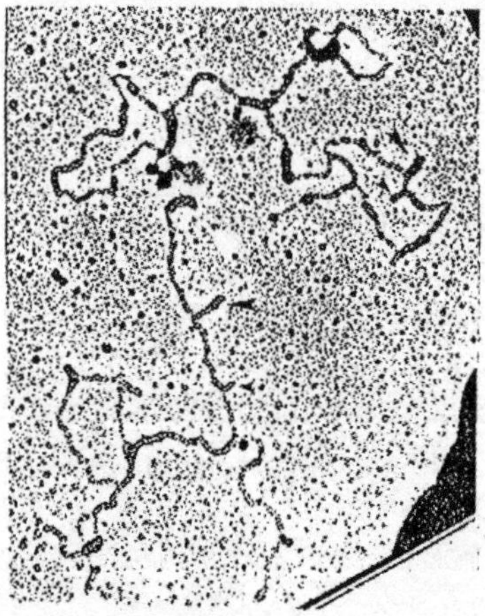

Figure.1. Electron micrograph of foldback secondary structures on linear double stranded mtDNA molecules. The stems may contain four-stranded DNA.

foldback loops of mtDNA have not been subject to any denaturing conditions, and thus they presented a structural puzzle. It is suggested that the double stranded DNA can be bent sharply at 90° to 180° angle, and that bringing two remote sequences together to form a tight foldback intercoil structure. If a pair of inverted repeats were matched at the intercoil, the resulting foldback intercoli (FBI) structure might indeed represent an *in vivo* intermediate of transposition.

2. FOUR-STRANDED DNA

In fact, four-stranded base pairing at homologous DNA sequences has been proposed as a model for genetic recombination by McGavin in 1971 (4). Additional hydrogen bonds could be formed in the major groove between two homologous duplex sequences, for example, AT and TA, or GC and CG. Formation of such interduplex hydrogen bonds between two nonhomlogous duplexes, for example, GC and AT is not favored due to steric misfit (5). Wilson proposed an alternative model of four-stranded DNA by a minor groove-minor groove approach. His model also represents a pair-first model of recombination as an alternative of cut-first models favored by Holliday (7) and Meselson and Radding (8). A few diagramatic illustrations (9-12) as well as electron microscopic pictures (13, 14) suggestive of four-stranded DNA have been pre-sented. Yet, the thesis of four-stranded DNA has not been widely adopted. Evidence presented was mostly fragmental and not conclusive. An alternative model of recombination which does not require four-stranded. DNA formation was also proposed by Sigal and Alberts (15). If the FBI structure of native mtDNA indeed contained four-stranded DNA and represented an intermediate of homologous recombination or transposition then it should allow four-stranded base pairing, sharp turns, and should accomodate homologous recombination events. Also, such four-stranded DNA should have the same thickness as double stranded DNA as suggested in electron microscope pictures (2).

Scaled space filling models (16) of DNA have been constructed by Kim (2) for a foldback stem-and-loop and a loop by forming four-stranded hydrogen bonds at inverted repeat and direct repeat regions, respectively. In building the model, the atomic torsion angles of canonical B-DNA (17) were used. All bases used have been *anti* and all sugars C-2′-*endo*. The canonical B-DNA model was constructed initially by placing the helix axis in the middle of the hydrogen bonds (18). It did not accomodate four-stranded base pairing nor even the sharp bending, A minor but important modification of the canonical B-

DNA had to be introduced. When the helix axis was moved from the middle of the hydrogen bonds to the major groove as was originally proposed by Watson and Crick (19), the right handed B-DNA became extremely flexible to twisting and bending (20). Even though this form of flexible B-DNA can make one complete turn for each 10 base pairs with a pitch of 3.4 nm and 2.0 nm diameter, when unwound, it can assume a parallel track of sugar-phosphate backbones with no helix form, and it transforms into a left handed B-DNA upon full negative coiling (2, 20). This flexible B-DNA can be twisted and bent to form a tight intercoil in the widened major grooves. The four-stranded DNA formed in this manner maintains 10 base pairs per turn, the 3.4 nm pitch, and the base pairs perpendicular to the helix axis. Diameter of the four-stranded DNA (2.2 nm) is the same as the double stranded DNA. The space filling model of foldback stem-and-loop DNA presents unique structural features as described by Kim (2).

3. INTRAMOLECULAR RECOMBINATION (INVERSION AND DELETION)

Once constructed, the FBI space filling model should further facilitate homologous recombination if it were an intermediate of transposition. A pathway of intramolecular homologous recombina-tion has been described to occur in three major steps ; four-stranded DNA formation, base pair

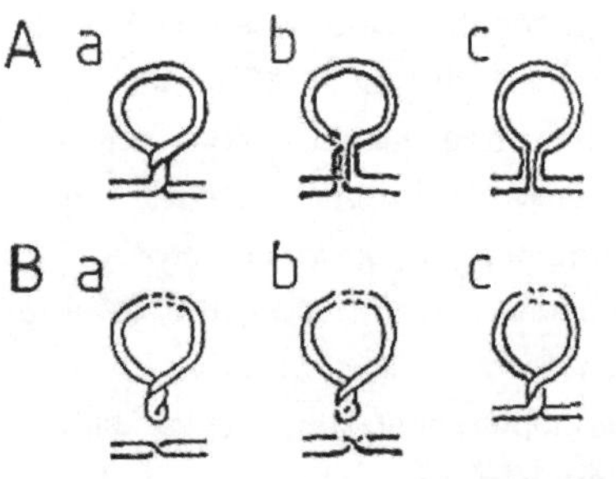

Figure.2. Diagramatic presentation of the path-way of recombination. A. Intramolecular recombination. B. Intermolecular recombination.

exchange, and strand exchange (Fig. 2) (2).

3.1. Four-stranded DNA formation : Four-stranded base pairing may form when two complementary duplex sequences are brought into juxtaposition in the intercoil. Dimeric DNA-binding proteins may bind around the trunk of four-stranded DNA.

3.2. Base pair exchange : Hydrogen bonds of the original duplexes are disrupted. As the bases are flipped outwards 90° new hydrogen bonds are formed between bases from counterpart double helices as originally proposed by McGavin (5). The sugar phosphate backbones remain intact.

3.3. Strand exchange : Hydrolytic breakage of phosphodiester bonds at both junctions by an endonuclease followed by a ligase will resolve the recombination reaction.

3.4. Substrate and product : Inverted repeat sequences form an FBI loop which linearizes after resolution. As a result, the internal nonhomologous sequence is inverted in orientation in relation to the flanking sequences. Direct repeats, on the other hand, form a loop as an intermediate, and result in deletion of the loop upon resolution. The intercoil region can be extended in long stretches in case of stem-and-loop configuration. However, in case of loop configuration, the internal region may not extend over one helix turn due to topological winding problems.

4. INTERMOLECULAR RECOMBINATION (INSERTION)

A hint for the molecular mechanism of intermolecular or insertion recombination was found from a rare but unique electron microscopic observation (Fig. 3). When pBR322 plasmid DNA was incubated with the pearl millet mtDNA preparation, unusual configurations other than supercoil, open circle, and linear DNA were found. They were an open circle with a short FBI stem, and a key ring structure. Key rings were consisted of an open circle DNA in the center onto which many open circles were individually attached. One of them was an open circle with a short FBI stem. It was attached to the central ring at the tip of the stem as if the tip of the stem was used as an insertion point. A space filling model of DNA has been constructed to test the feasibility of the FBI DNA insertion (Unpublished result).

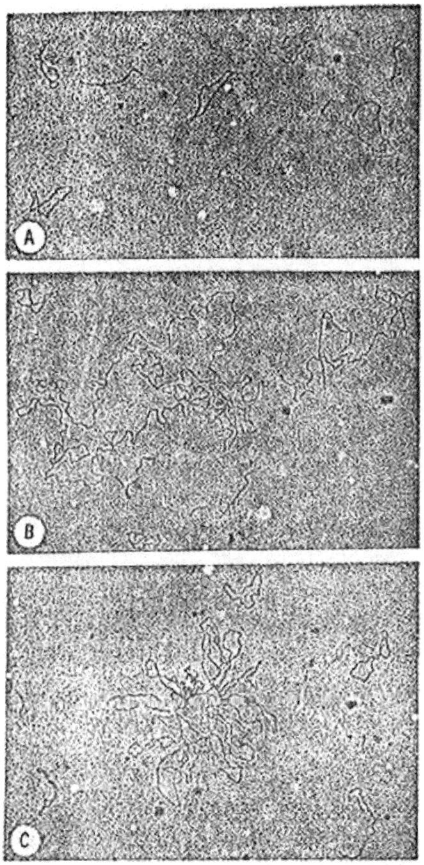

Figure.3. Electron micrograph of pBR322 DNA and pearl millet mtDNA molecules. A. Supercoil, open circle, and a broken linear forms of pBR322 DNA. B. A large piece of pearl millet mtDNA and small pBR322 DNAs. Note in the middle of the mtDNA a pBR322 DNA that contains a fold-back stem on an open circle. C. A key ring structure made of pBR322 DNA molecules. Note at 3 o'clock position a foldback stem-and-loop which is attached to the central ring by the tip of the stem.

Based on the electron microscopic observation and space filling model, a pathway of intermolecular or insertion recombination is proposed to occur in a highly coordinated manner in three major steps ; FBI-target complex formation, strand exchange, and base pair exchange. The order of strand exchange and base pair exchange may be variable in different situations as described below. The FBI portion of a donor DNA approaches the target in a perpendicular angle. An FBI-target complex is formed when specific proteins bind around the attachment sites and bridge both donor and target segments. The attachment site of a donor, which is on the tip of the FBI, is exposed in the minor groove. Thus, the minor groove of a donor attachment site (e. g., phages lambda and P1) can approach a target attachment site on either the major groove side or the minor groove side. When a target is approached on the major groove side, the left ends of both donor and target attachment sites are nicked, exchanged, and sealed. After exchange of base pairs (or formation of heteroduplexes) the right ends are nicked, exchanged, and sealed. When a target is approached on the minor groove side, the special arrangement requires that staggered cuts are first made on both ends of donor and target attachment sites. Base pair exchange is then followed by strand exchange and seal. Mechanically, the minor groove-minor groove approach seems less favorable than the minor groove-major groove approach. In case of non-site-specific insertion (e. g., phage mu), the cross strand exchange model proposed by Sigal and Alberts (15) can be used in the perpendicular FBI insertion. The perpendicular FBI model can also accomodate Meselson and Radding model (8) when the target is a single stranded DNA. Homologous recombination of the flanking inverted repeats in the intercoil is not a necessary step for insertion itself, but could be used for more sophisticated recombination transactions.

5. DISCUSSION

A rather radical model of DNA recombination has been discussed in this paper. The pathway of intramolecular homologous recombination is consistent with observed tranpositional events (21). The pathway of intermolecular insertion recombination is consistent with literature. As discussed above, it unifies many models of recombination so far proposed. Topological unwinding and winding problems encountered in DNA replication and recombination can be solved by this FBI recombination model. The FBI insertion model explains why there is a requirement for the donor DNA to be negatively supercoiled. Simple calculation shows that the diameter 2.2 nm of the donor FBI, when approaching the target in perpendicular angle, is equivalent to the width of 6 to 7 base pairs. Note that the duplicated target sequences after transposon insertion are mostly 5 to 9 base pairs. It is the size of the target base pairs, not the specific nucleotide sequence that is consistent. Also note that in bacteriophages lambda and-P1 the attachment site sequences are 7 and 6 base pairs, respectively. The inverted repeats in phage P1, and the IHF binding sites in phage lambda can be brought into juxtaposition in the FBI structure (22, 23). Most important, it has been demonstrated that the DNA space filling model can not only accomodate the FBI configuration but also further facilitate various recombinational events. This was made possible only after two simple but important modification of the canonical B-DNA (18) ; transfer of the helix axis from the middle of hydrogen bonds to the major groove (20), and 180° bending at the nonhelical (negetively supercoiled) sequence (2).

Abundant presence of repetitive sequences of known and unknown functions have been reported in eukaryotes as well as prokaryotes (24). Vast amount of molecular and nucleotide sequence data suggest that most of the recognition sites by DNA-binding proteins have two-fold axis symmetry (25). Their unique ability to form FBI DNA and to facilitate homologous recombination may hold the key to understanding the role of repetitive sequences in genetics and developmental biology. We may not fully grasp the molecular biology of genes unless we adjust our previous concept that the biologically active DNA is double stranded, helical, and rigid. The native doble stranded DNA can also become four-stranded, nonhelical, and extremely flexible.

References

1. Kim, B. D., Lee, K. J. and DeBusk, A. G. FEBS Lett. 147, 231. (1982)
2. Kim, B. D. Korean J. Breed. 17, 453. (1985)
3. Iida, S., Meyer, J. and Arber, W. Cold Spring Harb. Symp. Quant. Biol. 45, 27. (1980)
4. McGavin, S. J. Mol. Biol. 55, 293. (1971)
5. McGavin, S. Heredity 39, 15. (1977)
6. Wilson, J. H. Proc. Natl. Acad. Sci. USA 76, 3641. (1979)
7. Holliday, R. Genet. Res. 5, 282. (1964)
8. Meselson, M.S. and Radding, C.M. Proc. Natl. Acad. Sci. USA 72, 358. (1975)
9. Nash, H.A., Mizuuchi, K., Enquist, L.W. and Weisberg, R.A. Cold Spring Harb. Quant. Biol. 45, 417. (1980)
10. Leder, P. et al. Cold Spring Harb. Symp. Quant. Biol. 45, 859. (1980)
11. Lim, V.I. and Mazanov, A.I. FEBS Lett. 88, 118. (1981)
12. Stasiak, A. and Klopotowski, T.

J. Theor. Biol. 80, 65. (1979)

13. Hall, C.E. and Cabalieri, L.F. J. Biophys. Biochem. Cytol. 10, 347. (1961)
14. Potter, H. and Dressler, D. Cold Spring Harb. Symp. Quant. Biol. 43, 969. (1978)
15 Sigal, N. and Alberts, B. J. Mol. Biol. 71, 789. (1972)
16. Academic Press / Molecular Design, Inc. Orlando, Florida, U.S.A.
17. Drew, H. et al. Proc. Natl. Acad. Sci. USA 78, 2179. (1981)
18. Langridge, R. et al. J. Mol. Biol. 2, 19. (1960)
19. Watson, J.D. and Crick, F.H.C. Cold Spring Harb. Symp. Quant. Biol. 18, 123. (1953)
20. Kim, B.D. Korean J. Breed. 18, 187. (1986)
21. Shapiro, J.A. (ed.) Mobile Genetic Elements. Academic Press, New York. pp. 688(1983)
22. Leong, J.M. et al. Cold Spring Harb. Symp. Quant. Biol. 49, 707. (1984)
23. Hoess, R., Abremski, K. and Sternberg, N. Cold Spring Harb. Symp. Quant. Biol. 49, 761. (1984)
24. Lewin, R. Genes. John Wiley & Sons, Inc., New York. pp.715. (1983)
25. Abdel-Meguid, S.S., Grindley, N.D.F., Templeton, N.S. and Steitz, T.A. Proc. Natl. Acad. Sci. USA 81, 2001. (1984)
26. The content of this paper was presented at the EMBO workshop on Genetic Recombination at Nethybridge, Scotland in July, 1986, and at the 10th Seoul Symposium of the KSEA at Inchon, Korea in July, 1987.

한국생화학회지 (1988). 제21권 제4호
Korean Biochem J. (1988), Vol.21, No. 4, pp. 351~356

Isolation and Characterization of a DNA-binding Protein from Peal Millet Mitochondria

Yong Pyo Lim* and Byung Dong Kim**

Department of Plant Science, University of Rhode Island, Kingston, RI 02881, U.S.A.

(Received September 14, 1988)

Abstract: A DNA-binding protein was isolated from pearl millet (*Pennisetum typhoides*) mitochondrial DNA. The DNA-binding protein transformed negatively supercoiled pBR322 DNA into an open circle DNA as a major product, and a linear DNA and a high molecular weight multimer as minor products. The reaction was dependent on divalent cations (Mg^{++}, Mn^{++}, Zn^{++}, and Co^{++}), but was independent of ATP. The enzyme reaction was inhibited by high concentrations of monovalent and divalent cations, EDTA, SDS, and spermidine. The putative multifunctional enzyme is tentatively designated as a new class of topoisomerase, since, unlike the bacterial topoisomerase I, it does not produce the ladder intermediates.

Unusual DNA structures such as the lasso structure and the rigid linear DNA have been found in pearl millet mitochondrial DNA (mtDNA) by electron microscopy (Kim et al., 1982). About one third of these molecules were attached at one end with an amorphous, condensed knob, presumably a terminal protein complex (TPC). The TPC was amorphous and varied in size. The nature of the bonds between proteins and DNA is not known. Because the TPC found on the pearl millet mtDNA might have contributed to the heterogeneity of size and form in the mtDNA and poor digestion by restriction endonucleases, experimental attempts were made to isolate and characterize the DNA-binding protein from pearl millet mtDNA. In a preliminary experiment, we observed that the DNA-binding protein obtained from the mtDNA of pearl millet could relax negatively supercoiled plasmid.

*Present address : Department of Biology, Yale University, New Haven, CT 06511 U. S. A.
**Present address : Department of Horticulture Seoul National University, Suweon, 440-744 Korea To whom correspondence should be addressed.

Materials and Methods

Materials

Seed of pearl millet (*Pennisetum typhoides*, cv. Gehi) was obtained from commercial sources. The plasmid pBR322 DNA used in this study was amplified in E. coli

HB101. Pancreatic DNase I, proteinase K, and electrophoresis grade agarose were purchased from commercial sources including New England Biolab and Bethesda Research Laboratories. All other chemicals were analytical grade of higher grade.Bethesda Research Laboratories. All other chemicals were analytical grade or higher grade.

Isolation of mitochondria

Pearl millet seeds were germinated in three rolls of germination paper (Anchor Paper Co.) in the dark at room temperature. Seven-day old etiolated shoots of pearl millet were homogenized in 4-5 volume of buffer I (0.1 M Tris-HCl pH 7.2, 0.5 M mannitol, 0.001 M EGTA, 0.2% BSA, and 0.05% cysteine) in an ice-cold mortar for 1-2 min. Crude homogenate was filtered through four layers of cheesecloth and one layer of Miracloth (Calbiochem) into a cooled flask on ice. The homogenate was centrifuged at 1,000×g for 10 min at 4℃ and the supernatant was gently transferred to a fresh tube and centrifuged at 12,000×g for 10 min. The pellet was gently resuspended with the aid of a small soft artist's paint brush in 10 ml buffer I and centrifuged at 1,000×g for 10 min. The resuspension was mixed with 10 mM $MgCl_2$ and 50㎍/ml DNase. The suspension was incubated at 4℃ for 1 hr. The DNase-treated mitochondria were pelleted and washed free of DNAse 3 times by centrifugation at 12,000× g for 20 min at 4℃ after overlaying on top of 20 ml buffer II (10 mM Tris-HCl, pH 7.2, 20 mM EDTA, and 0.6 M sucrose).

Dissociation of DNA-binding protein from mtDNA

The mitochondrial pellet was resuspended in 2 ml buffer III (50 mM Tris-HCl, pH 8.0 and 20 mM EDTA), added with 1 mg/ml Pronase K (20 mg/ml stock solution), and incubated for 5 min at room temperature. After addition of 0.25 ml buffer Ⅳ [50 mM Tris-HCl pH 8.0, 20 mM EDTA, and 10% sodium dodecyl sulfate (SDS)], the suspension was incubated at 65℃ for 1 hr in a shaker.

MtDNA-binding protein was then isolated by a series of precipitation steps with the modifications of Wilson and Chourey method (1984). An equal volume of buffer V (0.15 M Tris-HCl, pH 8.0, 0.1 M NaCl 5 mM $MgCl_2$, and 1.5% SDS) was added to 2.4 ml of mitochondrial lysate. The preparation was incubated at 65 ℃ for 20 min, and 1.6 ml 5 M potassium acetate was added. After incubation at 0 ℃ for 20 min, this mixture was centrifuged two times at 10,000×g for 5 min. Supernatant was poured into a solution (3.2 ml isopropanol and 0.32 ml 5 M ammonium acetate) and stored at -20 ℃ for 20 min. Ammonium acetate can dissociate the DNA-bound protein from mtDNA (S. Kowalczykowski, personal communication). The mtDNA was pelleted by centrifugation at 10,000×g for 5 min. Supernatant was collected for protein assay. This supernatant was dialyzed overnight in 1,000×volume of 1×TE buffer. After centrifugation in table top centrifuge, the supernatant was concentrated in a Savant centrifuge which was connected with a vacuum freeze dryer. After one more dialysis, the concentrated protein solution was used for enzyme assay.

Enzyme assay

Enzyme assay was carried out in a final volume of 30 ㎕ containing 10 mM Tris-HCl, pH7.5, 1 mM EDTA, 10 mM $MgCl_2$, 1 ㎍ of supercoiled plasmid DNA (pBR322), and protein solution. Reaction was started by the addition of protein solution (10 ㎕). Incubation was at 37 ℃ for 1 hr. Sample was electrophoresed on a 0.7% agarose gel in a buffer containing 89 mM Tris-HCl pH 8.0, 89 mM boric acid, and 0.2mM EDTA for 4 hrs at 70 mA. The gel was then stained for 30 min with ethidium bromide (0.5 ㎍/ml), viewed on a UV transilluminator, and photographed using Kodak Plus-X Pan Film or Polaroid type 55 Pos./Neg. film. DNA bands were quantitated by tracing the negative film of Polaroid type 55 Pos./Neg. on Beckman DU-8B spectrophotometer.

Protein concentration

Protein concentration was determined by Lowry's method (Lowry *et al.*, 1951).

Isolation of supercoiled plasmid DNA

To obtain supercoiled plasmid DNA as the substrate for enzyme assay, the plasmid pBR322 DNA was amplified in E. *coli* strain HB101 and purified by standard procedure through CsCl/ethidium bromide centrifugation and ethanol precipitation.

Results

Isolation of the DNA-binding protein

The strategy employed was to first isolate pearl millet mtDNA, and then dissociate the DNA-binding protein in the presence of acetate buffer. The flow chart of the protein isolation procedure is provided in Fig. 1. The isolated DNA-binding protein was assayed for its DNA modifying activity when incubated with supercoiled pBR322 DNA.

Enzyme assay

Fig. 2 shows the purity and DNA-modifying activity of the dissociated protein as compared with controls and other fractions from the purification procedure. Most significantly, the dissociated protein was found devoid of contaminating mtDNA (lane e) and relaxed the supercoiled pBR322 DNA into mainly open circle and to a lesser extent into linear DNA (lane d). The SDS-acetate-protein complex which was supposed to precipitate most of the mitochondrial free

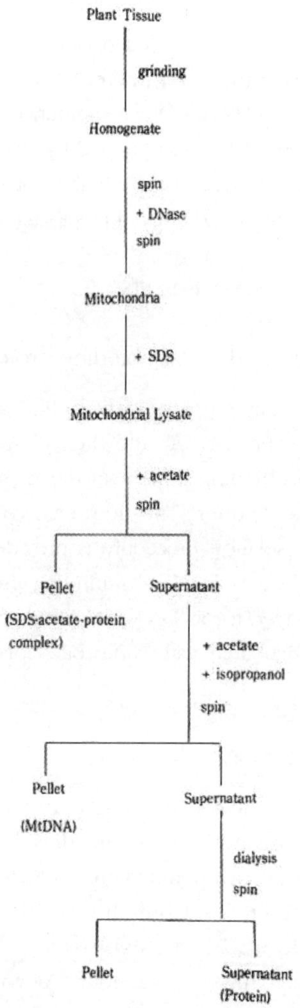

Fig.1. Protocol for isolation and charaterization of a DNA-binding protein from pearl millet mtDNA.

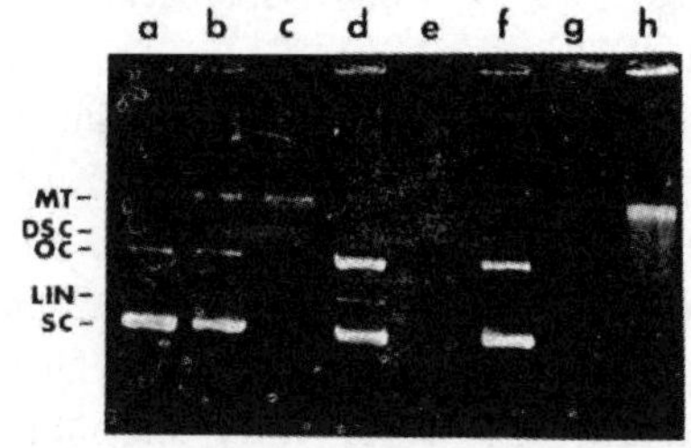

Fig. 2. Test of the isolation procedure of pearl millet mitochondrial DNA-binding protein for its pruity and DNA-modifying activity. The standard assay of pearl millet mitochondrial DNA-binding protein was carried out in a final volume of 30 μℓ containing 10 μℓ containing 10 mM $MgCl_2$, 10mM Tris-HCl pH 8.0, 1 mM EDTA, 1μg of supercoiled plasmid DNA pBR322, and 10 μℓ protein solution. Incubation was at 37℃ for 1hr. After electrophoresis, the agarose gel was stained with ethidium bromide and photographed. (a) pBR322 as control, (b) mixture of a and c, (c) SDS-acetate-protein complex, (d) mixture of a and e, (e) soluble DNA-binding protein dissociated from mitochondrial DNA, (f) mixture of a and g, the dialyzed DNA-binging protein, (h) pearl millet mitochon drial DNA as control. See Fig. 1 for purification procedure. SC : supercoil, LIN : linear, OC : open circle, DSC : dimer supercoil, MT : mtDNA.

protein also contained some mtDNA molecules and presumably some mtDNA-binding proteins with it (lane c). This SDS-acetate-protein complex did not have supercoiled DNA relaxing activity (lane b). An insoluble pellet was recovered from centrifugation of the dialyzed mtDNA-binding protein. The resuspension of this pellet contained no mtDNA (lane g) and had some residual supercoiled DNA relaxing activity (lane f). From this result, it was concluded that the mtDNA-binding protein can be satisfactorily dissociated from mtDNA as a soluble fraction. Also, it was shown that the mtDNA-binding protein possessed an enzyme activity that

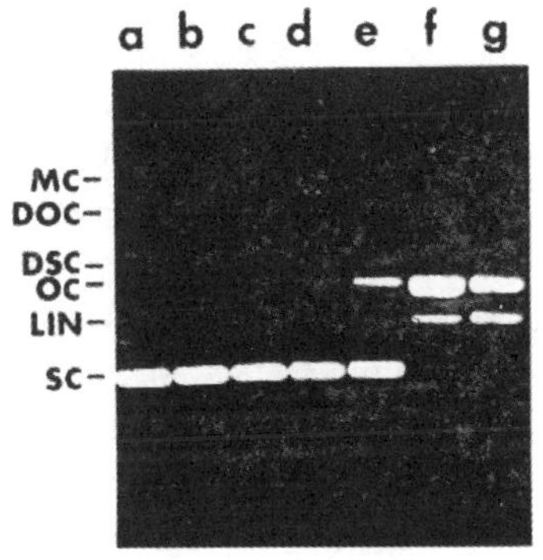

Fig.3. Effect of the concentration of pearl millet mtDNA-binding protein on supercoil-relaxing activity. Enzyme assay was performed in a final volume of 30 μl containing 10mM $MgCl_2$ 10mM Tris-HCl pH 8.0, 1mM EDTA, 1 μg of supercoiled plasmid DNA pBR322, and various amounts of pearl millet mtDNA-brinding protein as follows : (a) no enzyme, (b) $10^{-4}\mu l$. (c) $10^{-3}\mu l$. (d) $10^{-2}\mu l$ (e) $10^{-1}\mu l$., (f) 1 μl, and (g) 10 μl. The reaction was run at 37 ℃ for 1 hr.

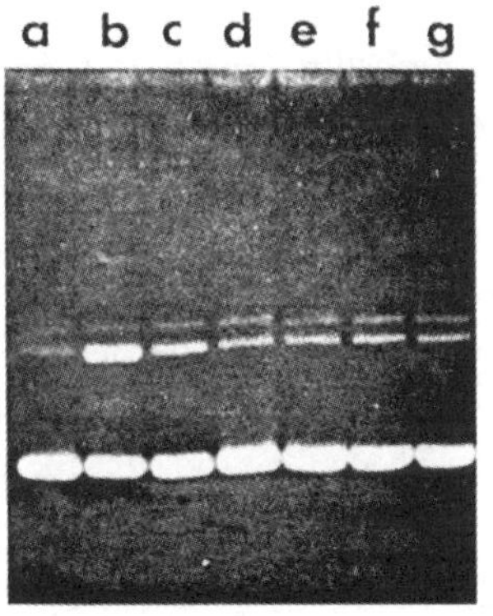

Fig.4. Effect of $MgCl_2$ concentration on the activity of mtDNA-binding protein. Enzyme assay was carried out in a final volume of 30 μl containing 10mM Tris-HCl pH 8.0, 1mM EDTA, 1 μg of supercoiled plasmid DNA pBR322, and 10 μl pearl millet mtDNA-brinding protein. The reaction mixture was incubated at 37℃ for various concentrations of $MgCl_2$ as follows : (a) no enzyme, (b-g) the $MgCl_2$ concentration were 0, 0.01, 0.1, 1, 10, and 100mM, respectively

relaxes supercoiled DNA into open circle and linear DNA.

Tests showing protein-dependency of the reaction

Experiments were carried out to test whether the relaxation of supercoiled DNA is a protein-dependent reaction. Fig. 3 shows the protein concentration effect on the supercoil relaxation reaction. It is apparent from the result that the substrate, monomeric and dimeric supercoils decrease and the products, open circle, linear, and multimer complexes increase as the added amount of protein increases from 10^{-4} to 10 μl in a 30 μl reaction mixture. It is also noteworthy that the enzyme activity persists even after 10^4 fold dilution, indicating the high affinity of the enzyme to DNA. Result of the time course experiment showed that the relaxation products increase as reaction time increased ranging from 1 to 60 min, which indicates that the reaction is protein-dependent, not spontaneous (data not shown). The effect of heat denaturation of the pearl millet mtDNA-binding protein suggested that the protein is fairly heat stable (data not shown. see Lim, 1987).

Optimum reaction conditions

A series of experiments was carried out

to determine cofactor requirements for optimum reaction. Factors included in the reaction mixture were divalent and monovalent cations, EDTA, SDS, glycerol, and spermidine. The supercoil-relaxing activity of the pearl millet mtDNA-binding protein was found to be dependent on exogenously added Mg^{++} ion (Fig. 4). In the absence of Mg^{++} ion no enzyme activity was detected (Fig. 4b). The enzyme activity reappeared when increasing amounts of Mg^{++} were added (Fig. 4 c-f). The optimal Mg^{++} concentration for the enzyme activity was 10 mM. The effects of $ZnCl_2$, $MnCl_2$, and $CoCl_2$ also had the same effect with $MgCl_2$ (data not shown). On the contrary, monovalent cations (K^+ and Na^+) had little effect on the enzyme activity (data not shown). The chelating agent EDTA had the inhibitory effect at above 1 mM (data not shown). The enzyme reaction was inhibited at concentration of SDS greater than 0.01 % (Fig. 5 d-g). The enzyme reaction was not inhibited at any concentration of glycerol (data not shown). Spermidine can inhibit E. coli topoisomerase I and topoisomerase III, but not DNA gyrase and topoisomerase II (Srivenugopal et al., 1984). The relaxing activity of the pearl millet mtDNA-binding protein was inhibited by spermidine at concentrations greater than 0.8 mM (data not shown).

DISCUSSION

A protein was dissociated from pearl millet mtDNA in the presence of acetate buffer. The enzyme relaxed negatively supercoiled pBR322 DNA into an open circular DNA as a main product. It also produced a linear DNA and a high molecular weight multimer complex DNA. The enzyme requires Mg^{++} but not ATP for reaction. The enzyme has high affinity to the substrate and is relatively heat stable.

Assignment of the pearl millet mitochondrial enzyme to a known enzyme system becomes elusive. The major activity of the enzyme is apparently relaxation of negatively supercoiled DNA to an open circle which is comparable to either a nicking enzyme or a topoisomerase. If it were a nicking enzyme, the linear DNA could be a double nicked byproduct, but it does not explain formation of high molecular weight multimer bands. The only pronounced difference from any known topoisomerase is that the pearl millet mitochondrial protein does not produce a ladder of topoisomers as intermediates. It could be that pearl millet protein follows a "one-hit" mechanism whereas ordinary topoisomerase I or topoisomerase II follow "gradual" reaction mechanism (Wang, 1985). We tentatively name the pearl millet mitochondrial protein a novel class of topoisomerase based upon its major enzyme activity of supercoil relaxation.

The pearl millet mitochondrial protein always produces, in minor proportion, linear DNA in the absence of added SDS (Fig. 5), whereas E. coli topoisonmerase I produces a small amount of linear DNA only when SDS is added at the termination of the enzyme reaction. The fact that the pearl millet mitochondrial protein consistently produced linear DNA may suggest an endonuclease activity. The endonuclease activity in Xenopus laevis oocytes was reported with DNA-relaxing activity (Mattoccia et al., 1976). The endonuclease activity converted SV40 supercoiled DNA to nicked circles and full-unit size linear molecules. Mattoccia et al. (1976) suggested that either the nicked circles constitute an intermediate product of an enzyme producing linear molecules, or that enzyme solution was a mixture of two enzymes. The possibility of being an equivalent of a restriction endonuclease, however, is ruled out in case of the pearl millet mitochondrial topoisomerase, since linear DNA is not a major product, and supercoil is a requirement for its substrate.

Gellert et al. (1976) first detected DNA gyrase as a factor needed to activate DNA for the phage lambda integrative site-specific recombination reaction in vitro by using a supercoiled DNA substrate (Nash et al., 1977; Mizuuchi et al., 1978). The Int protein that catalyzes intracellular lambda integrative recombination reaction has

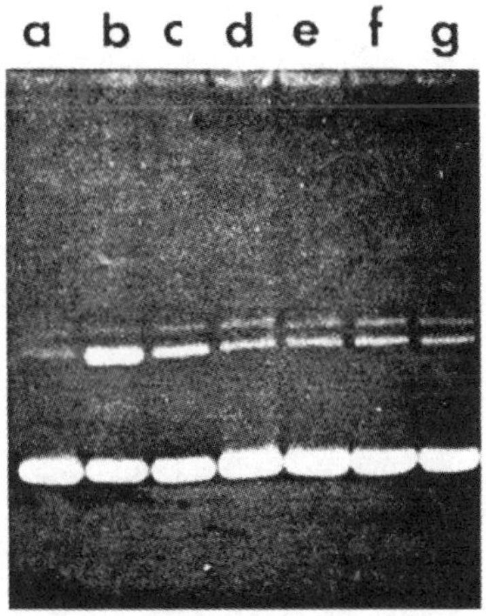

Fig.5. Effect of SDS concentration on the activity of mtDNA-binding protein. Enzyme assay was carried out in a final volume of 30$\mu\ell$ containing 10mM $MgCl_2$ 10mM Tris-HCl pH 8.0, 1mM EDTA, 1μg of supercoiled plasmid DNA pBR322, and 10$\mu\ell$ pearl millet mtDNA-brinding protein. The reaction mixture was incubated at 37℃ for 1hr. (a) No enzyme, (b-g) SDS concentrations in the reaction mixture were 0, 0.01, 0.1, 0.5, 1, and 5%, respectively.

topoisomerase I activity (Kikuchi and Nash, 1979). It is possible that the high molecular weight multimers may be recombinational products of pearl millet mitochondrial topoisomerase. It is not yet known whether this high molecular weight multimer is a product of catenation of other recombination reactions. It is likely that the pearl millet protein is a mixed function enzyme with three apparent functions: topoisomerase activity, endonuclease activity, and recombinase activity.

The requirement for Mg^{++} is universally

exhibited by all prokaryotic topoisomerases (Wang, 1985). E. coli topoisomerase I, a typical representative of this category, is optimally active with 2-3 mM Mg^{++} alone. At low ratios of enzyme to substrate, the reaction is processive under these conditions, generating a fraction of almost completely relaxed circles along with a portion of the untouched substrate. Addition of monovalent cations in the range of 20-50 mM causes the enzyme to follow distributive kinetics, wherein a gradual reduction of superhelical turns in the whole plasmid population results (Wang, 1973; Liu and Wang, 1979). The presence of monovalent cations at higher concentrations leads to inhibition of topoisomerase I activity (Wang, 1971, 1974; Burrington and Morgan, 1976). At the temperature of 37℃, pearl millet mtDNA-binding protein reaction was apparently processive in the presence of Mg^{++} alone(Fig. 4.). Addition of K^{+} or Na^{+} ions to this reaction mixture did not affect the enzyme reaction. Inhibition of DNA binding activity was evident at concentrations higher than 200 mM for both Mg^{++} and K^{+}. However, K^{+} ions can stimulate the reaction of other known topoisomerases such as E. coli topoisomerase II, II', and III; and cauliflower topoisomerase I and II.

From the properties investigated, it is clear that several distinguishing feature exist between known topoisomerases and the pearl millet mtDNA binding protein. However, pearl millet mtDNA binding protein and E. coli topoisomerase I share several common features in terms of enzymatic characteristics and catalytic mechanisms. They are similar in that their action on negatively supercoiled DNA does not require ATP, and that the inhibition effect of spermidine on E. coli topoisomerase I is true for pearl millet mtDNA-binding protein as well. The biological significance of this multifunctional mtDNA-binding protein is unknown. Whether the isolated DNA-binding protein is identical to the terminal protein complex on pearl millet mtDNA as suspected is subject to further investigation.

Refrences

Burrington M. G. and Morgan A. R. (1976) Can, J. Biochem. 54, 301

Gellert M., Mizuuchi K., O'Dea M. H. and Nash H. A. (1976) Proc. Natl. Acad. Sci. USA. 73, 3872.

Kikuchi Y. and Nash H. A. (1979) Proc. Natl. Acad. Sci. USA. 76, 3760.

Kim B.D., Lee K.J. and DeBusk A. G. (1982) FEBS Letters 147, 231.

Lim, Y.P. (1987) Ph.D. Dissertation. U. of Rhode Island, U.S.A.

Liu L. F. and Wang J. C. (1979) J. Biol. Chem. 254, 11082.

Lowry O. H., Rosebrough N. J., Farr A. L. and Randall R. J. (1951) J. Biol. Chem.

193, 265.

Mattoccia E., Attardi D. J. and Tocchini-Valentini G. P. (1976) Proc. Natl. Acad. Sci. USA. 73, 4551.

Mizuuchi K., O'Dea M. H. and Gellert M. (1978) Proc. Natl. Acad. Sci. USA. 75, 5960.

Nash H. A., Mizuuchi K., Weisberg R. A., Kikuchi Y. and Gellert M. (1977) In DNA Insertion Elements, Plasmids, and Episomes. (Bukhari A. I., Shapiro J. A. and Adhya S. L., eds.) pp. 363-373, Cold Spring Harbor Laboratory, New York.

Srivenugopal K. S., Lockshon D. and Morris D. R. (1984) Biochemistry 23, 1899.

Wang J. C. (1971) J. Mol. Biol. 55,523.

Wang J. C. (1973) In DNA synthesis in vitro, (Wells R. D. and Inman R. B., eds.) pp. 163-174, University Park Press, Baltimore.

Wang J. C. (1985) Annu. Rev. Biochem. 54, 665.

Wilson A. J. and Choury R. S. (1984) Plant Cell Reports 3, 237.

초록 : 진주조 미토콘드리아로부터의 DNA-결합 단백질의 분리와 동정

임용표 · 김병동 (미국 로드아일랜드대학 식물학과)

한 DNA-결합 단백질이 진주조(Pennisetum typhoides)의 미토콘드리아 DNA로부터 분리되었다. 그 DNA-결합 단백질은 negatively supercoiled pBR322 DNA를 open circle DNA를 주산물로, linear DNA와 고분자량 multimer를 부산물로 전환시켰다. 반응은 이가 양이온 (Mg++, Mn++, Zn++ 및 Co++)을 필요하였으나 ATP를 필요로 하지 않았나. 효소반응은 고농도의 일가 및 이가 양이온, EDTA, SDS, 그리고 spermidine에 의하여 억제되었다. 이 다기능 효소(topoisomerase, recombinase)는 박테리아 topoisomerase I 과는 달리 사다리 중간물질을 만들지 않으므로 잠정적으로 신종의 topoisomerase로 명명한다.

한국생화학회지 (1988). 제21권 제4호
Korean Biochem J. (1988), Vol.21, No. 4, pp. 357~364

A Novel Topoisomerase from Soluble Fraction of Pearl Millet Mitochondria: Its Purification and Characterization

Yong Pyo Lim* and Byung Dong Kim**

Department of Plant Science, University of Rhode Island, Kingston, RI 02881, U.S.A.

(Received September 14, 1988)

Abstract: A unique DNA-modifying enzyme has been isolated from pearl millet (*Pennisetum typhoides*) mitochondria. The enzyme relaxes negatively supercoiled pBR322 into an open circular DNA as a major product and also produces a linear DNA and high molecular weight multimer complexes as minor products. The enzyme was isolated from the soluble fraction of mitochondria by DEAE-cellulose and Sephacryl S200 SF column chromatography steps and polyacrylamide gel electrophoresis. The enzyme is dependent on divalent cations (Mg^{++}, Mn^{++}, Zn^{++}, Co^{++}, and Ca^{++}), and is independent of ATP. The enzyme is inhibited by high concentrations of monovalent and divalent cations, EDTA, SDS, and spermidine. The molecular weight of this protein is estimated to be about 70,000. The new enzyme, unlike the bacterial topoisomerase I, does not produce ladder intermediate, but also produces high molecular weight multimers. This suggests that the new protein is a mixed functional enzyme of topoisomerase and recombinase. We tentatively call this unique enzyme a novel class of topoisomerase.

A pearl millet mtDNA-binding protein has been isolated by dissociating from pearl millet mtDNA preparation by the acetate method (Lim and Kim, 1988). The enzyme relaxed negatively supercoiled pBR322 into an open circular DNA as a major product and also produced a linear DNA and high molecular weight multimer complex. The enzyme was dependent on divalent cations, and was independent of ATP. The enzyme was inhibited by high concentrations of monovalent and divalent cations, EDTA, SDS, and spermidine. However, the yield of the protein was too little to allow further purification and characterization. Therefore, attempts were made to purify the DNA-modifying enzyme from the soluble fraction of mitochondrial lysate by column chromatography procedures. The soluble enzyme was further characterized for its reaction mechanism and function.

*Present address : Department of Biology, Yale University.
**Present address : Department of Horticulture Seoul National University, Suweon, 440-744 Korea.
To whom correspondence should be addressed.

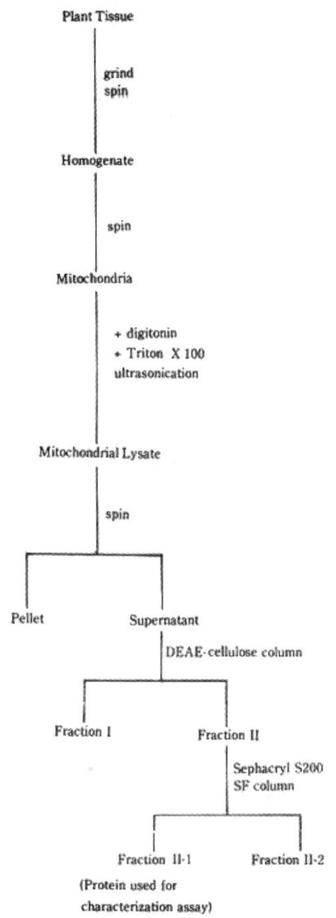

Fig. 1. Protocol for purification and characterozation of a new class of DNA topoisomerase from soluble fraction of pearl millet mitochondria.

Materials and Methods

Materials

Seed of pearl millet (Pennisetum typhoides, cv. Gehi) was obtained from commercial sources. The pBR322 DNA was amplified in E. coli HB101. E. coli topoisomerase I was a generous gift of Dr. Linn of the laboratory of Dr. J. C. Wang, Harvard University. Pancreatic DNase I, proteinase K, and electrophoresis grade agarose were purchased from commercial sources including New England BioLab and Bethesda Research Laboratories. Column chromatographic materials were purchased from Sigma and Bio-Rad. All other chemicals were analytical grade of higher grades from commercial sources.

Crude enzyme preparation.

Protocol for the purification of a DNA topoisomerase from soluble fraction of pearl millet mitochondria is shown as a flow chart in Fig. 1. Mitochondrial isolation procedure has been described (Lim and Kim, 1988). Mitochondrial suspension in 0.5 ml buffer III (50 mM, Tris · HCl, pH8.0, 20 mM EDTA) was treated with 1 mg/ml digitonin and incubated for 5 min at 0℃ Digitonin treatment was stopped by dilution with 5 volume of buffer III. Then, after Triton X-100 (0.5%) was added, the suspension was sonicated in Insonator (Savant Instruments, Inc., Model, 1,000) thrice for 10 seconds with intervals of 1 min. The sonicated solution was centrifuged at 18,000×g for 20 min. The supernatant was subjected to two steps of column chromatography.

DEAE-cellulose column

The supernatant of mitochondrial lysate was applied to a DEAE-celullose column (1.5 cm×26 cm) equilibrated at a flow rate of 8.4 ml/hr with buffer IV containing 50 mM Tris.Hcl, pH 7.9 1 mM 2-mercaptoethanol, 0.1 mM EDTA, and 20% glycerol. After the sonicated extract had been adsorbed and the column was washed extensively in buffer IV, the protein sample was eluted with 0.3 M KCl in buffer IV. Each fraction was assayed for supercoiled DNA relaxing activity as described below. The fractions with enzyme activity were pooled, and concentrated in a Savant centrifuge which was connected with a vacuum freeze dryer. The concentrated fraction was dialyzed overnight against the buffer IV.

Sephacryl S200 SF column

The Sephacryl S200 SF column (1.5 cm× 20 cm) was equilibrated with buffer IV at a flow rate of 8.4 ml/hr, and the pooled enzymatic fractions from DEAE cellulose column chromatography were individually applied and eluted at a flow rate of 8.4 ml/hr with buffer IV. The void volume was determined with Blue Dextran 2000. Each fraction was assayed. Fractions with the enzyme activity were pooled, concentrated, and dialyzed against buffer IV.

Molecular weight determination

The Sephacryl S200 SF gel filtration column chromatography was used for molecular weight determination of the protein. As a standard, Bio-Rad gel filtration standard proteins were used. After equilibration with buffer IV, a mixture of the protein and Bio-Rad standard proteins was applied and eluted as above.

Polyacrylamide gel electrophoresis

The method of Maniatis et al. (1982) was used for protein electrophoresis in 7% polyacrylamide gel. After electrophroesis, gel was stained with Coomassie brilliant blue and photographed with Kodak Plus-X Pan film. Gels were cut into segments of 1 cm. Gel slices to be assayed were soaked in 200 ul of 0.1×TE (50 mM Tris-HCl, pH 8.0, 10 mM EDTA) butter for 24 hour at 4℃ The eluted solutions from gel slices were assayed for enzyme activity.

Enzyme assay

The enzyme assay was carried out in final volume of 30μl containing 50 mM Tris·HCl, pH 7.5, 0.5 mM dithiothreitol, 50 mM KCl, 1 mM EDTA, 10 mM $MgCl_2$, 30 $\mu g/\mu l$ bovine serum albumin, and 1 ug of supercoiled plasmid DNA (pBR322). The reaction was started by the addition of protein solution (10μl). Incubation was for 1 hr at 37℃ Electrophoresis and quantitation of DNA bands were performed as

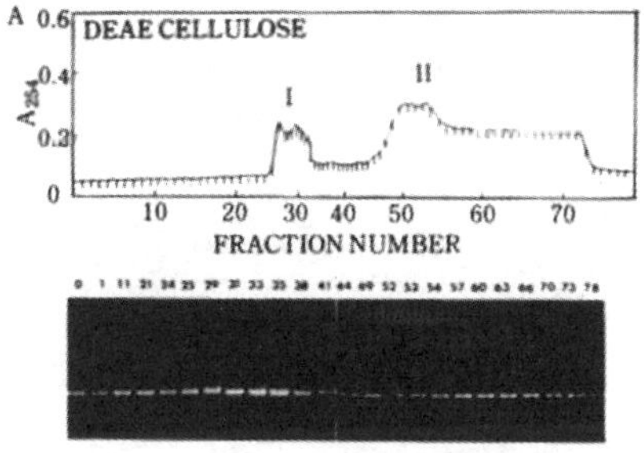

Fig. 2. Elution and activity profiles of mitochondrial soluble topoisomerase from DEAE-cellulose column. Each fraction was 1.5 ml. (A) Absobance profile. (B) Activity profile.

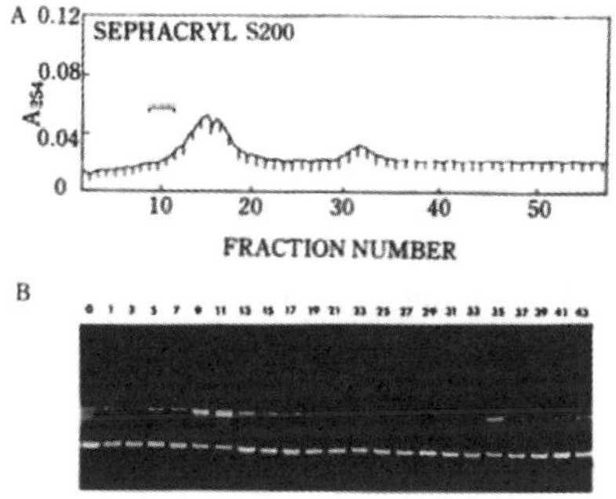

Fig. 3. Elution and activity profiles of mitochondrial soluble topoisomerase from Sephacryl S200 SF column. Fraction II from DEAE-cellulose column. Each fraction was 1.5 ml. (A) Absobance profile. Active fraction were pooled and subjected to further experiments. (B) Activity profile.

described (Lim and Kim, 1988).

Results

DEAE cellulose column

The elution profile of the mitochondrial proteins through DEAE-cellulose showed two major peaks and a wide shoulder (Fig. 2A). When each fraction was assayed with the pBR322 DNA, two peaks of mitochondrial topoisomerase activity were detected on the electropherogram (Fig. 2B). The first peak had lower activity than the second peak. The second peak (fraction numbers 49-54) was pooled and concentrated in a vacuum freezer dryer. The concentrated solution was dialyzed against buffer IV.

Sephacryl S200 SF column

After dialysis, the second peak from the DEAE cellulose column chromatography was applied to Sephacryl S200 SF column chromatography and eluted with the same buffer IV. Two major peaks appeared as shown in Fig. 3A. Each fraction was assayed with the pBR322 DNA. Two peaks, fractions number 9-11 and 35, were found to have the topoisomerase activity (Fig. 3B). The first peak having the major activity was pooled, concentrated, and dialyzed against the buffer IV.

Table 1. Summary of purification of a DNA topoisomerase activity from soluble fraction of pearl millet mitochondria.

Pricedure	Vol. (ml)	Conc. (mg/ml)	Total protein (mg)	Total units*	Specific activity+	Yield (%)
Crude extract	2.80	10.40	29.12	211,064	7,248	100
DEAE cellulose	1.46	3.98	5.81	291,660	50,200	138
Sephacryl S-200 SF	1.13	1.81	2.05	105,600	51,512	55

*One unit is define as the complete relaxing activity of 1 ㎍ supercoiled DNA in standard reation mixture at 37℃ for 1hr.
*(Specific activity) = (Total unit)/(Total protein)

Enzyme unit

To determine the unit of enzyme activity, electrophoretic patterns on the Polaroid negative films were traced with a densitometer. The unit was calculated as a fraction of the supercoiled DNA peak remaining after reaction. One unit was defined as the complete relaxing activity of 1 μg supercoiled DNA in standard pearl millet mitochondrial topoisomerase assay procedure at 37 ℃ for 1 hr.

The results of the purification procedure of the pearl millet mitochondrial topoisomerase are summarized in Table 1. After DEAE-cellulose chromatography of the soluble extract, the total activity of pearl millet mitochondrial topoisomerase increased about 1.4 times as compared to that measured in the crude extract. The increased yield in DEAE cellulose column fraction is probably due to the elimination of inhibitors in crude protein fraction. The increase in specific activity was 7-fold. The overall recovery of the pearl millet mitochondrial topoisomerase from the crude extract was about 55%.

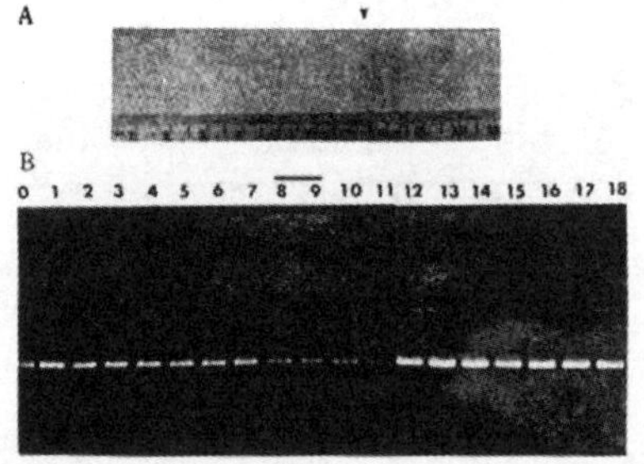

Fig. 4. Polyacrylamide gel electrophoresis of purified pearl millet mitochondrial topoisomerase after Sephacryl S200 SF column chromatography step. Pearl millet mitochondrial topoisomerase purified by DEAE-cellulose and Sephacryl S200 SF column steps was loaded on polyacrylamide gel electrophoresis. After running, the slab gel was sliced into 1-cm fragments, eluted with elution buffer, and assayed as described in "Materials and Methods." (A) The stained polyacrylamide gel. One unique band is shown at position 7.3 cm or the slice number 8(arrow head). (B) Enzyme assay ot the eluted solutions from sliced gels.

Polyacrylamide gel electrophoresis

To test the purity of the pearl millet mitochondrial topoisomerase, polyacrylamide gel electrophoresis was performed with the first peak from Sephacryl S200 SF column (Fig. 4A). The slab gel was cut in half. One half was stained for visualization of protein, and the other half was sliced in 1-cm sections and incubated in 100 μl 1X TE buffer at 4 ℃ overnight. A single protein band was detected at position 7.3 cm. A supercoil-relaxing activity appeared at sections 8 (7.0-8.0cm) and 9 (Fig. 4B). The stained protein hand and the activity band were thus considered identical.

Molecular weight determination

The molecular weight of pearl millet mitochondrial topoisomerase was estimated by gel filtration in buffer IV through Sephacryl S200 SF. The Ve/Vo ratio of the enzyme was about 1.4 (Fig. 5). The molecular weight of pearl millet mitochondrial topoisomerase was estimated to be in the range of 65,000-75,000 dalton as had been calibrated with various standard proteins of known molecular weight. This molecular weight is similar to that of the animal topoisomerase I (Keller, 1975; Vosberg et al., 1975; Champoux and McConaughy, 1976; Prell and Vosberg, 1980).

Protein dependency of the supercoiled DNA relaxation reaction

The protein concentration effect, the time course, heat denaturation effect, and the temperature optimum of the reaction were examined as for the DNA-binding protein (Lim and Kim, 1988). All results with the soluble pearl millet mitochondrial topoisomerase were the same as the pearl millet mtDNA-binding protein (data not shown. see Lim, 1987). The result indicates that the supercoil-relaxing activity is due to a protein.

Optimum reaction conditions

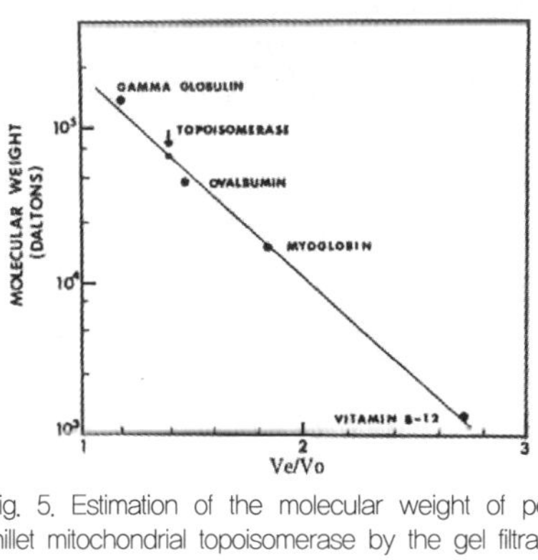

Fig. 5. Estimation of the molecular weight of pearl millet mitochondrial topoisomerase by the gel filtration method.

The pearl millet mitochondrial topoisomerase was assayed with standard buffers of known topoisomerase I, topoisomerase II, gyrase, and reverse gyrase (Fig. 6). The buffer of topoisomerase II gave the best supercoil relaxing activity (Fig. 6. d, e). The buffers of gyrase and reverse gyrase had

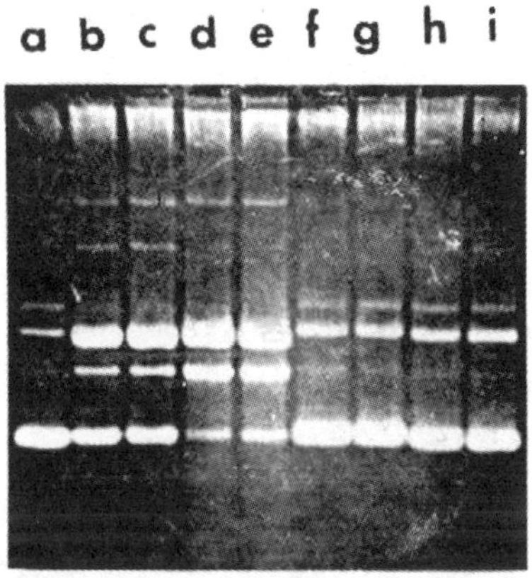

Fig.6. Effect of known topoisomerase standard reaction mixtures on pearl millet mitochondrial topoisomerase activity. The enzyme assay in standard buffers for known topoisomerases was performed with (b,d,f,h) or without (c,e,g,i) ATP as follows: (a) no enzyme, (b,c)topoisomerase I buffer, (d,e) topoisomerase II buffer (f,g) gyrase buffer, (h,i) reverse gyrase buffer. The standard topoisomerase I buffer was 50 mM Tris.HCl.pH 7.5, 0.5mM dithiothhreitol, 50mM KCl, 1mM EDTA,10mM $MgCl_2$, 30 ug/ul bovine serum albumin.0.5 mM ATP. The standard topoisomerase II buffer was 50mM Tris.HCL, pH 7.5, 1mM dithiothreitol, 10mM $MgCl_2$, 30ug/ul bovine serum albumin. The standard topoisomerase II buffer was 50mM Tris.HCL.PH 7.5. l mM dithiothreitol, 10mM Mgcl2, 160μg/μl bovine serum albumin. 0.5mM ATP. The standard gyrase buffer was 35mM Tris. HC1, pH7.5, 20mM KC1, 0.1mM EDTA, 10mM 2-mercaptoethanol, 20mM Mgcl2, 1 mM ATP, 40μg/μl bovine serum albumin, 10% glycerol, and 2mM spermidine. The standard reverse gyrase buffer was 35 mM Tris.HCl, pH 7.5.5 mM dithiothreitol, 24 mM KCl, 0.14 mM EDTA, 10 mM $Mgcl_2$, 1mM ATP, and 1.8 mM spermidine.

inhibitory effects. The results also showed that pearl millet mitochondrial topoisomerase is not ATP dependent like topoisomerase I (Wang, 1971). The crude mitochondrial enzyme retained its activity with no added ATP. Also, DEAE-cellulose and Sephacryl S200 SF column chromatography steps would have completely removed ATP; hence, no absolute requirement for ATP is evident. Nor is there partial ATP dependency, since the addition of ATP had no effect.

A series of experiments was carried out to determine cofactor requirements for optimum reaction. The results were the

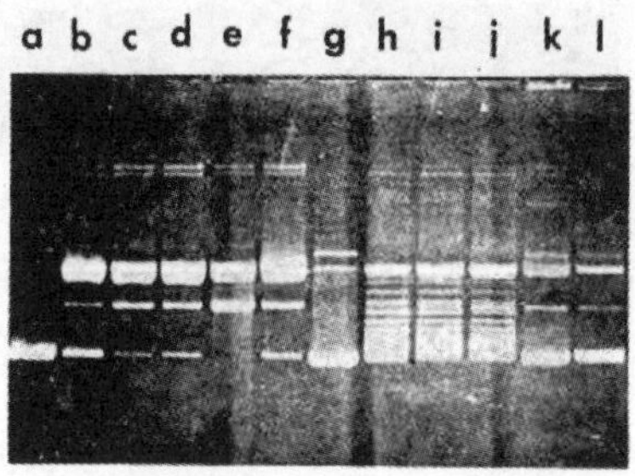

Fig. 7. Effect of polyethylene glycol concentration on pearl millet mitochonerial topoisomerase and E. coli topoiomerase I reaction. Enzyme assay was carried out in a final volume of 30ul containing 50 mM Tris.HCl, 7.5, 10 mM $MgCl_2$, 50 mM KCl, 0.5 mM dithiothreitol. 1mM EDTA, 30μg/μl bocine serum albumin, 1μg of supercoiled plasmid DNA pBR322, and 10μl of pearl millet mitochondrial topoisomerase of E.cali topoisomerase.I.The reaction mixture was incubated at 37℃ for 1hr with the following treatments:(a, g) no enzyme as a control, (b–f) the pearl millet mitochondrial topoisomerase with varying PEG concentrations of 0. 1. 4. 8. and 12%, respectively, (h–l) the E. coli topoisomerase I assay with various concentrations of PEG that were 0. 1. 4. 8. and 12%, respectively.

same as the pearl millet mitochondrial DNA binding protein. Factors included in the standard reaction mixture were divalent and monovalent cations, EDTA, and BSA (data not shown). Pearl millet mitochondrial topoisomerase was not affected when the reaction was terminated by the addition of SDS to 1% (data not shown). However, pearl millet mitochondrial topoisomerase was inhibited when SDS was added at the same time with the enzyme (data not shown), or when SDS and enzyme were preincubated before the reaction with DNA.

PEG 6000 inhibited the topoisomerization reaction by *E. coli* topoisomerase I, but stimulated the catenation reaction as the

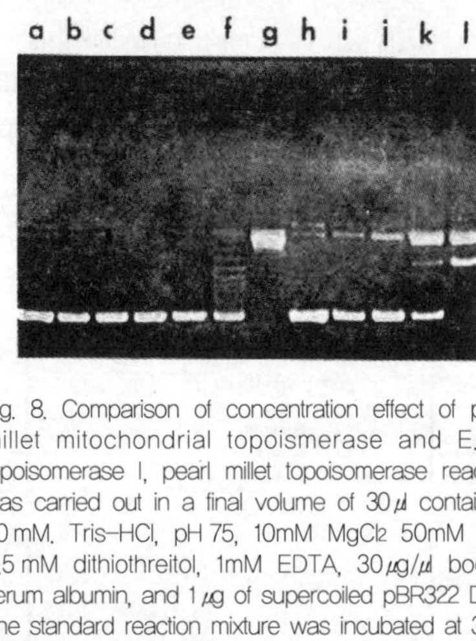

Fig. 8. Comparison of concentration effect of pearl millet mitochondrial topoismerase and E.coli topoisomerase I, pearl millet topoisomerase reaction was carried out in a final volume of 30μl containing 50 mM. Tris–HCl, pH 75, 10mM $MgCl_2$ 50mM KCl, 0.5 mM dithiothreitol, 1mM EDTA, 30μg/μl bocine serum albumin, and 1μg of supercoiled pBR322 DNA. The standard reaction mixture was incubated at 37℃ for I hr after addition of the following: (a) no enzyme. (b–g) E.coli topoisomerase I at 10^{-5}, 10^{-4}, 10^{-3}, 10^{-2}, 10^{-1}, and 1μl, respectively. (h–l) pearl millet mitochondrial topoisomerase at 10^{-3}, 10^{-2}, 10^{-1}, 1, and 10μl, respectively.

amount of PEG increased. Optimum PEG concentration for the catenation reaction of E. coli topoisomerase I was 8% (Fig. 7 k). In the case of pearl millet mitochondrial topoisomerase, PEG produced high molecular weight multimer bands at the same positions as the catenanes produced by E. coli topoisomerase I, except the one at the origin (Fig. 7 b-f). However, it remains to be seen whether both of them represent the same catenanes. Also, pearl millet mitochondrial topoisomerase activity of supercoil relaxing activity was increased with increasing PEG concentration, the optimum concentration being 8%.

Inhibition study

Novobiocin, which is a potent inhibitor of the ATPase reaction of the prokaryotic topoisomerase II and DNA gyrase (Sugino et el., 1978; Gellert et al., 1976), exerted no deleterious effect on the pearl millet mitochondrial topoisomerase reaction even at higher concentrations than those required to inhibit E. coli DNA gyrase (Sugino et al., 1977; Gellert et al., 1976) (data not shown). Oxolinic acid and nalidixic acid, which inhibit the interaction of DNA with gyrase (Sugino et al., 1977; Gellert et al., 1977), also did not affect the pearl millet mitochondrial topoisomerase reaction even at the higher concentrations (data not shown). Spermidine inhibited the supercoil-relaxing activity of pearl millet mtDNA topoisomerase (data not shown).

Comparison with E. coli topoisomerase I

Concentration effect of the pearl millet mitochondrial topoisomerase and E. coli topoisomerase I were tested to compare the reaction mechanism of both enzymes (Fig. 8). E. coli topoisomerase I can catalyze the relaxation of supercoiled DNA by changing the linking number of a covalently closed DNA ring in a step of one (Wang, 1985). The relaxation of supercoiled DNA by the E. coli topoisomerase I followed a gradual course rather than a one-hit mechanism (Fig. 8 b-g). But the relaxation mechanism of supercoiled DNA by pearl millet mitochondrial topoisomerase is significantly different from that of E. coli topoisomerase I (Fig. 8 h-l). Topoisomers which are the intermediate of E. coli topoisomerase I reaction are not apparent in the pearl millet mitochondrial topoisomerase reaction. Instead, open circular and linear DNAs are produced by the pearl millet mitochondrial topoisomerase. It is suggested that the mechanism of the pearl millet mitochondrial DNA topoisomerase is a one-hit mechanism rather than a gradual course. In addition, this enzyme produces, even in the absence of a condensing agent, the high molecular weight bands which are assumed to be catenanes of recombination products.

Discussion

A unique, DNA-modifying enzyme has been isolated from pearl millet mitochondria. The enzyme relaxes negatively supercoiled pBR322 DNA into an open circular DNA as a main product and also produces a linear DNA and a high molecular weight multimer complex DNA. The enzyme requires Mg^{++} but not ATP for the reaction. The enzyme has high affinity to the substrate and is relatively heat stable. The enzyme was isolated initially as a mtDNA-binding protein (Lim and Kim, 1988) and now from a soluble fraction in the mitochondria. Considering the enzymatic products, cofactor requirements, and other properties, it is concluded that the two procedures lead to isolation of the identical protein.

The pearl millet mitochondrial topoisomerase seems to catalyze also the recombination or catenation reactions of circular DNA molecules to produce two bands of high molecular weight multimer. It has been reported that duplex DNA rings are rapidly linked into catenated network by topoisomerase I of II in the presence of polyvinyl alcohol (Low et al., 1984), PEG (Fukata et al., 1986), spermidine (Krasnow and Cozzarelli, 1982), HMG 17(Tse et al., 1984), HI (Hsieh and Brutlag, 1980), or yeast DNA-binding protein DBP1 (Goto and Wang, 1982). These DNA-condensing or crowding agents may stimulate the catenation in the reaction of topoisomerase. However, pearl millet mitochondrial topoisomerase can produce the high molecular weight multimer without the crowding agent PEG (Fig. 7). On the contrary, high concentrations of PEG inhibit the enzyme activity. It is likely that the pearl millet protein is a mixed function enzyme with at least two apparent functions: topoisomerase activity and recombinase activity. It can not be ruled out that these enzymes are copurified rather than being a single enzyme, even though the activities were purified as a single band on polyacrylamide gel electrophoresis after two column chromatography steps.

From the properties investigated, it is clear that several distinguishing features exist between known topoisomerases and the pearl millet mitochondrial topoisomerase. The pearl millet mitochondrial topoisomerase seems to be closest to E. coli topoisomerase I except for the linear byproduct by the former and the ladder intermediates formed by the latter. The pearl millet mitochondrial topoisomerase and E. coli topoisomerase I share several common features in terms of enzymatic characteristics and catalytic mechanisms. They are similar in that their actions on negatively supeicoiled DNA do not require ATP, and that the inhibition effect of spermidine on E. coli topoisomerase I is true for the pearl millet mitochondrial topoisomerase as well. Pearl millet mitochondrial topoisomerase differs from DNA gyrase in having no supercoiling activity and in not being inhibited by oxolinic acid and novobiocin.

Linear DNA is produced always in trace amount by the pearl millet topoisomerase. The mechanism of this cleavage reaction to linear DNA is not understood. The cleavage reaction of pearl millet mitochondrial topoisomerase shows some similarities and contrast with the prokaryotic and the eukaryotic topoisomerase II. DNA gyrase and mammalian DNA topoisomerase II can cut DNA with a four-base stagger and is covalently linked to the 5'-phosphoryl end of each broken DNA strand (Gellert, 1981). In contrast to DNA gyrase, however, the mammalian DNA topoisomerase II can efficiently cleave DNA in the absence of any added drugs such as oxolinic acid (Liu et al., 1983). Although cleavage of DNA by mammalian DNA topoisomerase II is the result of protein denaturant treatment of the topoisomerase II-DNA complex (Gellert, 1981; Liu and Wang, 1979) as in the case of other DNA topoisomerases, the pearl millet mitochondrial topoisomerase does not require the protein denaturant treatment for cleavage reaction (Fig. 7). The cleavage reaction of pearl millet mitochondrial topoisomerase is rather efficient under the physiological conditions.

The biological function of pearl millet mitochondrial topoisomerase is not known. It is known that higher plant mtDNA undergoes frequent gene rearrangement and recombination (Pring and Lonsdale, 1985). It is highly likely that this pearl millet mitochondrial protein has a significant role in the mtDNA recombination and possibly in replication. The involvement of DNA topoisomerase in animal mitochondrial DNA replication has been implied mainly from topological changes observed during its replication cycle (Clayton, 1982; Callen *et al.*, 1983). The presence of the topoisomerase activity in pearl millet mitochondria can be particularly relevant to the general mechanism of mitochondrial DNA recombination and rearrangement regarding the proposed structure of higher plant mitochondrial genome; a master circle able to give origin to multiple circular molecules by intramolecular recombination through repetitive sequences. In a preliminary experiment with electron microscopy, it is found that the pearl millet DNA topoisomerase can mediate formation of the four stranded intercoil structure of DNA (unpublished results).

References

Callen J. C., Tourte M., Dennebouy N. and Mounolou J. C. (1983) Exp. Cell. Res. 143, 115.

Champoux J. J. and McConaughy B. L. (1976) Biochemistry 15, 4638.

Clayton D. A. (1982) Cell 28, 693.

Fukata H., Ohgami K. and Fukasawa H.

(1986) Plant Mol. Biol. 6, 137.
Gellert M. (1981) In The Enzymes, (Boyer P.D., ed.) Vol. 14, pp. 345-366. Academic Press, New York.
Gellert M., Mizuuchi K., O'Dea M.H., Itoh T. and Tomizawa J. (1977) Proc. Natl. Acad. Sci. USA. 74, 4772.
Gellert M., Mizuuchi K., O'Dea M.H. and Nash H.A. (1976) Proc. Natl. Acad. Sci. USA. 73, 3872.
Goto T. and Wang J. C. (1982) J. Biol. Chem. 257, 5866.
Hsieh T. and Brutlag D. (1980) Cell 21, 115.
Keller W. (1975) Proc. Natl. Acad. Sci. USA. 72, 4876.
Krasnow M. A. and Cozzarelli N. R. (1982) J. Biol. Chem. 257, 2687.
Lim Y. P. (1987) Ph. D. Dissertation. Univ. of Rhode Island, Kingston, R. I. U. S. A.
Lim Y. P. and Kim B. D. (1988) Korean Biochem. J. 21, 351.
Liu L. F., Rowe T. C., Yang L., Tewey K. M. and Chen G. L. (1983) J. Biol. Chem. 258, 15365.
Low L. F. and Wang J. C. (1979) J. Biol. Chem. 254, 11082.
Low R. L., Kaguni J. M. and Kornberg A. (1984) J. Biol. Chem. 259, 4576.
Maniatis T., Fritsch E. F. and Sambrook J. (1982) In Molecular Cloning. A Laboratory Manual, pp. 545, Cold Spring Harbor Laboratory, New York.
Prell B. and Vosberg H. (1980) Eur. J. Biochem. 108, 389.
Pring D. R. and Lonsdale D. M. (1985) Internatl. Rev. Cytol. 97, 1.
Sugino A., Higgins N. P., Brown P. O., Peebles C. L. and Cozzarelli N. R. (1978) Proc. Natl. Acad. Sci. USA. 75, 4838.
Sugino A., Peebles C.L., Kreuzer K. N. and Cozzarelli N. R. (1977) Proc. Natl. Acad. Sci. USA. 74, 4767.
Tse Y., Javaherian K. and Wang J. C. (1984) Arch. Biochem. Biophy. 231, 169.
Vosberg H., Grossman L. I. and Vinograd J. (1975) Eur. J. Biochem., 55, 79.
Wang J. C. (1971) J. Mol. Biol. 55, 523.
Wang J. C. (1985) Annu. Rev. Biochem. 54, 665.

초록 : 진주조 미토콘드리아 용성분획의 신종 토포아이소머레이즈 : 그의 분리와 동정

임용표 · 김병동 (미국 로드아일랜드대학 식물학과)

한 독특한 DNA-수정 효소가 진주조(*Pennisetum typhoides*) 미토콘드리아에서 분리되었다. 이 효소는 negatively supercoiled pBR322 DNA를 이완시켜 open circular DNA를 주산물로, 또한 linear DNA와 고분자량 multimer complex를 부산물로 만든다. 이 효소는 미토콘드리아의 용성분획 gel electrophoresis에 의하여 분리되었다. 이 효소는 이가 양이온들(Mg^{++}, Mn^{++}, Zn^{++}, Co^{++} 및 Ca^{++} EDTA, SDS, 그리고 spermidine에 의해 억제된다. 이 효소의 분자량은 약 70,000으로 추정된다. 이 효소는 박테리아의 topoisomerase Ⅰ과는 달리 사다리 중간산물을 만들지 않으며, 고분자량 multimer도 생산하므로 topoisomerase와 recombinase의 복합기능 단백질로 추정된다. 이 독특한 효소를 잠정적으로 "신종 토포아이소머레이즈"라 명명한다.

한국생화학회지 (1989). 제22권 제1호
Korean Biochem J. (1989), Vol.22, No. 1, pp. 19-25

The Foldback Intercoil Structure of pBR322 DNA Induced by a Novel Pearl Millet Mitochondrial Enzyme

Byung-Dong Kim[*] and Yong-Pyo Lim[+]

**Department of Horticulture, College of Agriculture, Seoul National University, Suweon 440-744, Korea*
+Division of Genetics and Physiology, Korea Ginseng and Tobacco Research Institute, Taejon 301-311, Korea
(Received December 12, 1988)

Abstract : The Foldback intercoil structure of pBP322 DNA was induced by an enzyme which we have recently isolated from pearl millet mitochondria. The enzymatic formation of the unique configurations, namely, the lasso, the stem, the loop, and the stem-and-loop on both the linear and the open circle pBR322 DNA effectively argues that the same configurations found earlier in the native pearl millet mtDNA were not artifacts. Most important, it was demonstrated that the intercoil DNA and the supercoil DNA can be resolved by the electron microscopy. We propose to call the pearl millet mitochondrial protein, "the synaptase", since it induces intra-and inter-molecular synapsis of two double helical DNA strands.

The foldback intercoil (FBI) structure of DNA has been proposed as an intermediate of intra-and inter-molecular recombination (Kim, 1985, 1987). The FBI structure is unique in two aspects. First, it involves sharp 90° and 180° bending of a double stranded B-DNA whose helicity is disrupted at the bend. Second, the bent DNA then intertwines around each other double helix in the widened major groove so that the diameter of the intercoil, 2.2 nm, is the same as that of the double stranded DNA. Although the electron microscopic (EM) view of the foldback bending is evident, the existence of the intercoil of four-stranded DNA has been subject to dispute. It is because the diameter of a double stranded DNA in the EM measures usually about ten times thicker than the actual B-DNA due to the thickening by steps of cytochrome c, uranyl acetate, and platinum palladium coating. One argues, therefore, that it is out of the limit of resolution of the EM spreading technique to distinguish an "intercoil" from a supercoil, or side-by-side lying of two double strands. Furthermore, it has been argued that the unique EM configurations of pearl millet mtDNA

*Present address : Department of Biology, Yale University.
**Present address : Department of Horticulture Seoul National University, Suweon, 440-744 Korea.
To whom correspondence should be addressed.

molecules might have been an artifact produced during either DNA isolation or the EM spreading (Kim et al., 1892: Kim, 1985: 1987). Here, we present experimental evidence that the unique configurations of the FBI DNA can be reproduced in vitro and that the intercoil is clearly distinguished from the supercoil. It was made possible by using a novel protein which we have recently isolated from pearl millet (Pennisetum typhoides) mitochondria. We name this protein "the synaptase" after tentatively calling it a new class of topoisomerase (Lim and Kim, 1988a, b). The synaptase relaxes the supercoiled pBR322 DNA into the open circle and trace amount of the linear DNA. It is a mixed function enzyme; it also mediates intermolecular recombination to form multimer complexes of pBR322 DNA molecules. The enzymatic reaction products and intermediates of the pBR322 DNA were examined in the EM as described below.

Materials and Methods

Materials

The supercoiled pBR322 DNA was amplified in E. coil HB101 and purified by CsCl-ethidium bromide density gradient ultracentrifugation. The bacterial topoisomerase I (ω protein; Wang, 1971) was a generous gift from Dr. S. Lynn in Dr. J. Wang's laboratory at the Harvard University. The pearl millet mitochondrial topoisomerase was isolated by two separate procedures; the one from the soluble fraction of mitochondria through DEAE-cellulose and Sephacryl S-200 column chromatography steps (Lim and Kim, 1888b) [synaptase S, hereafter], and the other by dissociating the mtDNA-binding protein with acetate buffer as described (Lim and Kim, 1988a) [synaptase B, hereafter].

Enzyme reaction

Enzyme reaction was carried out in a final volume of 30 μl containing buffer solution (50mM Tris-HCl pH 7.5, 0.5 mM dithiothreitol, 1 mM EDTA, 10 mM $MgCl_2$, and 30 $\mu g/\mu l$ bovine serum albumin for the pearl millet mitochondrial synaptase, and 50 mM Tris HCl pH 7.5, 40 mM NaCl, 1 mM EDTA, 4 mM $MgCl_2$ and 30 $\mu g/\mu l$ bovine serum albumin for the bacterial topoisomerase I), 1 μg of maximally supercoiled (form I) pBR322 DNA, and 1 μl of the respective enzyme. Reaction mixture was incubated at 37℃ for 1 h, and then separated by agarose gel electrophoresis.

Electron microscopy

An aliquot of each reaction mixture was spread for electron microscopy by the Kleinschmidt method (1968) and visualized on the JOEL STEM 1200EX electron microscope at the acceleration voltage 80.0 kV. The exact magnification scale was printed out on each negative film.

RESULTS

The reaction products of pBR322 DNA

Fig.1 shows the enzymatic reaction products of the substrate, supercoiled pBR322 DNA (lane a) as expected. The *Eco*RI produced a linear DNA (lane b) as expected. The bacterial topoisomerase I produced an open circle DNA (lane c), and the ladder intermediates in the case of incomplete reaction (results not shown). The

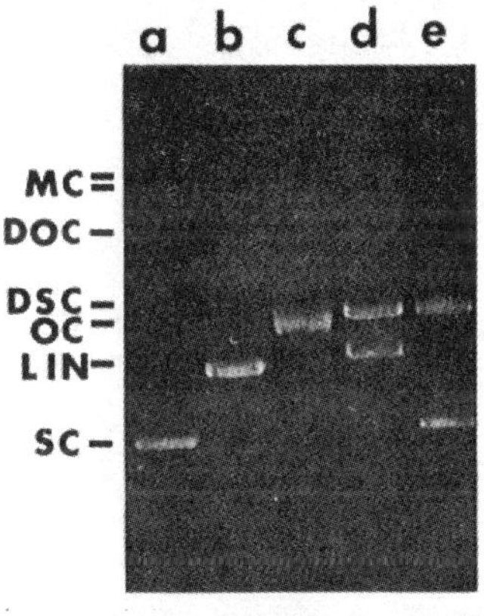

Fig. 1. Agarose gel electrophoregram of pBR322 DNA after reaction with various enzymes as the following: a. supercoil pBR322 used as the substrate; b, *Eco*RI; c. bacterial topoisomerase I; d. pearl millet synaptase S; e. pearl millet synaptase B. The enzyme reaction conditions are described in the text. Aliquots were also visualized in the electron microscope as shown in Figs. 2, 3, and 4. SC supercoil, LIN linear, OC open circle, DSC dimer supercoil, DOC dimer open circle, MC multimer complex.

synaptase S produced an open circle as the major product, a linear, and a trace

Table 1. Distribution of various electron micrographic configuration of the pBR322 DNA products from the reaction shown in Fig. 1.

pBR322DNA		Treatment					
Form	Configu-ration	No enzyme (control)		Pearl millet synaptase S		Bacterial topoisomerase I	
		No. (%)		No.	(%)	No.	(%)
Form I	CCC	660 (94)		21	(1)	0	
Form II	OC	24 (3)		424	(25)	241	(14)
	tOC	0		559	(33)	1384	(81)
	sOC	0		225	(13)	60	(3)
Form III	L	2 (<1)		335	(20)	6	(<1)
	cL	0		68	(4)	0	
	sL	0		25	(1)	0	
Dimer	dCCC	15 (2)		0		0	
	dOC	0		32	(2)	22	(1)
Multimer	M	0		10	(1)	2	(<1)
Total		701 (100)		1699	(100)	1715	(100)

*CCC: covalently closed circle, or maximally supercoiled DNA, OC: open circle, tOC:supertwisted OC, sOC:stem-and-looped OC, L: liner, cL:linear with circle end, sL: stem-and-looped L, dCCC: dimer CCC, dOC: dimer OC, M: multimer complex.

amount of high molecular weight multimer complexes (lane d). The synaptase B produced only an open circle in this experiment as a result of an incomplete reaction (lane e), but, it usually produced the same products as the synaptase S. Both S and B types of the synaptase were concluded identical in previous experiments (see Lim and Kim, 1988b)

EM of the reaction products

Aliquots of the DNA products, shown in Fig. 1, was directly taken and spread on the nitrocellulose/copper grid for electron microscopy as shown below. The reaction products were scored according to various configurations in the electron micrograph and summarized in Table 1. Also shown in Fig. 2 are the representative pBR322 DNA

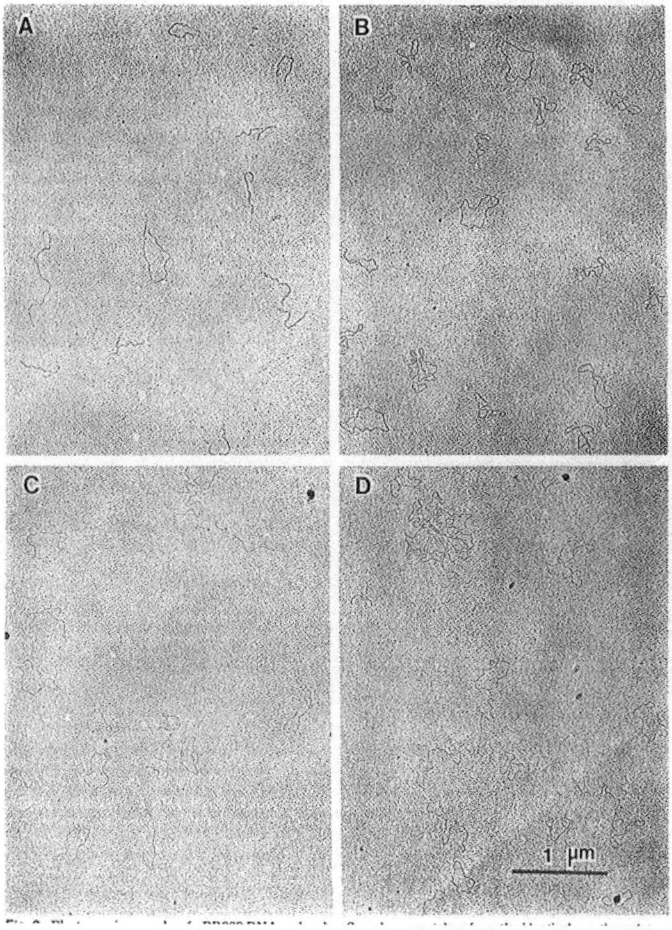

Fig. 2. Electron micrographs of pBR322 DNA molecules. Samples were taken from the identical reaction mixtures shown in Fig. 1. A, pBR322 maximally supercoiled DNA (Fig. 1a). One open circle and one linear DNA are shown for comparison. B. Reaction products of pBR322 SC plus bacterial topoisomerase I (Fig. 1c). C&D. Reaction products of pBR322 SC plus pearl millet mitochondrial synaptase S (Fig. 1d). EM magnification X4,000.

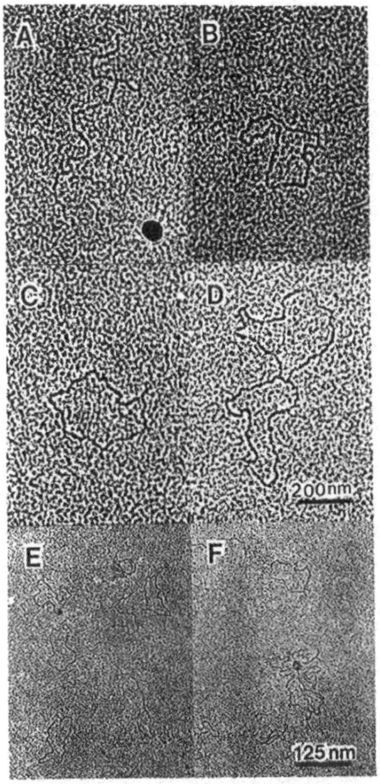

Fig. 3. Electron micrographs of some unique pBR322 DNA configurations found among the enzymatic reation products with the pearl millet mitochondrial synaptase S (Fig. Id). A. linear with the FBI, B. open circle with the loop, C. open circle with the FBI D. open circle dimer, E. lasso and others, and F. multimer complex and others. EM magnification X10,000 (A–D); X4,000 (E, F).

configurations that correspond to Table 1. Also shown in Fig. 2 are the representative pBR322 DNA configurations that correspond to Table 1. the substrate pBR322 DNA was 94% in the maximally supercoiled form (form I), 3% open circle (form II), and 0.03% linear (form III) (Fig. 2A). The reaction product with bacterial topoisomerase I was, among 1715 molecules, 14% totally relaxed open circle, 81% supertwisted open circle mostly with three to five writhes (Fig. 2B), 3% stem-and-looped open circle, and trace amounts of linear, dimer open circle, and multimer molecules. The reaction product with pearl millet synaptase S was, among 1699 molecules, 1% supercoil, 25% relaxed open circle, 33% supertwisted open circle, 13% stem-and-looped open circle, 20% linear, 4% lasso or the linear with a circle end, 1% stem-and-looped linear, 2% dimer open circle, and 1% multimer (Fig. 2C & D). The *Eco*RI digestion product (Fig. 1b) was all linear pBR322 DNA (results not shown). The reaction product of pBR322 DNA with the synaptase B (Fig. 1e) contained supercoils and open circles with some intermediate forms as seen with the synaptase S (results not shown).

Unique configurations of pBR322 DNA induced by the synaptase

Of particular interest were the unique configurations of pBR322 DNA induced by the pearl millet mitochondrial synaptase, namely, the linear with and FBI (Fig. 3A), the open circle with an FBI (Fig. 3C), the lasso (Fig. 3E), and the multimer complex with a protein-like body in the core (Fig. 3F). The length of the intercoils in both panels A and C measured about 40nm which correspond to about 12 turns of the

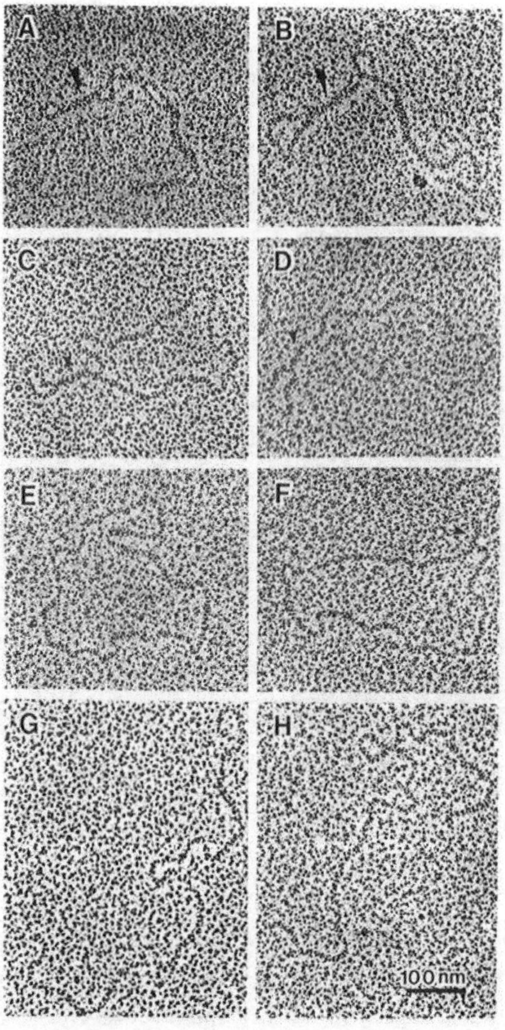

Fig. 4. Electron micrographs of pBR322 DNA molecules as supercoil substrates(Fig. 1a; A, B) and some of the unique reaction products (Fig. 1d) with the pearl millet mitochondrial synaptase S (C–H). Compare the thickness of the supercoil (A, B, large arrowhead) and the intercoil (C, D, F, small arrowhead) with the double stranded DNA region of the molecules. EM magnification X40,000.

intercoiled B-DNA. These unique configurations have not been found in controls (pBR322 alone) or after the reaction with bacterial topoisomerase I except for about 3% stem-and-looped open circle. These molecules contained short, but definite stems suggestive of the presence of the FBI structure. However, further study is required before drawing any conclusion because there are reasons to believe that the reaction product of the two enzymes is different as the following: (1) Observations for these molecules were made only at the magnification of 4,000 times. For clear distinction closer examination is required at higher magnification. (2) Even the stem-and-looped open circle was mostly on the supertwist form, not on the completely relaxed open circle which was found among the products by pearl millet synaptase. (3) The lasso, and the linear with the FBI were only formed by the pearl millet synaptase, but not by bacterial topoisomerase I. (4) The multimer produced by bacterial topoisomerase I was in relaxed open circle.

The intercoil and the supercoil resolved by the EM

The central question in discussing of the FBI DNA structure is whether the EM technique can provide the resolution sensitive enough to distinguish the intercoil from the supercoil DNA. This question is justified when one realizes that the thickness of the double stranded DNA measured in the electron micrographs is usually between 15 to 20 nm (150 to 200 Å), much thicker than the actual diameter, 2nm. The answer is found in Fig. 4. The maximal supercoil of the pBR322 DNA (panels A, B) was used as the substrate for the reaction with pearl millet mitochondrial synaptase S (panels C-H). Four types of products: supercoil, open circles, open circles with the FBI, and linear are presented for comparison of the DNA thickness. Note that the thickness of the double stranded DNA is uniform in all molecules and measured 10 nm. Also note that the supercoil regions (large arrowheads in panels A and B) measures about 20 nm, definitely thicker than the double strand region. Having the clear distinction between the supercoil and the double atrand stablished within a supercoil DNA molecule, then one should note that the thickness of the intercoils (small arrowheads in panels, C, D, & F) is the same as that of the double strands, 10 nm. The continuity of the circular molecule considered, the overlap region should be taken as an intercoil or four stranded DNA rather than a double stranded DNA. The length of the intercoil stems in panel C measures 75 nm and in panel D measures 50 nm, equivalent to about 22 and 15 intercoil turns, respectively.

DISCUSSION

We have presented in this paper electron microscopic evidence that the FBI structures in various forms were induced in vitro by the reaction of supercoil pBR322 DNA with the pearl millet mitochondrial synaptase. This result is significant in answering four major questions that have been raised concerning the FBI structures of DNA proposed by Kim (1985, 1986, 1987). (1) The unusual structures of pearl millet mtDNA such as the lasso (Kim *et al.*, 1982), the stem-and-loop (Kim, 1985), and the foldback intercoil (Kim, 1987) might have been artifacts made during either the mtDNA isolation or the EM preparation; In answer to this question, we have found, in this study, the same unusual structures in one of the best characterized bacterial plasmid, pBR322 DNA. The unusual structures were induced in vitro by the purified pearl millet enzyme in experiments with proper controls (Lim and Kim, 1988b). This result, in turn, explains that the unusual configurations of native mtDNA in the previous studies were produced due to the native enzyme in the pearl millet mitochondria. (2) If these FBI structures are supposed to serve many important functions of DNA as proposed, why have they not been found previously in procaryotes and other eucaryotes for so many years of investigations? The FBI structure is transient and in minor proportion of a molecule. It might have been preferentially eliminated during the DNA isolation and purification procedures. Even if some remained included, their distinction was so subtle that they might have escaped proper attention. (3) The four stranded DNA is physically and energetically impossible: It has been clearly demonstrated in this report that pBR322, the small prokcaryotic plasmid DNA, can form the FBI structure. (4) There is no way to tell whether the stem-and-loop of the mtDNA contains double strands, supercoil, or side-by-side arrangement, since the thickness measured in the EM is usually about ten times larger than the actual diameter of the double stranded DNA: It has been demonstrated that the double stranded DNA can be clearly resolved at 10.0nm (100 Å) thickness. It is also demonstrated that the supercoil can be unequivocally distinguished from the double strand by thickness measurement, and that presence of the intercoil region in the double stranded DNA cannot be denied due to the continuity of the DNA molecule. The FBI structure may be transient, but is stable enough to withstand the EM spreading conditions even as a part of the linear DNA (Fig. 3A). The stem in the linear DNA could not have been a supercoil, because the supercoiling twists should spread over the entire molecule rather than localize in a tight region. A simple side-by-side double strands or sitting of one strand on top of the other strand for a length about 100 base pairs may not withstand the spreading conditions of the Kleinschmidt procedure (1968) as is evident in ordinary EM pictures of DNA. Also, the possibility that the ends of two linear DNAs happened to sit as if attached is very low as is evident in ordinary EM pictures of linear DNA molecules. The fact that the intercoil region in pBR322 DNA can be as large as 22 turns or 220 base pairs (Fig. 4C) suggests that the intercoil does not require complete homology over the entirety. This is consistent with the observation made with the space filling model of the B-DNA (Kim, unpublished).

Further study is required to understand the reaction mechanism of the FBI formation by the pearl millet mitochondrial synaptase. The protein must apparently widen the major groove of the B-DNA by manipulating of the atomic bond angles of the sugar phosphate backbone. The global energy of the supercoil may have contributed to the enzyme reaction, since the negative supercoil is a requirement for the enzymic relaxation to the open circle (Lim and Kim 1988a,b). The bacterial topoisomerase I may be operative in totally different reaction mechanism as proposed (Dean *et al.*, 1982). However, it cannot be ruled out that the bacterial topoisomerase I utilizes a very short intercoil structure, since it takes only about six base pairs to mediate the homologous recombination (Kim, 1985). The existence of the FBI structure of pBR322 DNA was indicated in the reaction product with the bacterial topoisomerase I (Table 1). The possible roles of the FBI structure in intramolecular recombination (Kim, 1985) and intermolecular recombination (Kim, 1987) have been proposed. The FBI stem in a circle or a linear DNA could be induced by many important DNA-binding proteins, and also serve as a landmark for the DNA-binding factors that are involved in essential functions of DNA as a genetic material. Given the convincing experimental evidence that the double helical DNA is flexible enough to allow sharp bending and intercoiling, it can be said that the first conceptual barrier against the existence and the role of the FBI structure in the essential functions of DNA as a genetic material has been eliminated.

REFERENCES

Lim, Y. P. and Kim, B. D.(1988a) Korean Biochem, J. 21, 351

Lim, Y. P. and Kim, B. D.(1988b) Korean Biochem, J. 21, 357

Kim, B. D., Lee, k. J. and DeBusk, A.G.(1982) FEBS Lett. 147,231

Kim, B. D.(1985) Korean J. Breed. 17,453.

Kim, B. D.(1985) Korean J. Breed. 18,187.

Kim, B. D.(1987) Prod. 10th Symp. Korean Sci. Eng. Assoc. July 7-10, 1987. p.

123
Kleinschmidt, A. K. (1968) in Methods in Enzymology. Grossman L. and Moldave, K., eds., Vol. 12B, p. 361, Academic Press, Inc.
Dean, F., Krasnow, M. A., Otter, R., Matzuk, M. M., Spengler, S. J., and Cozzarelli, N. R. (1982) Cold Spring Harbor Symp. Quant. Biol. 47, 769.
Wang, J. C. (1971) J. Mol. Biol. 55, 523.

초록 : 진주조 마이토콘드리아의 새로운 효소에 의해 유기된 pBR322 DNA의 foldback intercoil 구조

김병동 · 임용표 (서울대학교 원예학과, 한국인삼연초연구소 유전생리연구실)

pBR322 DNA의 foldback intercoil 구조가 우리가 최근 진주조 마이토콘드리아에서 분리한 한 효소에 의해 유기되었다. 독특한 DNA 형태들, 즉 올가미, stem, loop, stem-and-loop 등이 선형과 원형 pBR322에서 효소에 의해 형성된다는 사실로 보아 이전에 진주조 마이토콘드리아 DNA에서 발견된 동일한 형태들이 artifact가 아니었음을 입증한다. 또한, 중요한 것은, intercoil DNA와 supercoil DNA 가 전자현미경 방법으로 분명히 분별될 수 있음을 보여주었다. 우리는 이 진주조 마이토콘드리아 단백질을 "synaptase"(접합효소)로 부르기로 제안하는데, 이는 이 효소가 분자내 그리고 분자간에 두개의 이중나선 DNA의 접합을 유기하기 때문이다.

Mol. Cells. Vol. 4, pp. 289-294

The Structure of Four-Stranded DNA : A Theoretical Approach

Tae-Sung Moon[1,2], Seung-Moak Kim[2*] and Byung-Dong Kim[1*]
[1]*Department of Horticulture, Seoul National University, Suwon 441-744, Korea;*
[2]*Genetic Resource Center. Genetic Engineering Research Institute, Taeduk Science Town, Tajon 305-333, Korea*

(Received on May 24, 1994)

To find the structure of quadruple helix, a theoretical approach has been performed. By torsion angle rotation, energy minimization, and molecular dynamics, the conformations of quadruple helix have been explored and one model was selected for further analysis. The backbones have symmetry with those of the diagonally opposite side. The average distance between adjacent phosphates in one strand is 7.0 Å in this quadruple helix while 6.5 Å in B-DNA. This implies that the quadruple helix has backbone conformations which reduce phosphate group repulsions. This model has an average helix rise of 3.3 Å and twist of 33.4°, the values between A- and B-DNA. The glycosyl angles have alternate *anti-syn* conformations, and the sugar puckers are C3' *endo*, C2' *endo*, and O1' endo. The base-pairs are of Watson-Crick type and additional hydrogen bonds also exist. The hydrogen bond of this model is very interesting. The orientation of two Watson-Crick base pairs of one layer repeats in alternate layers with the base pairs of neighboring layers in near-perpendicular orientation. This alternating base pair orientation may stabilize the quadruple structure by allowing equal interactions among neighboring strands.

The formation of multiple helix is of great interest. Of the many possible structures that may exist, studies have been performed on triple and quadruple helixes. In the case of triple helix, many experimental techniques have been employed including gel electrophoresis, NMR spectroscopy, and spectrophotometry. These experiments have provided data on specific binding, base-pairing patterns, and thermodynamic properties (Arnott and Selsing, 1974; Htun and Dahlberg, 1989; Strobel, and Dervan, 1991; Beal and Dervan, 1991; Macaya et al., 1991; Mergny et al., 1992). In addition, theoretical studies based on fiber diffraction data have been carried out and the triple helical structure refined (Cheng and Pettitt, 1992; Laughton and Niedle, 1992a, b). In contrast to triple helix, the quadruple helix has not been well studied yet.

* To whom correspondence should be addressed.

Several studies including NMR and X-ray crystallography analysis have been performed on specific sequences, for example, G-rich strand in telomere, and have revealed the unusual base pairing and backbone geometry of G-rich telomeric DNA (Sen and Gilbert, 1988; Panyutin et al., 1990; Kang et al., 1992; Aboul-ela et al., 1992). In G-rich telomere, the single strand containing, d(G)n is repeated many times, and can form hairpins, two of which join to make a four-stranded structure. The four guanine residues in each base plane are held together by cyclic hydrogen bonding and have glycosyl conformations that alternate between anti and syn. Since this structure has no pyrimidine base, it is likely to be somewhat different from the structure that exists in sequences including both purine and pyrimidine.

There is great possibility that the quadruple helix is not limited in special parts of DNA. Electron microscopy and other experiments suggest that the quadruple helix can be formed in the sequences containing both purine and pyrimidine (Kim, 1987; Kim and Lim, 1989). Several models have been proposed for this quadruple helix (Nash and Robertson, 1989); Wilson, 1979; McGavin, 1980; Hopkins, 1986; McGavin. 1989a, b). The most interesting one is that it may exist as an intermediate of intra- and intermolecular recombination. However, none of these models has been completely proved and their biological meaning is not know yet.

To explore the structure of quadruple helix, a theoretical approach was tried. Energy minimization and molecular dynamics are powerful theoretical approaches to the study of structure and molecular motions in biological macromolecules (McCammon and Harvey, 1987). Although energy minimization is a useful method to find low energy conformations, the prediction of conformation of nucleic acids or proteins has a long-standing problem. There have been many attempts made by minimization of the internal energy of molecules. The difficulty of this approach is that there are many local minima in the potential energy surface. In the case of DNA, interactions between strands make it very difficult to find a global minimum. The other method, molecular dynamics simulation, has been shown to offer an interesting clue to the nature of the protein and nucleic acid. Relatively fewer applications of dynamics have been made to nucleic acids than to proteins. However, recently there have been many studies on nucleic acids employing molecular dynamics. In this study, three theoretical approaches-conformation search by rotation of torsion angles, energy minimization and molecular dynamics-were carried out to explore the structure of the quadruple helix.

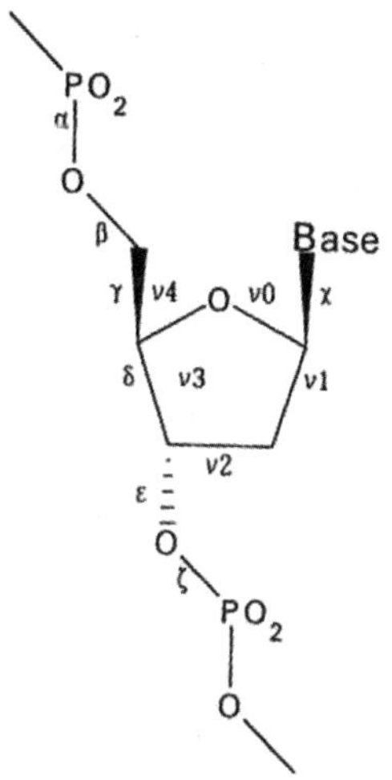

Figure. 1. Definition of torsion angles in nucleotide.

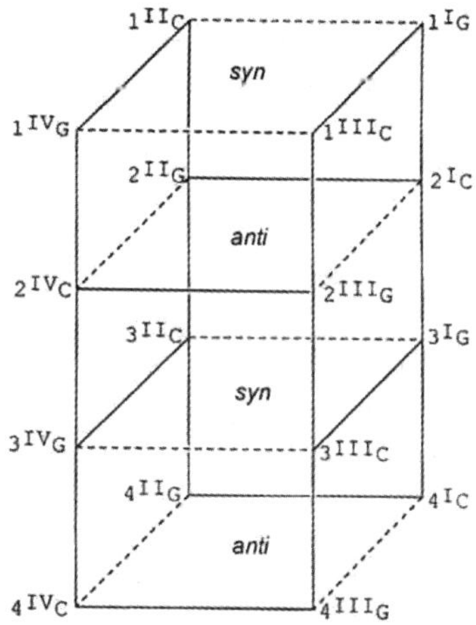

Figure. 2. The diagram of a quadruple helix.

Methods

Model structures

The models used in this study are based on one-plane base geometry of an X-ray diffraction study of a 1:1 crystalline complex of 9-ethylguanine with 1-methylcytosine (O'Brien. 1966).

Conformation search

Sugar pucker selection: Of all pseudorotational phase angles (Altona and Sundaralingam. 1972; Levitt and Warshel. 1978), two low energy conformations (C2'*endo*. C3' *endo*) and two high energy conformations (O1' *endo*. C4' *endo*) were chosen for the sugar ring. On each sugar conformation, the glycosyl angles of a one-layer model were rotated at intervals of 6° for four sugar conformations, while the rest of the backbones were fixed to the torsion of standard B-DNA (Arnott and Hukins. 1972). Then, the low energy sugar conformations were selected. The definition of the torsion angle is shown in Figure 1.

One-layer models: The rotation of backbone torsion angles was performed on the selected sugar conformation. It is assumed that the backbone torsion angles of four strands are symmetric. To satisfy this assumption, the corresponding torsions of each base must have the same values. This assumption is based on our preliminary calculations on the rotation of

χ and γ in one-layer, which implied that low energy conformations could be found when the corresponding χ and γ of each base have similar values. Thus, the glycosyl angles (χ) and backbone torsion angles (β. γ, and ε) were rotated with four-strand symmetry; that is, the corresponding torsions of each base were rotated in the same direction and at the same degree so that the corresponding torsions of each base had the same values. The χ of each base was rotated from -180° to -60° for anti and from 0° to 120° for syn at intervals of 10°. On every χ, the β, of each base was rotated from -180° to 180° at intervals of 10°. The χ of each base was also rotated from -180° to 180° at intervals of 10°. The combinational rotations of χ, β, and γ, were carried out because β, is linked with γ, and the rotations of χ, β, and γ are affected by each other. For the selected low energy combination of χ, β, and γ the ε of each base was rotated and low energy conformers were selected.

Multilayer models: Two-layer models were built by the stacking of one-layer models so that anti and syn are alternately repeated, that is all glycosyl angles of one layer are anti and those of an adjacent layer are *syn*, and *vise versa* as shown in Figure 2. The helix rise was set equal to 3.5 Å, an intermediate value between B-DNA and triplehelix, because stacking in quadruple helix in stronger than in double helix. The helix twist was adjusted to fit the length of phosphodiester bonds (-30~-20°). The two-layer models were minimized by using steepest descents followed by conjugate gradients. Three- and four-layer models were built by using the same methods as the two-layer cases. The terms *syn* and *anti* identify the different regions of χ, such as *syn* = 60° ± 60° and *anti* = -120° ± 60° (Dickerson *et al.*, 1982).

Calculations

On the four-layer models that have the low energy, molecular dynamics simulations were performed at 300 K during 100 ps, and the dynamics properties were analyzed. The initial velocities were taken from a Maxwell-Boltzmann distribution for the target temperatures. The leap-frog algorithm was used to integrate the equations of motion, with an integration time step of 1 fs.

All calculations and analysis were carried out using Discover 2.7 and Amber 4.0 with Amber forcefield on an IRIS4D/340GTX computer. Solvent molecules were not included in the calculations, but the effect of solvent was approximated by multiplying the electrostatic energy term by a (1/r). To mimic counterion effect, the net charges on the phosphate group were reduced to -0.32e by simple reduction of the two phosphate oxygen charges (Nilsson et al., 1986).

Table 1. Potential energy of six four~layer models

Model	Energy[a]
I	−737.0
II	−788.3
III	−744.4
IV	−783.7
V	−778.5
VI[b]	−798.4

[a]In kcal/mol.
[b]Selected and used for further analyses.

Table 2. Sugar pucker profile during molecular dynamics

Strand	Base[a]	%C3′ *endo*	%O1′ *endo*	%C2′ *endo*	%O1′ *exo*
1	2^{I}C	100	0	0	0
1	3^{I}G	96	4	0	0
2	2^{II}G	0	79	21	0
2	3^{II}C	0	35	65	0
3	2^{III}G	0	64	36	0
3	3^{III}C	0	42	58	0
4	2^{IV}C	11	3	86	0
4	3^{IV}G	0	0	100	0

C3′ *endo* implies P = −18 to 54: O1′ *endo* P = 54 to 126: C2′ *endo*, P = 126 to 198: O1′ *exo*. P = 198 to 270. [a]Definition in Figure 2.

Table 3. Time averages of suger ring torsion angles during molecular dynamics.

Strand No.	Base[b]	Sugar ring torsion angles[a]				
		$\nu 0$	$\nu 1$	$\nu 2$	$\nu 3$	$\nu 4$
1	2^{I}C	5.3 (±7.8)	−27.1 (±6.3)	36.6 (±4.9)	−34.8 (±5.8)	18.9 (±7.5)
	3^{I}G	Shift to −16	Shift to −19	Shift to 41	-37.3 (±7.1)	21.2 (±/9.6)
2	2^{II}C	−36.8 (±9.1)	27.3 (±15.6)	−8.8 (±18.7)	−12.5 (±17.3)	31.0 (±11.2)
	3^{II}G	−37.5 (±7.9)	37.9 (±5.2)	−24.3 (±6.6)	3.4 (±9.3)	21.2 (±9.9)
3	2^{III}C	−40.3 (±6.3)	34.2 (±11.8)	−16.0 (±16.1)	−7.1 (±16.5)	29.9 (±11.4)
	3^{III}G	−34.0 (±12.0)	36.5 (±6.8)	−25.0 (±6.3)	6.3 (±11.2)	17.1 (±14.0)
4	2^{IV}G	Shift to −42	Shift to 40	Shift to −39	Shift to 14	18.0 (±11.0)
	3^{IV}G	−22.3 (±8.3)	32.2 (±5.8)	−29.1 (±5.7)	17.2 (±8.0)	3.1 (±9.4)

[a]In degrees.
[b]Definition in Figure 2.

RESULTS AND DISCUSSION

Conformation search

One-layer models: As a result of glycosyl angle rotation of one-layer models for four selected pseudorotation angles, the low energy conformations were achieved at C2′ endo. The lowest energy conformer and the conformers around the lowest energy were selected so that they had many differences in torsion angles. Since the minimum of one-layer may change due to the stacking effect, the conformers having higher energy than the lowest were also selected so that the energy range of selected models in each group was within 40 kcal/mol.

Multilayer models: The one-layer models were stacked and six four-layer models having low energy were selected by energy minimization (Table 1). Most of the rms deviations between selected models in each group were less than 2.0 Å The stacking energies have a tendency to decrease as the number of layer increases and most of them are lower than -17.9 kcal/base pair, the stacking energy of B-DNA. As discussed below, the large number of hydrogen bonds may play an important role in stabilizing the interactions between layers.

Time course of molecular dynamics

The lowest energy model (VI) of the six models (shown in Table 1) was selected and used for further analysis. In this model, the rms deviations decreased and were less than 0.7Å after 35 ps during 100 ps molecular dynamics. The diagram and notation of our model are shown in Figure 2.

Because flopping was large at both ends of the strand, the dynamic behaviors were analyzed at the second and third layers. The glycosyl angle conformation remained alternate between anti and syn during molecular dynamics. A more detailed examination of sugar conformation during molecular dynamics is given in Table 2. Strand 1 had C3′ *endo* sugars and other strands had O1′ *endo* and C2′ *endo* sugars. For sugars that remain near C2′ *endo* , the sugars tend to move toward O1′ *endo* rather than O1′ *exo* conformation. These results are consistent with expectations based on the energy profile for deoxyribose sugars; there are two low local minima, C2′ *endo* and C3′ *endo* , with a low energy barrier of 1-2 kcal/mol at O1′ *endo* between them and a high energy barrier of 3-4 kcal/mol at O1' exo of C1' endo. In B-DNA, C2' endo, O1' endo, C3' endo, and C1' exo conformation

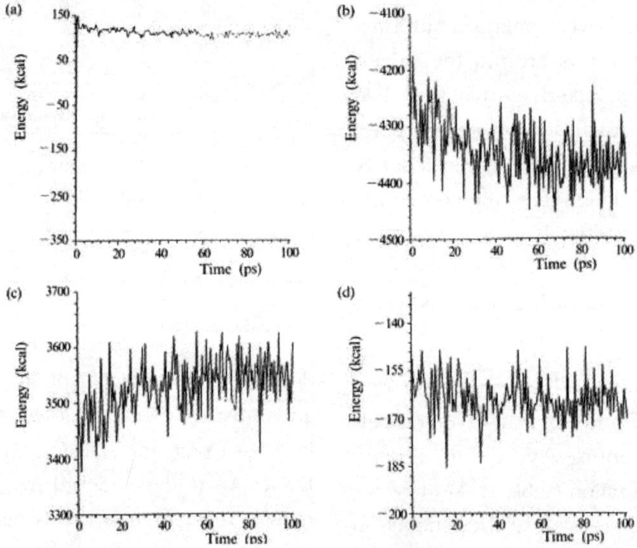

Figure. 3. Plot of total. hydrogen bond. coulombic, and van der Waals energy during molecular dynamics. The total and hydrogen bond energy decrease while the coulombic and van der Waals energy are constant.

Table 4. Time averages of backbone torsion angles during molecular dynamics.

Strand No.	Base[b]	Sugar ring torsion angles[a]					
		α	β	γ	ε	ζ	χ
1	2^{I}C	70.7 (±9.8)	−160.7 (±8.9)	166.1 (±8.5)	−171.8 (±8.4)	−75.05 (±8.1)	−156.07 (±7.8)
	3^{I}G	160.9 (±12.9)	−167.9 (±10.8)	174.3 (±9.6)	80.9 (±9.6)	79.0 (±9.1)	1.1 (±9.3)
2	2^{II}C	75.4 (±11.2)	−178.9 (±7.7)	−179.0 (±9.0)	−169.0 (±8.7)	−80.4 (±12.6)	−154.4 (±11.8)
	3^{II}G	136.6 (±17.8)	178.3 (±9.7)	−175.1 (±11.0)	60.6 (±8.8)	67.6 (±8.1)	46.5 (±10.5)
3	2^{III}C	76.1 (±11.0)	−178.3 (±8.2)	−180.0 (±9.2)	−170.7 (±7.8)	Shift to −78	−148.7 (±14.2)
	3^{III}G	Shift to 147	176.7 (±10.7)	Shift to 165	58.0 (±8.1)	67.5 (±8.1)	47.5 (±12.5)
4	2^{IV}G	66.3 (±9.8)	−177.3 (±8.0)	173.7 (±8.9)	173.3 (±9.7)	−87.2 (±13.1)	−130.1 (±14.9)
	3^{IV}G	175.8 (±11.2)	−168.7 (±10.1)	179.2 (±9.9)	64.1 (±8.1)	72.7 (±7.3)	31.0 (±9.4)

[a]In degrees.
[b]Definition in Figure 2.

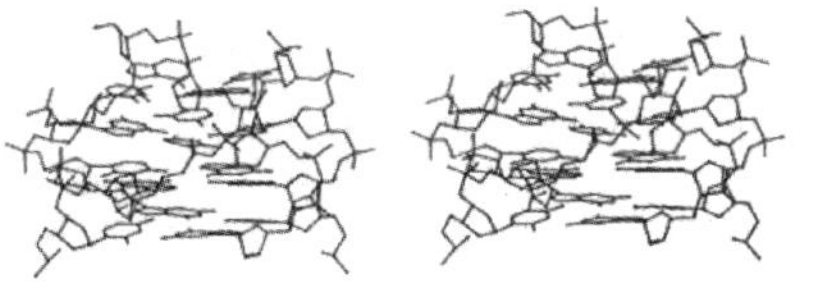

Figure. 4. Time average quadruple helix (four-layer model) from 50 to 100 ps.

exist (Dickerson and Drew, 1981). Table 3 contains the time averages of individual sugar ring torsion angles of quadruple helix during 100 ps molecular dynamics. Although most sugar ring torsions have small fluctuations, some of them undergo conformational transitions. The $\nu0$, $\nu1$, and $\nu2$ of 3^{I}G were shifted to -16°, -19°, and 41°, respectively, at about 3 ps, and the $\nu0$, $\nu1$, $\nu2$, and $\nu3$ of 2^{IV}C were shifted to -42°, 40°, -39°, and 14°, respectively, at about

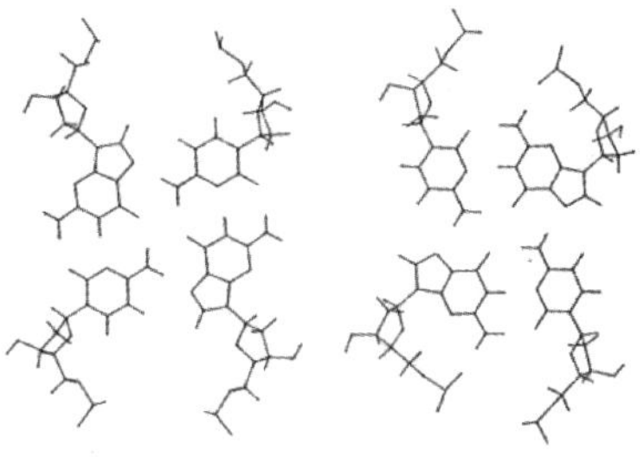

Figure. 5. The organization of four bases of the (a) second and (b) third layer of the time-average (50-100 ps) quadruple helix (stereoscopic view).

Table 5. Comparison of backbone torsion angles for A-, B-DNA, and MD average quadruple helix.

	Backbone torsion angles[a]						
	α	β	γ	δ	ε	ζ	χ
A-DNA[b]	−84	−152	45	83	178	−47	86
B-DNA[b]	−46	−147	36	157	155	−96	143
Quadruple	112	−158	−174	112	125	176	144

[a]In degrees.
[b]Arnott and Hukin 1972.

Table 6. Helical parameters of A-, B-DNA, and MD average structure of quadruple helix.

	Rise[a]	Twist[b]	Tilt[b]
A-DNA[c]	2.6	32.7	20.0
B-DNA[c]	3.4	36.0	-5.9
Quadruple	3.3	33.4	24.9

[a]In Å
[b]In degrees.
[c]Drew *et al.* (1981)

15ps. These transitions make sugar ring torsions of 2^{IV}C similar to corresponding torsions of 3^{IV}G, and those of 3^{I}G similar to corresponding ones of 2^{I}C. The transitions of sugar rings are likely to make sugar conformations similar in one strand.

As shown in Table 4, most of them have

small oscillations while some backbone torsions undergo transitions at about 25 ps during 100 ps. The α and γ of $3^{III}G$ were shifted from 77° to 147° and from -99° to 165°, respectively. The ζ of $2^{III}G$ was shifted from -114° to -78°. These transitions make backbone symmetry with the opposite side of the backbone: that is, as a result of these transitions the backbones have similar conformations to the opposite side of the backbone. The transition of α of $3^{III}C$ in strand 3 makes backbone symmetry with α of $3^{III}C$ in strand 2. The transition of torsions in $3^{III}C$ and $2^{III}G$ in strand 3 make backbone symmetry with corresponding torsions of $3^{II}C$ and $2^{II}G$ in strand 2 respectively. It seems that the backbone symmetry is related with the geometrical difference of guanine (purine) and cytosine (pyrimidine), since guanine has two rings while cytosine has one ring.

To verify that the transitions of some torsions during molecular dynamics are not dependent upon initial structures, the α and γ were modified as follows and molecular dynamics were carried on. The first is that α of $3^{III}C$ was set equal to initial value of α of $3^{II}C$(133°), the second, α of $3^{II}C$ equal to the initial value of γ of $3^{III}C$(61°), the third, γ of $3^{III}C$ equal to the initial value of γ of $3^{II}C$ (-172°), and the fourth, γ of $3^{II}C$ equal to the initial value of γ of $3^{III}C$ (-77°). In spite of the modification of starting torsions, the trends of transitions of torsions were not changed in all cases, whereas the transitions occur at different time. This result suggests that there is strong driving force and that the transitions of torsions are not dependent upon initial structures.

During molecular dynamics, the total energy and hydrogen bond energy decrease, while the coulombic energy somewhat increases and van der Waals energy remains constant (Fig. 3). From this it could be concluded that the hydrogen bond energy is the major contributing factor to the conformational transitions.

Molecular Dynamics Average Conformation

Since the torsions undergo transitions in the earlier stage of molecular dynamics, the time-average structure of the four-layer model was taken later from 50 to 100 ps (Fig. 4). The base organization of the second and third layer of this structure is shown in Figure 5. As mentioned above, the backbones of strands are symmetric with the opposite side of the backbones. The rms deviation is 1.03 Å between strands 1 and 4, and 0.77 Å between strands 2 and 3, whereas it is more than 3 Å for other pairs. Our model is different from A- or B-DNA in the backbones. It can be seen that the difference of backbones is large in α, γ, and ζ (Table 5). The average distance between adjacent phosphates is 7.0 Å in our quadruple helix while 6.5 Å (the value calculated using the structure reported in Arnott and Hukins, 1972) in B-DNA. From these results, it may be suggested that the quadruple helix has backbone conformations which reduce phosphate group repulsions. As given in Table 6, our model has an average helix rise of 3.3 Å and twist of 33.4° It is remarkable that the values of helix rise and twist lie between A- and B-DNA. The sugar conformations of our model are C3′ endo, C2′ endo, and O1′ endo(Table 2). The hydrogen bond of this model is very interesting. The orientation of two Watson-Crick base pairs of one layer repeats in alternate layers with the base pairs of neighboring layers in near-perpendicular orientation. In another word, on strand 1, one base will pair with one base on strand 2 while the neighboring bases on strand 1 will pair with bases on strand 3, and so on. This alternating base pair orientation may stabilize the quadruplex structure by allowing equal interactions among neighboring strands.

REFERENCES

Aboul-ela, F., Murchie, A. I. H., and Lilley, D. M. J. (1992) Nature 360, 280-282

Altona, C., and Sundaralingam, M. (1972) J. Am. Chem. Soc. 94(23), 8205-8212

Arnott, S., and Hukins, D. W. L. (1972) Biochem. Biophys. Res. Comm. 47(6), 1504-1510

Arnott, S., and selsing, E. (1974) J. Mol. Biol. 88, 509-521

Beal, P. A., and Dervan, P. B. (1991) Science 251, 1360-1363

Cheng, Y. -K., and Pettitt, B. M. (1992) J. Am. Chem. Soc. 114, 4465-4474

Dickerson, R. E., Drew, H. R., Conner, B. N., Wing, R. M., Fratini, A. V., and Kopka, M. L. (1982) Science 216, 75-485

Dickerson. R. E., and Drew, H. R. (1981) J. Mol. Biol. 149, 761-786

Drew, H. R., Wing, R. M., Takano, T., Broka, C., Tanaka, S., Itakura. K. and Dickerson. R. E. (1981) Proc. Natl. Acad. Sci. USA 78(4), 2179-2183

Hopkins, R. C. (1986) J. Theor. Biol. 120, 215-222

Htun. H., and Dahlberg, J. E. (1989) Science 243, 1571-1576

Kang, C. H., Zhang, X., Ratliff, R., Moyzis. R., and Rich, A. (1992) Nature 356, 126-131

Kim, B. D. (1987) Proc. 10th Symp. Korean Sci. Eng. Assoc. 123-126

Kim, B. D., and Lim, Y. P. (1989) Korean Biochem. J. 22(1), 19-25

Laughton, C. A., and Niedle, S. (1992a) J. Mol. Biol. 223, 519-529

Laughton, C. A., and Niedle, S. (1992b) Nucleic Acids Res. 20(24), 6535-6541

Levitt, M., and Warshel. A., (1978) J. Am. Chem. Soc. 100(9), 2607-2613

Macaya, R. F., Gilbert, D. E., Malek, S., Sinaheimer, J. S., and Feigon. J. (1991). Science 254, 270-274

McCammon, J. A., and Harvey, S. C. (1987)

Dynamics of Proteins and Nucleic Acids. Chapter 4
McGavin. S. (1980) J. Theor. Biol. 85, 665-672
McGavin. S. (1989a) J. Theor. Biol. 136, 135-150
McGavin. S. (1989b) J. Theor. Biol. 138, 117-128
Mergny, J. L., Duval-Valentin, G., Nguyen, C. H., Perrouault, L., Faucon, B., Rougee, M., MontenayGareatier, T., Bisagni, E., and Helene, C. (1992) Science 256, 1681-1684
Nash, H. A., and Robertson, C. A. (1989) EMBO J. 8(11), 3523-3533
Nilsson, L., Clore, G. M., Gronenborn, A. M., Brunger, A., T., and Karplus, M. (1986) J. Mol. Biol. 188, 455-475
O'Brien, E. J. (1966) J. Mol. Biol. 22, 377-379
Panyutin, I. G., Kovalky, O. I., Budowsky, E. I., Dickerson, R. E., Rikhierv, M. E., and Lipanov, A. A. (1990) Proc. Natl. Acad. Sci. USA 87, 867-870
Sen, D., and Gilbert, W. (1988) Nature 334, 364-366
Strobel, S. A., and Dervan, P. B. (1991) Nature 350, 172-174
Wilson, J. H. (1979) Proc. Natl. Acad. Sci. USA 76(8), 3641-3645

KAST Review of Modern Science & Technology, Vol. 3, December 2007

The Foldback Intercoil DNA: its Implication on DNA Structures and Functions

B. D. Kim

Department of Plant Science, and Center for Plant Molecular Genetics and Breeding Research, Seoul National University, Seoul 151-921, Republic of Korea

Abstract: The foldback intercoil (FBI) DNA is a unique structure of DNA that is presumed to form transiently in vivo to facilitate various forms of homologous recombination of DNA. The unique structural features of the FBI DNA that departs from the conventional concept of thedouble helix DNA are numerous: 1) a foldback or 180° bending of a double stranded DNA (diameter 2.2 nm), 2) non-helical, parallel, bent tracks of a minimum 6 bp double strand DNA at the tip of the foldback, 3) an intercoil (diameter 2.2 nm), or a tightened version of a supercoil DNA (diameter ~4.4 nm), in which two duplexes intertwine with each other in their major grooves, 4) a four stranded DNA (diameter 2.2 nm), that can be formed in the intercoil by complementary synapsis of repetitive sequences, 5) 90° bends of the flanking duplex strands at the base of the stem to allow close contact for the flanking duplexes with another parallel duplex DNA to assist such functions as an enhancer and a target for transposition, and 6) heteroduplexes formation by 90° flipping of four-strand base-paired repeat sequence that allow homologous recombination. Once formed, the FBI DNA, as tested by a space-filling model, was found instrumental in mediating various recombination transactions such as inversion, deletion, site specific insertion, and transposition. By the use of the FBI configuration DNA-DNA recognition in homologous recombination is fully realized by 1) a 'four-stranded base pairing sysnapsis first' model in major groove.major groove approach, and 2) a 'double strand break first' model in minor groove.minor groove approach. Heteroduplexes formation by base flipping and the use of about six base pairs in the homologous recombination effectively eliminates the long-held topological problems of plectonemic winding. Physical proof of the FBI DNA at atomic resolution may not come easy, but when proper interpretation is applied biochemical proofs hidden in the literature can be revealed. For example, the magic number of about six base pairs in site-specific insertion and in target sequence duplication during transposition makes sense when perpendicular approaches of the tip or base of the FBI DNA is understood, i.e., in a perpendicular approach the diameter, 2.2 nm, of an FBI DNA matches with the 6.5 bp width on the target. In this paper, a series of earlier publications on the FBI DNA structure and functions are introduced with critical reviews in light of the current literature. The FBI DNA may be a physical manifestation of the long sought functions of repetitive sequences in regulation of gene expression. In the age of genomics, the FBI DNA may represent the master key for global understanding of the biology of the DNA in the compact cellular situation.

Key Words: Foldback intercoil (FBI) DNA, DNA recombination, DNA transposition, DNA structure

I. Introduction

The discovery of the double helix structure of DNA in 1953 by Watson and Crick (Watson and Crick 1953a) revolutionized human understanding of the gene and opened a door to the development of biotechnology and full sequencing of human genome within about 50 years (Ventor et al. 2001). The most salient feature of the double helix was the specific base pairing that suggested possible copying mechanism for the genetic information. Despite of all the advances in molecular biology of DNA, however, fine details of various functions of DNA do not seem to yield a unifying mechanism. The difficutly may lie in a suttle, hidden structure of DNA at a higher dimension. The foldback intercoil (FBI) DNA may offer a unifying solution to such puzzles of the structure and function of DNA.

The FBI DNA is a concept of DNA structure that evolved rather slowly by several steps in the course of an enquiry into the DNA structure and function that was intrigued by the electron microscope (EM) observations of some unusual configurations of mitochondrial DNA (mtDNA). Since the experimental system was not well established, and the concept was rather unconventional the pursuit had to follow a path of conceptual intuitions, literature search, and theoretical approaches with the help of a space-filling model of DNA (see 'Brief background' below). A series of papers were published in rather non-conspicuous journals and proceedings mainly for the purpose of keeping a record (Kim et al.1982, Kim 1985, Kim 1986, Kim 1987, Lim and Kim 1988ab, Kim and Lim 1989, Moon et al. 1994). The first version of the space filling model that explained inversion and deletion (Kim 1985) was presented in numerous scientific meetings including the Cold Spring Harbor Symposium and the Meetings (1986, 2003), the International Congress of Genetics (2003) and the EMBO workshop on DNA recombination (1986). The second version of the space-filling model explained the perpendicular approaches of the FBI DNA in site-specific insertion and transposable element insertion. It was described by a diagram and words in a proceeding (Kim 1987), and the pictures of the space-filling model were withheld for a better publication. The models for site-specific insertion and transposition were presented to a limited number of meetings, and presentation in major international meetings was not possible as the author made a transition to Korea in July 1987. Time has passed since then. Success of human genome project opened an era of system biology. Ever increasing overflow of genome sequence information calls for a proper perspective of the roles of the genes and non-coding repetitive sequences. Impressive advances in molecular and biochemical details on the mechanisms on DNA replication, transcription, recombination, and transposition have been made. Yet there is a lack of coherent unifying concept at the level of the structure of DNA. The chaos can only be addressed by proper understanding of the structure and function of DNA, and the FBI DNA is at the core of the possible solutions.

In this review an introduction to the structure and function of the FBI DNA will be made. A brief review of current literature will be made in the context of the applicability of the FBI DNA. Attempts to explain the homologous recombination with four-stranded DNA had been made in the past. However, current understandings of most of the homologous recombination events rule out the four-stranded synapsis. It will be shown that application of the concept of foldback intercoil DNA in various homologous recombination systems proves that most of the literature had been right in their own observations, but a new interpretation in the light of the FBI DNA can clarify many conceptual barriers that lingered on in the past. the biochemical evidences were consistent with the authors models of the FBI DNA. In some cases such as enhancers theauthor could provide an alternative interpretation based upon some EM observations of unique DNA configurations. This review will be presented in a sequence as follows: EM pictures of some mtDNA molecules with unique configurations, structure of the FBI DNA, models for intra- and inter-molecular recombination, discussion of the current literature in light of the FBI DNA structure, a brief background of the development of the FBI DNA story, discussion, and conclusion.

II. Foldback intercoil DNA

1. EM pictures of some mtDNA molecules with unique configurations

Some EM pictures of pearl millet mtDNA with unique configurations that have certain relevance to the subject are shown in Figs. 1-3. Methods of DNA preparation, EM procedures and the mtDNA molecules observed have been described (Kim et al. 1982, see 'Brief background' below).

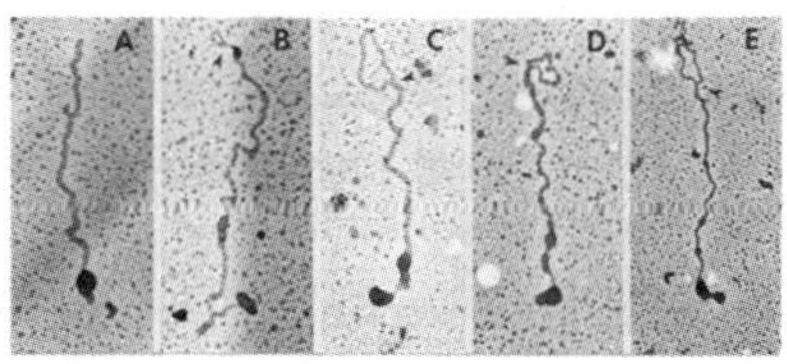

Fig. 1.Electron microscope pictures of small mtDNA molecules from pearl millet randomly collected for the rigid rod shape coupled with a circle and a protein complex on either end.

Small rigid linear molecules with rare appearance had been collected for the unique configurations with a protein complex and a lasso shape on each end (Fig. 1). The protein complex may be holding the overall configuration of the molecule. It is apparent that the mtDNA preparation was not completely deproteinated.

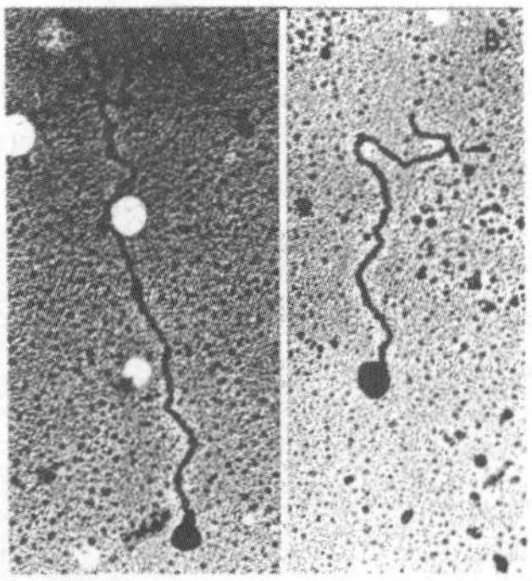

Fig. 2. Electron microscope pictures of small mtDNA molecules showing rigid rod shape with a protein complex on one end and a stem-andloop or a foldback intercoil side branch near the other end.

A foldback structure on the bottom in Fig. 1B suggests that the mtDNA molecules can be locally folded back and released not in a way of nucleosome winding. The circle on the top end first caught the eyes as it was intriguing for the possible structural detail and the origin. Among several interpretations one possibility of the "rigid lasso rod" structure as an intermediate of DNA replication has been raised (Kim et al. 1982).

Two rigid rod molecules with distinct terminal protein complexes were selected to show the presence of a stemand-loop and a stem side structure as pointed by an arrowhead (Fig. 2). The whole molecule apparently is in a highly coordinated configuration that cannot be simply defined as a linear, an open circle, or a simple supercoil of a plasmid DNA. The whole molecule may represent as a unit of replicating DNA. The stem-and-loop structure (Fig. 2A) may contain a DNA unit comparable to a transposable element with a pair of terminal inverted repeats synapsed in the stem. The short stem branch (Fig. 2B), as well as the very end of the rod-shaped molecule may represent foldback structures of double stranded DNA. These molecules are considered to represent a natural state, since other than serial centrifugation steps and phenol-chloroform extraction, the mtDNA preparation was not exposed to any experimental treatment or manipulation. Further purification and experimental treatments might have dissolved the unique configuration to yield clean typical double stranded DNA molecules devoid of any global structural information of the

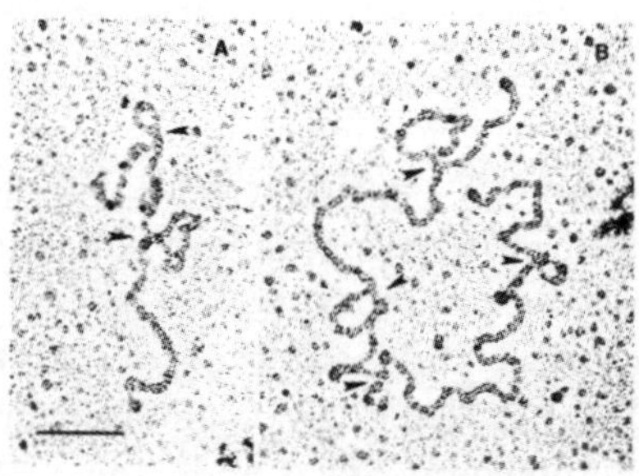

Fig. 3. Electron microscope pictures of small linear mtDNA fragments containing some loop and stem-and-loop configurations. (after Kim 1985)

molecule. These two molecular configurations in Fig. 2 warrant more description in the latter part of this review.

Two small linear mtDNA molecules containing stemand-loop and loop structures show that the DNA molecule can make very dynamic motions and conformations (Fig. 3, after Kim 1985). Whether the dynamic secondary structures were formed in the linear molecule or in a supercoil structure before a double strand breaking is not known. It could be argued that the DNA molecules presented are artifacts. Even so, the fact that DNA molecules can assume such configurations should be given serious attention. The observation of a stem-and-loop structure made out of a native double stranded DNA triggered the conceptual possibility that if the terminal inverted repeats of a transposable element could make a physical contact in the stem then the sequence complementarity could be realized in a four-stranded conformation to lead to a homologous recombination.

2. Four-stranded Base Pairing

Four-stranded base pairing at homologous DNA sequences has been first proposed as a model for genetic recombination by McGavin (1971). Additional hydrogen bonds could be formed in the major groove between two homologous duplex sequences, for example, AT and TA, or GC and CG. Formation of such interduplex hydrogen bonds between two nonhomologous duplexes, for example, GC and AT is not favored due to steric misfit (McGavin 1977). Wilson (1979) proposed an alternative model of four-stranded DNA by a minor groove-minor groove approach. Wilson's model also represents a pair-first model of recombination as an alternative to cut-first models favored by Holliday (1964) and Meselson and Radding (1975). An alternative model of recombination which does not require four-stranded DNA formation was also proposed by Sigal and Alberts (1972).

Direct test of the four-stranded base pairing by structural biology and biochemistry may not be readily realized. With regard to understanding the structure of four-stranded DNA a theoretical approach has been performed by torsion angle rotation, energy minimization, and molecular dynamics at a primitive scale. One interesting model emerged with a very interesting hydrogen bond arrangement. The orientation of two Watson-Crick base pairs of one layer repeats in alternate layers with the base pairs of neighboring layers in near-perpendicular orientation. This alternating base pair orientation may stabilize the quadruple structure by allowing equal interactions among neighboring strands (Moon et al. 1994). An immediate approach was to construct a space-filling model of

DNA and test if the stemand-loop configuration shown by the native DNA can be reproduced.

3. Space-filling Model

Scaled space-filling models (Academic Press / Molecular Design, Inc. Orlando Florida, USA 1984) of DNA have been constructed for a foldback stem-and-loop and a loop by forming four-stranded hydrogen bonds at inverted repeat and direct repeat regions, respectively (Kim 1985). In building the model, the atomic torsion angles of canonical B-DNA (Drew et al. 1981) were used. All bases used were antiand all sugars C-2'-*endo*. The canonical B-DNA model was constructed initially by placing the helix axis in the middle of the hydrogen bonds (Feughelman et al. 1955, Langridge et al. 1960). It did not accommodate four-stranded base pairing nor even the sharp bending. A minor but important modification of the canonical B-DNA had to be introduced. When the helix axis was moved from the middle of the hydrogen bonds to the major groove as was originally proposed by Watson and Crick (1953b), the right handed B-DNA became extremely flexible to unwinding, twisting and bending within certain limits of the space-filling model (Kim 1986). It should be noted that in the 1985 paper (Kim 1985) the author was erroneously led to believe that an alternative model called B II DNA proposed by Hopkins (1981, 1982, personal communication) offered enough flexibility to bending and twisting. However, what was actually used was the B-DNA that had been described by Watson and Crick (Watson and Crick 1953, Crick and Watson 1954). This confusion had been clarified by personal communications with R. C. Hopkins and S. McGavin as mentioned in the following paper (reference 1 in Kim 1986).

Even though this form of flexible B-DNA can make one complete turn for each 10 base pairs with a pitch of 3.4 nm and 2.0 nm diameter, when unwound, it can assume a parallel track of sugar-phosphate backbones (Kim 1985, 1986). At this parallel track the flexible B-DNA model can be bent by 180° and form a tight stem-and-loop structure. In the stem, two duplexes can slide into each other's widened (2.2 nm) major groove to form a four-stranded DNA which maintains 10 base pairs per turn, the 3.4 nm pitch, and the base pairs perpendicular to the helix axis. Diameter of the four-stranded DNA (2.2 nm) is the same as the double stranded DNA (2.2 nm, Watson and Crick 1953b). The loop can be squeezed to as little as six base pairs with the minor groove facing outward as a tip (Fig. 7a). This physical transfiguration of double stranded DNA into a stem-and-loop DNA is named a foldback intercoil (FBI) DNADNA (Kim 1986, 1987). A new term 'intercoil' (effective diameter 2.2 nm) is introduced to distinguish itself from a supercoil (effective diameter larger about 4.0-4.4 nm), and also to distinguish itself from a four-stranded DNA. Whereas a four-stranded DNA denotes four-stranded base pairing among complementary duplexes (McGavin 1971, 1977), an intercoil can also be formed without sequence complementarity between two intertwining duplexes. Formation of four-stranded DNA has been generally believed energetically impossible (personal communications). Reproducing the stem-and-loop and stem configurations of the native mtDNA with a space-filling model of DNA assured two new findings; 1) Double stranded DNA can be folded back by 180°, and 2) Four-stranded base pairing is possible. With this assurance further testing of the four-stranded DNA for homologous recombination was conducted.

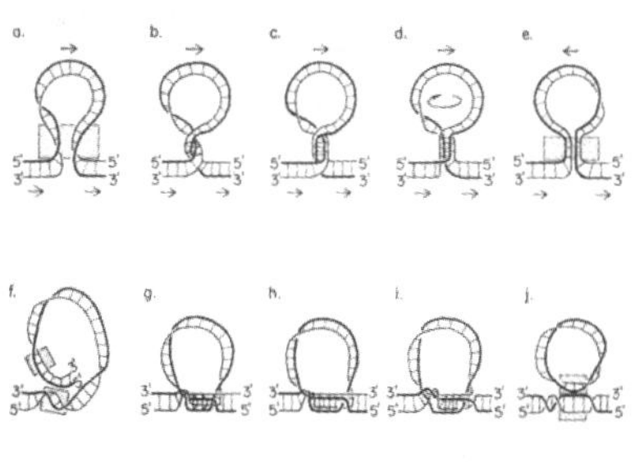

Fig. 4. Diagrams illustrating the sequential progression of the strands in homologous recombination. (after Kim 1985)

4. FBI DNA and Inversion and Deletion

The stem-and-loop space-filling model has been tested and found to be effective in mediating homologous recombination using complementary sequences of inverted repeats in the stem. A pathway of intramolecular homologous recombination has been described to occur in three major steps; 1) Synapse or four-stranded base pairing, 2) Base pair exchange or heteroduplexes formation, and 3) Strand exchange or resolution (Figs. 4-7) (Kim 1985).

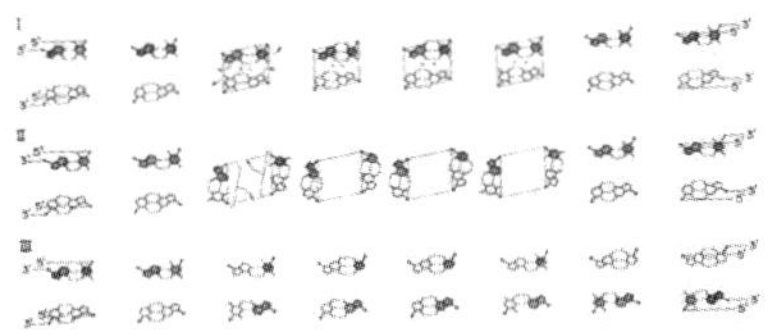

Fig. 5. Diagrams illustrating the sequential progression of the base pairing in homologous recombination. (after Kim 1985)

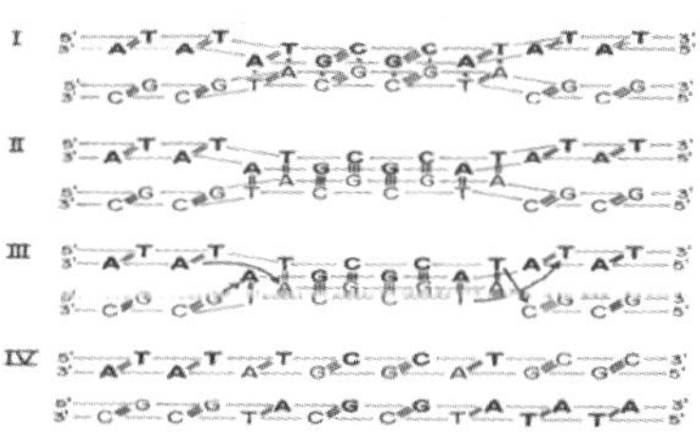

Fig. 6. Diagram illustrating the sequential progression of the sequence arrangement during homologous recombination. (after Kim 1985)

1) Synapsis or four-stranded base pairing: Four-stranded base pairing forms in the major grooves when two complementary duplex sequences are

brought into juxtaposition in the intercoil structure (Fig. 4b,g, Fig. 7a,d). A pair of inverted repeats synapses in the stem. A pair of direct repeats synapses in the loop. It is noteworthy that the synapsis can be formed with about six base pairs, about half a turn of the double helix.

2) Base pair exchange or heteroduplexes formation: Once the synapsis of the repeat sequences is achieved then the base pair exchange takes place in a minimal motion of 90° flipping to form new hydrogen bonds in the heteroduplexes (Fig. 5II, Fig. 7b,e).

3) Strand exchange or resolution: At both ends of heteroduplexes slight twisting of the two sugar phosphate backbones caused by the base pair exchange brings them to a close proximity near the helix axis (Fig 6III, Fig. 7b,e), so that endonucleolytic breakage of one phosphodiester bond, passage of the other intact strand, followed by ligation of the single nicks on both edges of the repeats would resolve the recombination reaction. The movement of strands is for the shortest possible distance with minimal disturbance.

Substrates and products: Homologous recombination of a pair of the inverted repeats in the stem as a substrate causes an inversion of the loop strand orientation without any physical movement of the loop itself (Fig. 4e). Both ends of the inversion junction may appear at sequence level as a sharp single point breakage and reunion, but the cross over points may contain staggered cuts of inverted repeats or palindromes of as little as six base pairs (Fig. 6III, IV). Homologous recombination of a pair of direct repeats in the loop as a substrate results in a deletion of the loop as a circular DNA with one copy of the heteroduplex direct repeat included (Fig. 4j Fig. 7f).

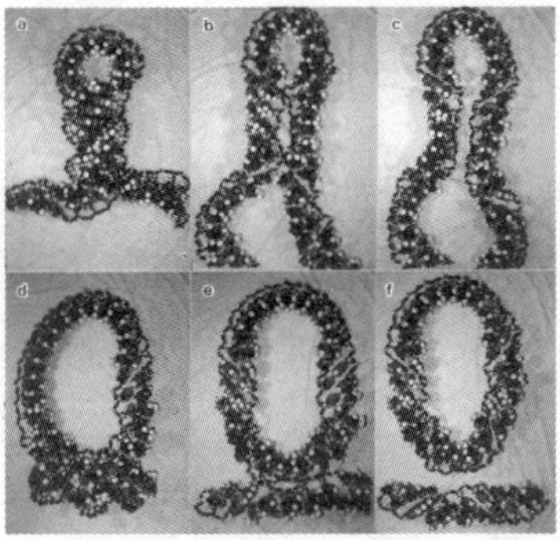

Fig. 7. Space filling model of the FBI DNA for homologous recombination. (a–c) Inversion of the loop sequence mediated by homologous recombination of the inverted repeats in the stem. (d,f) Deletion of the loop sequence mediated by homologous recombination of the direct repeats in the bottom of the loop. (after Kim 1985)

Significance: The most significant feature of the Watson-Crick double helix structure of DNA was the complementary hydrogen bonding between the bases from antiparallel strands. Yet, at another dimension complementarity of repeat sequences is fully realized by allowing direct DNA-DNA contact of the repeat DNA sequences in the synapsis. In a compact cellular situation it could only be possible by folding back at a focal point of DNA (mainly AT rich sequences) by a help of a DNA-binding protein, and by pairing the inverted repeats in synapsis, The FBI DNA may pull a protrusion out of the mass of the DNA strands. A simple 90° flipping of each base in the four-stranded region breaks the hydrogen bonds of the old duplexes and forms the hydrogen bonds in new heteroduplexes. Strand exchange takes minimal effort without full rotation of a duplex around the other duplex, since at the formation of heteroduplexes two sugar phosphate backbones are twisted towards the core and naturally brought into close contact of each other to allow a single series of a nick, pass of another strand, and closing by ligation. Use of about six base pairs, which is less than one turn of a double helix in the heteroduplexes, effectively avoids contracting topological hindrance of plectonemic coils involved. Involvement of proteins is essential and indispensable in the recombination reactions, but the description has been focused on DNA molecules.

5. FBI DNA and Site-Specific Insertion

It was soon realized that the use of four-stranded base pairing in the stem-and-loop structure may work for intramolecular recombination like inversion and deletion but not for intermolecular recombination such as site-specific insertion and transposition. Site-specific integration of a bacteriophage λ into bacterial DNA, first described by Campbell (1962), utilizes a 7 bp homologous sequences of both attP and attB sites (Craig and Nash 1983). The bacteriophage P1 system utilizes 6 bp attP and attB sites for homologous recombination (Hoess et al. 1984). The use of the four-stranded DNA base pairing in homologous recombination that has been proposed by McGavin (1971, 1977) had already been adopted for λ phage insertion (Nash et al. 1980, Nash 1981). Introduction of transient breaks at one edge would require a 270° clockwise rotation of the broken strands around their unbroken partners (Fig. 2 in Nash 1981).

Four-stranded base pairing might have

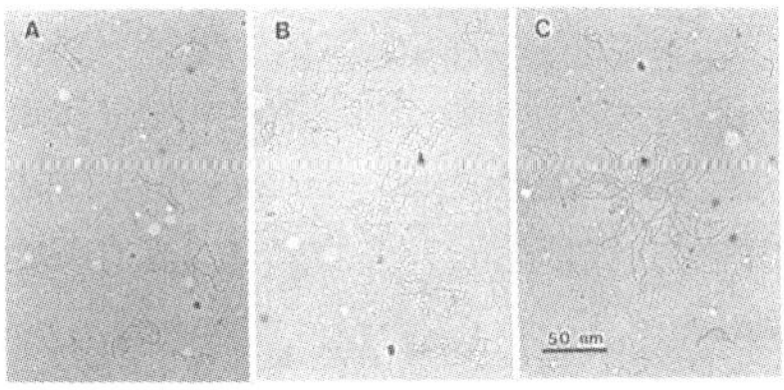

Fig. 8. Electron microscope pictures of DNA. A) Plasmid pBR322 molecules in supercoil, open circle, and broken linear DNA. B) A typical mtDNA molecule with some pBR322 DNA added as a size marker. Note in the center an open circle with a foldback tip. C) An aggregate of pBR322 molecules that was found in the mixture of pBR322 and pearl millet mtDNA. Note the arrowhead pointing an FBI DNA tip making a contact on the central ring. (after Kim 1987)

been an attractive model for homologous recombination, however, the way in which two parental circular DNA strands approach in parallel would pose a topological problem for winding around each other strand at a small distance of homologous sequences.

Several observations are noticed that might lead to the use of the FBI DNA structure in site-specific insertion: 1) There is a strict requirement for the λ phage DNA to be in negative supercoil (Mizuuchi and Mizuuchi 1978), 2) The size of attP and attB sites are 6 bp and 7 bp in phage P1 and phage λ, respectively, and the homology is an absolute requirement, 3) In phage P1 system the point of loxP x loxB cross over was defined within an 8-bp region that separates two perfect 13-bp inverted repeats (Fig. 1 in Hoess et al. 1984). An FBI DNA structure with a 13-bp repeat stem would place the 8-bp on the tip of it, 4) in bacteriophage λ partial inverted repeats flanking the attP and the IHF binding sites could be brought into juxtaposition in the FBI DNA structure (Nash 1981, Leong et al. 1984).

Most importantly, a hint was found in a rare but unique EM observation of mtDNA where an open circle with a short foldback stem makes a contact on a target open circle DNA at the tip of the FBI DNA (Fig. 8C, Kim 1987). Therefore, a space filling model was built for a perpendicular insertion of the FBI DNA tip to the target DNA with satisfaction (Fig. 9, Fig. 10).

The perpendicular insertion model of the FBI DNA in site-specific recombination is proposed to occur in a highly coordinated manner. Since the diameter of the FBI DNA, 2.2 nm, is equivalent to the width of 6.5 bp on the target, approaches of the attP on the tip in a perpendicular angle to the attB target is made in a surgical precision. The geometric distance and arrangement of the DNA and protein could be close and highly coordinated so that the complex can maintain the integrity of the recombination nodule throughout the strand exchange, base pair exchange, and strand sealing. The site-specific insertion reaction as tested by the space filling model proceeds in three major steps: 1) FBI donor-target complex formation, 2) Strand exchange, and 3) Base pair exchange and sealing of the broken ends. The order of strand exchange and base pair exchange can be intermingled and variable due to the different geometrical constraints imposed by two different groove surfaces of the target molecule.

1) FBI donor-target complex formation: Two different sets of events can develop depending on whether the target (attB) is approached on the major groove (Fig. 9) or on the minor groove (Fig. 10). If the FBI tip (attP) is only six bp, the loop is very tightly bent up so that the edges of the 6 bp attP are displaced from a close contact with the

attB. The major groove of the target can accommodate easier contact with the donor by bending toward the tip (Fig. 9A).

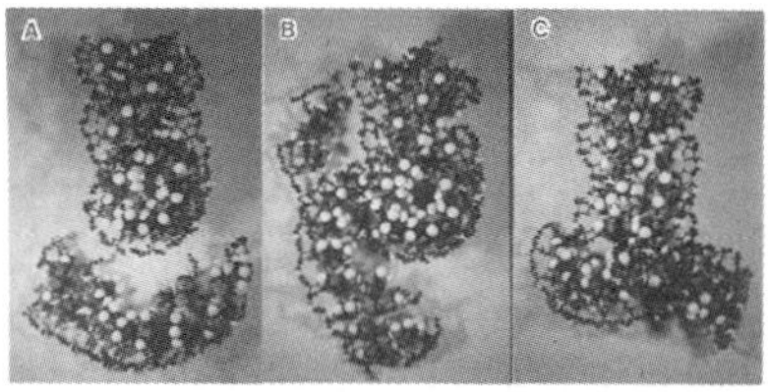

Fig. 9. Space filling model of the FBI DNA for site-specific recombination on the target major groove.

On the other hand, the minor groove of the target attB cannot bend toward the donor attP for better contact and that calls for double strand breaks of both donor and target edges in a sequential manner to keep the integrity of the complex (Fig. 10A).

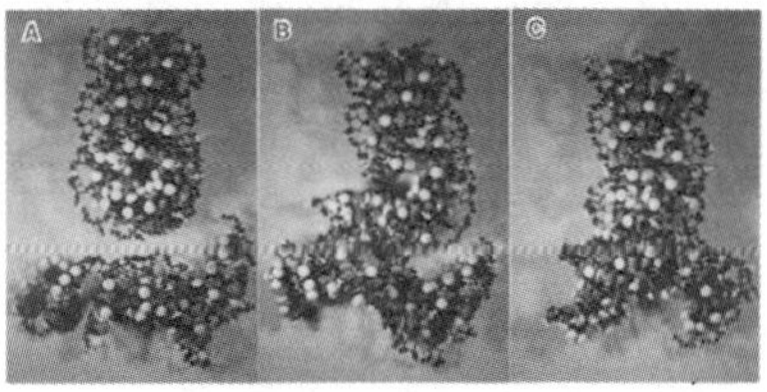

Fig. 10. Space filling model of the FBI DNA for site-specific recombination on the target minor groove.

2) Strand exchange and 3) Base pair exchange (Target major groove approach): The attP tip containing parallel AT-rich tracts may hold the capacity to breathe open and test out the homology with the target sequence. When the attP approaches the attB on the major groove side, due to the constraint on the bend of the attP foldback tip two staggered single strand nicks are made sequentially first on the left top strand and next on the right bottom strand. Heteroduplex formation with the attB bases on the unbroken strand by the 90° flipping of the attP bases will have to start with the first base on the left of top strand and migrate to the right end of homology. A single nick on the right edge of the attP bottom strand would initiate base pair exchange of the second strand. When attP-attB synapsis by minor groove-major groove approach is made, broken strands can be sealed to result in a continuous molecule as an insertion product.

2) Strand exchange and 3) Base pair exchange (Target minor groove approach): When the FBI tip of the donor approaches the target on the minor groove side of the target strand it takes double strand breaks, or to be more precise, double staggered single strand nicks at both edges of att sites in a sequential manner. The recombination nodule could maintain the integrity by the intrinsic structural complex of the FBI DNA, by interactions of the recombinase proteins, and by the heteroduplex base pairing between attP and attB. Because of the bend in the attP, contact of the homologous sequences has to start from one point, the left end on the

top strand and migrate toward the right end. Then the bottom strand of the attP can exchange base pairs with the attB from the right end. Successful heteroduplex formation or the site-specific recombination of the attP-attB synapsis by minor groove . minor groove approach would be concluded by sealing the eight broken ends.

Substrates and products: Proper alignment of attP and attB sequences in parallel juxtaposition would lead to efficient insertion reaction. Strand breaks relieves the tension of bend to allow the juxtaposed homologous base pairs to undertake minimal movements of +/-90° flipping for heteroduplexes formation. On the other hand, when the attP sequence approaches the attB sequence in an antiparallel orientation homologous recombination by simple 90° flipping it can not produce heteroduplexes, but may lead to formation of a λ structure.

Significance: Perpendicular insertion model of the FBI DNA in site-specific recombination explains; 1) The requirement of negative supercoiling for the phage DNA, 2) Inevitability of the inserting strand to be squeezed into an FBI DNA to match 6 to 7 bp target sequence, 3) The roles of inverted repeats flanking the attP site in stabilizing the structural integrity as a recombination nodule during the insertion reaction, 4) The potential roles of the flanking inverted repeats in inversion recombination, transcription and replication of the inserted phage DNA. In that regard it is noteworthy that the sequences in the attP and attB of λ phage and in the immediately flanking repeat region of the P1 phage could be considered as a potential TATA box for phage transcription. Up to this point the author was preoccupied by the concept of four-stranded DNA in the stem-and-loop. It was then realized that what was more important in the site-specific insertion was the use of the foldback tip as a point of insertion (attP) on the target (attB) and as a means of homologous recombination. Perpendicular insertion of the FBI DNA by the 6-bp tip effectively removed the long-held topological puzzle.

6. FBI DNA and Transposition

As a next step the utility of the FBI DNA was further explored for transposition. Transposable elements contain terminal inverted repeats and move from one genetic site to another as first described by McClintock (1957). Molecular models for the transposition and replication of transposable elements have been described and reviewed (Shapiro 1979, Leder et al. 1980, Tonegawa et al. 1980, Kleckner 1981, Grindley and Sherrat 1978, Heffron 1983, Weinert et al. 1984, Peacock et al. 1984). Transposition can occur either in a simple conservative mode or in a replicative mode. Common features in transposition include: 1) Homology between donor and target sequences is not required and selection of the target site is not sequence-specific, 2) Transposition causes duplication of 5 to 9 bp in target site to flank the inserted transposable element, 3) The transposable element can replicate itself during the transposition process, and 4) Terminal inverted repeats are involved. A model proposed by Shapiro (1979) for replicative transposition takes place in four major steps: 1) Four single-strand cleavages occur on the target, 2) The donor and target strands are ligated to generate a λ shaped structure held by the transposable element duplex, 3) There is a filling in of the unpaired oligonucleotide sequences at the ends and semiconservative replication of the transposable element, and 4) Site-specific reciprocal recombination takes place between the two transposable elements to generate both the original donor molecule and the target molecule containing an inserted element flanked by 5-bp or 9-bp repeat. It is noteworthy that in most of the molecular models the requirement of the complete terminal repeat sequences had not been given serious comments.

The FBI DNA model for transposition was tested by the space-filling model by placing terminal repeats at the blunt end of the four-stranded DNA as a point of insertion on the target. The process could be described in three steps: 1) FBI DNA donor . target complex formation, 2) A staggered nick on the target strands and joining of the two donor strands, and 3) Filling in of the single stranded gap, as described below (Fig. 11).

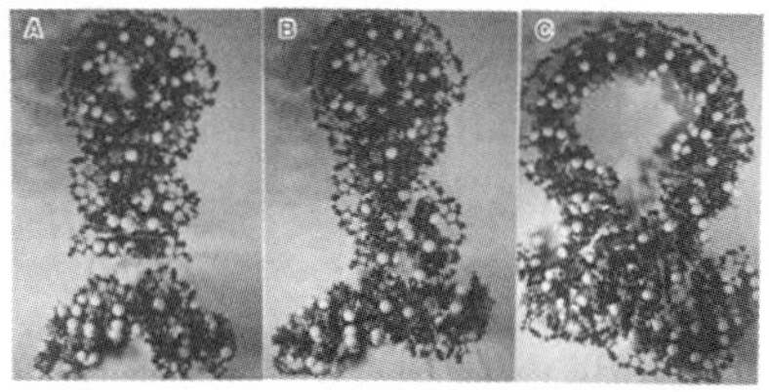

Fig. 11. Space filling model of the FBI DNA for transposition.

1) FBI donor . target complex formation: As the blunt end of the FBI DNA approaches the target in perpendicular angle two ends of opposite orientation make the first contact on two strands of the target either on the minor groove side ormajor groove side, which would make the difference of the size of the duplicating target. A DNA molecule suffering a nick in a cellular situation might serve as a target of the transposition by a movable element.

2) A staggered nick on the target strands and joining of the two donor strands: A staggered nick is made on the target double strands to generate four broken ends. Joining of two donor strands with two target strands in the 5' to 3' direction will connect the donor and target molecules into one continuous double strand molecule. Since only two strands

get connected at the protruding ends of the staggered cut, single stranded gaps of about 6 bp remain at both ends of the inserted element.

3) Filling in of the single stranded gaps: Filling in the gaps by a repair enzyme and ligation of the strands would produce the typical target site direct duplication, and this would conclude the conservative or cut-and-paste mode of transposition.Replicative mode of the transposition is described separately in the next section.

4) Substrates and products: A transposable element, when it does not separate itself from the host strand before transposition, may take a stem-and-loop configuration as shown in Fig. 3B. The rigid rod-shaped DNA that contains a stem-and-loop as shown in Fig. 2A may be considered more than a simple double strand but a quadruplex DNA that was folded back at the sharp pointed end. An additional double strand that makes a tight contact with the base of the stem could function as a target for an intramolecular transposition. It is apparent that this tight and unique configuration of a native mtDNA molecule is maintained by the global topological control by a protein complex at the base of the molecule (Fig. 2). This type of tight FBI DNA configuration would certainly bring the homologous sequences into the right juxtaposition and secure the integrity of the complex throughout complicated sequence of transposition and homologous recombination events including double strand breakages.

In a replicative mode of transposition DNA synthesis by way of the filling in of the gap may continue onto the inserted element for a replicative transposition. Alternatively, for replication of the whole copy of the inserted transposable element an entirely different set of DNA polymerase system and DNA replication machinery could be used. The terminal inverted repeats, upon insertion into the target could undergo flipping over at a certain portion of the inverted repeat sequence to form a heteroduplex as described in the inversion recombination. This heteroduplex can now serve as a template for the replication of the inserted transposable element as proposed earlier (Kim 1985). A DNA configuration called 'lasso structure' described earlier could be envisioned as one form of the replicative intermediates (see Fig. 1 in Kim et al. 1982). Detailed discussion of the potential use of the FBI DNA in DNA replication warrants a separate review.

5) Significance: The breadth of the target sequence covered by the blunt end of FBI DNA is about 6 bp, the number corresponding to the diameter of the four-stranded DNA. The target duplication in most transpositions ranges between 5 and 9 bp with some exceptions of 4 bp and above 10 bp (Shapiro 1981). The size of

target is variably dictated by the nature of the target surface contacted by two sugar phosphate backbones in the FBI DNA end. On the hill of a minor groove it could be as small as 4 bp, whereas on the dip of the major groove the contact could cover beyond 9 bp. Perpendicular FBI DNA insertion model of transposition provides several clear explanations as follows: 1) It puts the terminal inverted repeats, the landmark property of all transposable elements, into use in the transposition event, 2) It offers the structural basis for the reason of the target site duplication, 3) It explains why the size of the duplicated target site is around 6 bp, and it effectively supports the four-stranded DNA structure in operation at the end of the transposable element during insertion.

III. Status of the FBI DNA with current literature

The core molecular mechanism of homologous recombination should be the recognition mechanism of the homology between two participating DNA strands (Campbell 1984). Current prevailing understanding is that the recombination proteins recognize their respective recognition sequence of recombining DNA sections, bring the two counterpart sequences together by protein-protein interactions, cut-and-exchange the strands by forming a Holliday junction or the χ structure and rotating the strands around, and seal the broken sugar phosphate backbones. Another contrasting view states that the essence of the homologous recombination should be the recognition of the complementarity of the homologous sequences by DNA base pairs themselves by synapsis not to mention with the help of the proteins involved. Homology recognition by direct DNA-DNA synapsis calls for a four-stranded base pairing, which however as appears, is energetically and topologically not possible as documented by numerous molecular and biochemical experiments. A series of reviews on various aspects of recombination have been presented throughout the years: Nash 1981, Shapiro 1983, Thaler and Stahl 1988, Craig 1988, Landy 1989, Van Duyne 2001, to name a few. A series of the Proceedings of Cold Spring Harbor Symposia on Quantitative Biology (1978 vol. 43 DNA: Replication and Recombination; 1980 vol. 45 Movable Genetic Elements; 1982 vol. 47 Structures of DNA; 1984 vol. 49 Recombination at the DNA Level) are especially helpful as those were the formative years where international scientists with diverse expertise presented new findings, and collectively gave an excellent overview and perspectives of the scientific fields of the time.

This review of current literature cannot be extensive but will selectively focus on the issues that are essential for discerning the validity and utility of the FBI DNA. It would help to list some issues of controversy or contrasting views in recombination even though not all can be covered in this review: protein-protein interaction vs. DNA-DNA interaction, synapsis-first vs. strand exchange-first, single strand nick vs. double strand break, paranemic winding vs. plectonemic winding, single point breakage and reunion of polynucleotide vs. reciprocal strand exchange, sequence specificity for recombinase binding vs. sequence homology for DNA-DNA recognition, single strand invasion or branch migration vs. base flipping for heteroduplex formation, negative supercoil vs. foldback intercoil, general (homologous) recombination vs. site-specific recombination, and so on. The concept of enhancer had not been dealt with in the earlier works of the FBI DNA, but has been discussed in this review with the help of EM pictures (Fig. 2) in the context of the recombination and transposition complexes.

1. DNA structures

Direct physical proof of the structure of the FBI DNA is far from realization. Structural features that get closer to the concept of the FBI DNA, namely, quadruplex DNA, DNA bending by protein binding, base flipping, and B-Z DNA transition (Ha et al. 2005)have been reported. A loop at the end of telomere has been reported, but was interpreted as a T-loop. The space-filling model of the heteroduplex offers insights for several unique features that would allow not only homologous recombination, but also B-Z DNA transition, initiation of replication, and paranemic coiling.

With single stranded DNA, hairpin, foldback, and cruciform structures have been described. However, foldback structure of a native double stranded DNA had not been described previously. A 180° bending is possible only when a double helix B-DNA unwinds to the point of a parallel track. The loop can be as big as several kilo bp, but the most tight loop can be squeezed to six bp within the limit of the atomic torsion angles set up for the B-DNA. Therefore, EM picture of native mtDNA space-filling model that conforms with the native DNA configuration is considered convincing as far as the bending is concerned.

X-ray diffractometry and crystallography on DNA-protein interaction provided much information on the detail of the molecular mechanisms of DNA recombination. Remaining task would be how to capture and reproduce in vitro the FBI DNA complex, which would otherwise form under the global topological control in vivo. Atomic force microscopy (AFM) is found useful in studying some aspects of DNA like in contour measurements. Since AFM does not require extra coating and shadowing of the DNA molecule, it was hoped that AFM would provide some help in distinguishing the four-stranded or the intercoil DNA from the double strand and the supercoil molecules on the naked DNA basis. However, as it turned out with many researchers, that DNA double strands are not always in complete helix or in a column shape. Diameter measurement of even double strand DNA is variable and even stays in the range of 1.2-2.0 nm. It is due to the intrinsic properties that have been found in the 1980's as discussed (see Kim 1986).

The protein with an endonuclease property isolated from pearl millet mitochondria should be worth further characterization especially with the advanced techniques of today. It is because the protein had been found to induce the foldback intercoil structure transiently on negatively supercoiled pBR322 DNA (Fig. 12CD, see Kim and Lim 1989). This also effectively argued that the stemand-loop structures found in the pearl millet mtDNA were not an artifact. Most importantly, it is demonstrated that the intercoil (native diameter 2.2 nm) structure can be clearly distinguished from supercoil (4.0-4.4 nm) structure by thickness comparison in the EM (Kim and Lim 1989), despite the argument that coating of the DNA molecule with cytochrome C and shadowing with Pt/Pd fine particle would

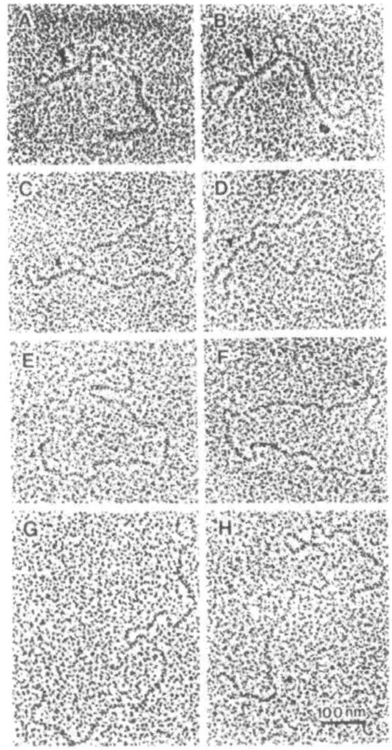

Fig. 12. Comparison in pBR322 DNA of the supercoil (A, B), the intercoil (C, D), the open circle (E, F), and the linear (G, H) molecules. Negative supercoil (A, B) was sequentially relaxed by a treatment with a protein isolated from pearl millet mitochondria. A single strand nick on a supercoil absorbs the superhelical tension to form an intercoil on its way to open circle and finally to a linear DNA. Note that the thickness of the intercoil (C, D) is almost identical as that of double strand region. This is clearly distinguishable from the thicker supercoil region (A, B) even after the cytochrome C staining and Pt/Pd shadowing treatments for EM visualization. The length of the intercoil region is equivalent to about 120 bp. This shows that the intercoil can form even without homology between the duplexes, since there is no repeat sequence of that size in pBR322. (after Kim and Lim 1989)

impair the resolution of thickness comparison.

2. Inversion

Site-specific inversion reaction is characterized very well mainly in four systems that are known by their respective recombinases, namely, Gin, Cin, Pin, and Hin. This family of recombinases shares 60-70% amino acid sequence identity and has been shown to function on each others' substrate (Craig 1988). Gin, a bacteriophage Mu-encoded enzyme, catalyses site-specific recombination between inverted repeats (IR) in vivo and in vitro in the presence of the host factor FIS and the recombinational enhancer. Gin alone can introduce single strand breaks into duplex DNA fragments which contain the IR sequence. Strand cleavage is site-specific, and the cleaved molecules contain a covalent complex formed through linkage of Gin to the 5' DNA phosphate at the site of the break via a phosphoserine at position 9 (Klippel et al. 1988). Cleavage activity of Gin on linear DNA is restricted to introducing single-stranded nicks in either the upper or the lower strand of the IR clearly ruling out a double-strand breakage (Klippel et al. 1988). Cin and Pin systems are known to follow the same single strand breakage (Iida and Hiestand-Nauer 1986). On the other hand, Hin system is reported to use double strand breaks that generate 8 free ends. Hin system thus presents controversy among the family of invertases, and as the authors discuss it could be due to the difference in enzyme preparation and experimental conditions, and the product presented may or may not represent the real reaction intermediate (Johnson and Bruist 1989). Double strand breaks effectively rules out the mechanism using four-stranded base pairing.

In the discussions of single strand nick there is no explicit acceptance of the use of four-stranded synapsis, rather, covalent binding of protein that leads toward the protein-mediated recombination involving strand rotation is considered. Covalent binding of the invertase to the broken end may serve saving energy for the closing reaction. However, the requirement of the DNA-binding protein for nucleotide sequence specificity for the whole IR is doubtful since various mutations in the IR still allows recombination as long as homology is maintained. It could be said that this description is true to almost every homologous recombination system under study (Nunes-Duby et al. 1987, Craig 1988). It implies that it is not the ability of the recombinase to read individual nucleotide sequence in the IR, but the ability of the DNA itself to recognize complementarity of the counterpart repeat sequence. This could only be possible by direct physical contact of the homologous bases in the major grooves or by alignment in juxtaposition on the minor groove side followed by formation of the heteroduplexes by simple 90° base flipping. Biochemistry of the intramolecular homologous inversion system thus could be considered supportive of the four-stranded DNA-mediation of homologous inversion (Kim 1985).

In the case of the Hin system the results could be interpreted in two ways; i) Hin may also have the single nick system as Gin, but the intermediates did not yield to the experimental conditions, or ii) the double strand break system may be in operation as is found in other recombination systems such as excision (Reed and Grindley 1981), variable-region genes (Yancopoulos and Alt 1986, Yu and Lieber 2000), and in λ integration (Nunes-Duby et al. 1987). Since the inverted repeats are common features of transposable elements Hin system may possess the capacity of the transposition and inversion by double strand breaks.

As described above with the space-filling model (Fig. 9 and Fig. 10) the issue of single strand nick and double strand break is a matter of orientation of the approaching homologues during synapsis. For heteroduplexes formation between the homologous base pairs single strand nicks would suffice in a major groove- major groove or a minor groove-major groove approach, but double strand breaks would be required for a minor groove- minor groove approach. It would be natural to accept both situations in real in vivo situation (see above in 'site-specific insertion'section).

3. Enhancer

Enhancer is an important issue in homologous recombination as its presence as a third factor in addition to a pair of recombination sites would enhance the efficiency of recombination by thousand times (see Craig 1988). Enhancer, enhancer-binding protein, and their interaction with the recombination complex have been a subject of rather extensive study. However, it is doubtful whether the molecular mechanism based on their EM pictures reflects the real cellular situation. As described above with an EM picture of mtDNA (Fig. 2) compact foldback at the far end would allow an enhancer to effectively contact and stabilize the recombination complex and assist base pair exchanges and strand exchanges by placing every component of the recombination machinery in the right geometry. In this regard whether the in vitro assembly of the recombination complexes with the enhancer system could truly reproduce the in vivo situations is doubtful. Possible new interpretations of the concept of enhancer are presented below for wider open discussion.

The stem-and-loop branch on a rigid rod complex (Fig. 2A) may represent a physical manifestation of recombination intermediates for such cases as cointegrative transposition, inversion, insertion, and possibly excision. Consider the stem as a four-stranded synapsis of inverted repeats. Consider the loop as the content of a transposable element, a sequence to be inverted, inserted or excised. At the far end of the molecule where a regulatory sequence resides a foldback may be made, and the returning double strand DNA forms the rigid rod by maintaining an intimate contact with the main double strand including the base of the transposable element. This rod structure could serve as a target for an intramolecular transposition with the remaining host strand getting sealed on the spot without being broken apart after the excision and assist the transposition of a transposable element to the next target double strand. The rod structure can serve as an enhancer for inversion recombination by providing a stronghold for strand exchanges either by single strand nicks or double strand breaks. Excision can take place at this joint in a similar mode as a transposable element leaves its host strand to move onto the next target strand in contact.

The stem branch on a rigid rod complex (Fig. 2B) may represent a physical manifestation of transcription and possibly replication machinery as well. Folding back at the far end could provide an enhancer function whereas the foldback tip on the short stem could serve as a regulator site bent by a DNA-binding regulatory protein.

With these types of tight configuration of the FBI DNA, homologous recombination could be possible by full synapsis of the inverted repeats in the stem, and a definite contribution of an enhancer at the base of the stem could be expected. Questions get raised then how could such kind of DNA configuration be reproduced in vitro for EM, AFM, and biochemical analysis and even for DNA-protein cocrystallography. DNA space-filling model can at least reproduce such DNA configurations and test out certain conformational consequences of reactions. If an X-ray crystallography could provide fine grain photography as a snapshot at a given moment, a space-filling model could provide a movie of DNA molecules undergoing a pathway in a certain process.

4. Deletion

The resolvase system of the transposable element $\gamma\delta$ is reported (Reed and Grindley 1981) to use double strand breaks in the absence of Mg++. They further discussed that it may be possible, that both single strand nick and double strand break may work for deletion or resolution as in the lambda insertion excision, exhibiting the same bias as the integration in the choice of strands that initiate crossing-over (Nunes-

Duby et al. 1987, Kitts and Nash 1988). Again, Fig. 7, Fig. 9, and Fig. 10 in this review may provide some insights into the matter since the choice of either single strand nick or double strand break is ruled by the approaching orientation of the recombination partners.

5. Site-specific insertion

Site-specific recombination between attP and attB in λ integration first described by Campbell (1962) naturally led to a view of tight synapsis by a four-stranded DNA formation (Nash 1981, Nash and Pollock 1983). However, four-stranded synapsis in λ integration has been discarded and the issue has been focused on two models of strand exchange (Kitts and Nash 1987, Nunes-Duby et al. 1987, Craig 1988). A concerted mechanism that generates eight free ends retained in closer juxtaposition by a protein complex (Kitts et al. 1984, Bauer et al. 1984), or a sequential mechanism generating a single-strand exchange intermediate called °∞Holliday junction' (Holliday 1964) that is then resolved to recombinant products by a second strand exchange (Hsu and Landy 1984, Nunes-Duby et al. 1987). In both single and double strand cuts one common conclusion is the bias for the top strand cut the first and the bottom strand cut the next. By altering the relative orientation of parts of the phage attP, it was demonstrated that the strand-exchange bias is determined not by the local environment around the point of exchange but by more distant elements in its arms (Kitts and Nash 1988). This suggests that the order of the strand exchange is dictated by an asymmetry in the way that the nucleosome-like-structure at the attP brings the bacterial site attB into juxtaposition prior to strand exchange. This observation is consistent with the FBI DNA insertion model (Kim 1987, see Fig. 9 and Fig. 10 and the text).

As far as the involvement of Holliday junction in λ integration is concerned, the crystal structures of λ-int in higher-order complexes with substrates and regulatory DNAs representing different intermediates along the reaction pathway have been recently reported (Biswas et al. 2005). The structures show how the simultaneous binding of two separate domains of λ-int to DNA facilitates synapsis and can specify the order of DNA strand cleavage and exchange. Three different conformations of λ-int tetramers representing distinct steps of the recombination reaction (Fig. 3 in Biswas et al. 2005) were presented. In light of the FBI DNA model two points could be raised for consideration: 1) Bend of 109° to 77° in the attP site is introduced for the integration reaction. The bend, however, could be even greater in vivo, so that as in the FBI DNA configuration, the structural integrity could be maintained even at the face of double strand breaks. 2) The opposite orientation of the attP and attB sequences in the juxtaposition does not allow immediate heteroduplex formation by 90°Δ flipping. This recalls the work of Nunes-Duby et al. (1987) with suicide substrates and the work of Kitts and Nash (1988) showing that there is a fixed relationship between the position (in the experimental treatments) of Holliday-structure formation and the location within the overlap region of residues that show the most striking effects of non-homology. Swapping DNA strands and sensing homology without branch migration had been proposed by Landy's group to solve the non-homology problem (Nunes-Duby et al. 1995, Azaro and Landy 1997, Van Duyne 2001, Biswas et al. 2005). A question why intermediates containing Holliday junctions are so difficult to be detected has been raised (Nunes-Duby et al. 1987, Hunter and Kleckner 2001). In genetic crosses, single-strand exchange intermediates comprise only 1%-2% of total Int-dependent recombinants (Echols and Green 1979, Enquist et al. 1979), suggesting that resolution of the Holliday junction is very rapid (Nunes-Duby et al. 1987). The answer should be found in the orientation of the attP sequence in relation to the attB sequence as demonstrated by Kitts and Nash (1988) and in the observations made with the FBI DNA insertion model as described above.

Most of the biochemical and molecular biological findings in the current literature are consistent with the perpendicular insertion model of the FBI DNA. Some of the unique features of the FBI DNA insertion model can be listed as follows: 1) The 6-7 bp attP is on the tip flanked by inverted repeats in the intercoil structure. 2) The 6-7 bp correspondence between attP and attB occurs within the diameter (2.2 nm) of the FBI DNA. 3) The FBI structure as a tight complex brings every component for site-specific recombination in the right place and geometry to allow sequential processes with precision and minimal movement. 4) Integrity of the complex during double strand breaks can be kept by the compact FBI DNA structure and by the heteroduplex base pairing between attP and attB. The process could be called as 'cut-first, minor groove-minor groove synapsis'. 5) When both attP and attB are aligned in the right orientation, both staggered single strand nicks and double strand breaks can proceed depending on the target surface as the major groove and minor groove, respectively. 6) Ligation of the breaks after the heteroduplex formation would naturally lead to integration as the major pathway of site-specific integration. 7) The first strand exchange with the top strand is caused by the bent geometry of attP being on the tip of the FBI DNA.

6. Transposition

Many details in the transposition

mechanism have been developed to the extent of three-dimensional structure analysis with site-directed mutagenesis (Davies et al. 2000, Vaezeslami et al. 2007). It should be mentioned that in most of the mechanisms being adopted two essential components of transposition, the complementarity of the terminal inverted repeats and the size of the target site duplication, did not receive proper attention comparable to the perpendicular insertion model of the FBI DNA (Kim 1987, Rice 2007). Synapsis of the terminal inverted repeats to form a four-stranded DNA or an FBI DNA may be the structure that cannot be avoided for successful transposition. A DNA configuration depicted in an EM picture of a native mtDNA (Fig. 2A) may serve as an ideal structure for transposition, the steps of which could be described as follows: 1) A transposable element may form a stem-andloop in the host DNA. 2) A folding back at the far end brings a duplex into a tight contact with the base of the stem, 3) A 'transpososome' structure may form with transposase dimmers. 4) Double strand breaks at the end of the terminal repeats followed by insertion of the transposable element into the target by a 5-7 bp staggered cut may facilitate conservative transposition. 5) The broken host duplexes could be resealed within the transpososome complex without flying apart. 6) Replication of a transposable element using the FBI DNA structure may result in a replicative transposition, keeping one copy of the transposable element in the host and giving the other copy to the target site.

Ⅳ. Brief background

The terminology of foldback intercoil (FBI) DNA was first used by the author (Kim 1986, 1987) in an effort to explain its utility in the mechanisms of site-specific insertion and transposition. In an earlier paper (Kim 1985) the four-stranded DNA was a keyword in describing its use in homologous recombination of inversion and deletion. The author, like most of the scientists in the field, was totally preoccupied by the absolute value of double helix so much that it took two long years to even think of a possibility of four-stranded DNA in explaining the tight stem in a stem-and-loop structure of native mtDNA. A branched stem-and-loop (SL) structure had been observed among mtDNA molecules that were isolated from etiolated seedlings of pearl millet (Kim et al 1982, Kim 1985). The author coauthored a paper in 1980 (Levings et al.) that dealt with a transposition event of S2, a linear plasmid DNA, into mtDNA upon reversion to fertility of an S type cytoplasmic male sterility (S-CMS) line in maize. This led the author to attend a series of scientific meetings that were conducive to developing a broader picture of the molecular biology of the gene. Those meetings included: 1980 Miami Winter Symposium where Barbara McClintock was a keynote speaker; 1980 Cold Spring Harbor Symposia (CSHS) on Movable Genetic Elements; 1982 CSHS on Structures of DNA; 1984 CSHS on Recombination at DNA Level; 1986 EMBO Workshop on DNA Recombination; and 1986 CSH Meeting on DNA Topology

In 1981 the author started an independent research on pearl millet mtDNA, since CMS in pearl millet had reversion to fertility phenomenon similar to the S-CMS in maize (Burton 1977). Restriction enzyme digestion of pearl millet mtDNA preparation was not as easy as that of maize. In the course of electron microscopic observation of pearl millet mtDNA some unusual configurations, namely lasso structure, rigid rod-like structure, stem-an-loop (SL) and loop structure, were found in trace amounts (Kim et al., 1982). Some distinct SL structures were reminiscent of snapback structures that were used to prove the presence of an insertion element (IS) (Iida et al. 1980), except that the pearl millet mtDNA was not subject to any denaturing treatment. The author was intrigued by a possibility that the tight stem of the SL could indeed contain four-stranded DNA, which then could explain the utility of the complementarity of the inverted repeat sequences for homologous recombination and transposition.

It was apparent that it was difficult, if not impossible, to provide direct physical proof of four-stranded DNA at that time, not even today. Different analytical methods such as X-ray crystallography, NMR spectroscopy, electron microscopy, and even atomic force microscopy, have strong analytical powers but also have their own limits in sample preparation, time points, and resolution. Experimental organism was not ideal either. The pearl millet mtDNA had just been started for characterization. Even for experimental systems for transposition and recombination, direct physical proof of four-stranded DNA could be difficult. It was therefore concluded that the first step was to see if a space-filling model of DNA could reproduce the same unique configurations of stem-and loop, and loop of native DNA, and then to test the feasibility of four-stranded DNA and its utility in homologous recombination.

Some of the sequence of events that took place for the pursuit of the four-stranded DNA by the author in the earlier days has been briefly described (see http://www.CSHL.edu/library/archives/Memory Board).

V. Discussion

"There is a paradox in the growth of scientific knowledge. As information accumulates in ever more intimidating quantities, disconnected facts and impenetrable mysteries give way to explanations, and simplicity emerges from chaos." (Anonymous)

In the concluding remarks at the 1984 Cold Spring Harbor Symposium on Recombination at DNA Level, Campbell made a meaningful comment. "There are three general models for the homology-dependent alignment of meiotic chromosomes prior to recombination. (Model 1) The two DNA molecules interact at intervals by paranemic coiling facilitated by local unwinding. (Model 2) The molecules are held together by specific DNA-binding proteins. (Model 3) There is occasional single-strand invasion of one molecule by the other."··· "To conclude, I cannot predict whether principles will ever emerge that unify the whole field of recombination. Because we are all attacking similar problems using similar strategies, I suspect that we can profit from talking to one another for some time to come" (Campbell 1984).

It was about that time the author had been engaged in the pursuit of the four-stranded DNA, and later developed further into the concept of the foldback intercoil DNA. In the beginning it started out as a novice's curiosity, but the new concept moved on developing one at a time by applying it to the next items of curiosity. It was fortuitous that the very initial EM observations of DNA were based upon untreated native DNA. Life processes were trapped in the fossils of DNA waiting for a proper interpretation.

A rather radical model of the FBI DNA has been proposed in which thoughtful consideration can be given to such DNA recombination events in this review. The pathway of intramolecular homologous recombination is consistent with most of the observed inversion events. The pathway of intermolecular insertion recombination is consistent with literature. In site-specific insertion it is not the four-stranded synapsis, but the use of the FBI DNA that is consistent with most of the biochemical and molecular studies. As discussed above, it unifies many models of recombination that have been proposed so far. Topological unwinding and winding problems encountered in DNA replication and recombination can be eliminated with this FBI recombination model. The FBI insertion model explains why there is a requirement for the donor DNA to be negatively supercoiled. Simple calculation shows that the diameter, 2.2 nm, of the donor FBI, when approaching the target in perpendicular angle, is equivalent to the width of 6 to 7 base pairs. Note that the duplicated target sequences after transposon insertion are mostly 5 to 9 base pairs. It is the size of the target base pairs, not the specific nucleotide sequence that is consistent. Also note that in bacteriophage λ and P1 the attachment site sequences are 7 and 6 base pairs, respectively. The inverted repeats in phage P1 and the IHF binding sites in phage λ can be brought into juxtaposition in the FBI structure (Leong et al. 1984, Hoess et al. 1984). Most importantly, it has been demonstrated that the DNA space-filling model can not only accommodate the FBI configuration but also further facilitate various recombination events. This was made possible only after two simple but important modification of the canonical BDNA (Langridge et al. 1960); transfer of the helix axis from the middle of hydrogen bonds to the major groove (Watson and Crick, 1953b), and 180° bending at the nonhelical (negatively supercoiled) segment (Kim 1985).

Abundance of repetitive sequences of known and unknown functions have been reported in eukaryotes as well as prokaryotes (Lewin 1983, Watson et al. 2004). Sequences with a foldback intercoil motif, a six bp flanked by six inverted repeats are found in many regions of functional importance such as origin of replication and many regulatory protein-binding sites , which is suggestive of the use of the FBI DNA structure in major DNA functions. A vast amount of molecular and nucleotide sequence data suggest that most of the recognition sites by DNA-binding proteins have twofold axis symmetry (Abdel-Meguid et al. 1984, Alberts et al. 2002). Their unique ability to form FBI DNA and to facilitate homologous recombination may hold the key to understanding the role of repetitive sequences in genetics and developmental biology. We may not fully grasp the molecular biology of the genes unless we adjust our previous concept that the biologically active DNA is double stranded, helical, and rigid. The native double stranded DNA can also become four-stranded, nonhelical, folded back, and extremely flexible.

VI. Conclusions

With the proper application of the concept of the FBI DNA many controversial issues in the molecular biology of the gene clear up. DNA-DNA recognition of homology is fully realized by the application of the FBI DNA model. Inverted repeats and direct repeats as small as six base pairs are widely dispersed in the genome. The unique motifs of the FBI DNA are found in most critical positions and can be efficiently used in every aspects of DNA function, namely DNA replication, transcription, recombination, and transposition, while eliminating years-old puzzles of topological entanglement of strands. It is about time to look back old literatures, regain right interpretations and develop the biological research strategy with the right perspectives. It could be stated that if complementarity of base pairing bestowed on the double helix DNA the proper heritable rights of genetic codes, the complementarity on a higher dimension, of the repeat sequences bestowed on the FBI DNA the proper functional managing rights of the genetic codes.

Acknowledgments

I wish to express my gratitude to those who listened and encouraged the pursuit of the foldback intercoil (FBI) DNA with utmost patience. This manuscript was prepared by the support of the Korean Academy of Science and Technology (KAST).

References

1. S. S. Abdel-Meguid, N. D. F. Grindley, N. S. Templeton, T. A. Steitz, Proc. Natl. Acad. Sci. USA 81, 2001. (1984)
2. Bruce Alberts, Alexander Johnson, Jullian Lewis, Martin Raff, Keith Roberts, Peter Walter, Molecular Biology of THE CELL, 4th ed. Garland Science, pp. 1463, (2002)
3. Marco A. Azaro, Arthur Landy, The Iisomeric Preference of Holliday Junctions Influences Resolution Bias by λ Integrase, EMBO J. 16, 3744-3755, (1977)
4. C. E. Bauer, S. D. Hess, J. F. Gardener, R. I. Gumfort, DNA Interactions During Bacteriophage λ Site-Specific Recombination, Cold Spring Harbor Symp. Quant. Biol. 49, 699-705, (1984)
5. Tapan Biswas, Hideki Aihara, Marta Radman-Livaja, David Filman, Arthur Landy, Tom Ellenberger. A Structural Basis for Allosteric Control of DNA Recombination by λ integrase. Nature, 435, 1059-1066, (2005)
6. T. A. Brown, Genone 3, Garland Science Publ., pp. 713, (2006)
7. Francis H. C. Crick, James D. Watson, The Complementary Structure of Deoxyribonucleic Acid, Procd. Royal Soc. (London) A, 223, 80-96, (1954)
8. Byung-Dong Kim, "Was the Original B-DNA Four-Stranded?" Korean J. Breeding 18, 187-188, (1986)
9. Byung-Dong Kim, "Foldback Intercoil DNA: An Intermediate of Intramolecular and Intermolecular Recombination" Proc. 10th Intnl. Symp. Korean Sci.& Engin. Assoc. 10, 123-126, (1987)
10. Byung-Dong Kim, Kil-Jae Lee, and A. Gib Debusk, "Linear and 'Lasso-like' Structures of Mitochondrial DNA from Pennisetum typhoides." FEBS Lett. 147, 231-234, (1982)
11. Byung-Dong Kim, Yong Pyo Lim, "The Foldback Intercoil Structure of pBR322 DNA Induced by a Novel Pearl Millet Mitochondrial Enzyme" Korean Biochem. J. 22, 19-25, (1989)
12. Alan Campbell, Episomes, Adv. Genet., 11, 101-145, (1962)
13. Alan Campbell, Types of Recombination: Problems and Common Strategies, Cold Spring Harbor Symp. Quant. Biol.

49, 839-844, (1984)

14. Nancy L. Craig, The Mechanism of Conservative Site-Specific Recombination, Annu. Rev. Genet. 22, 77105, (1988)
15. Nancy L. Craig, Howard A. Nash, The Mechanism of Phage λ Site-Specific Recombination: Site-Specific Breakage of DNA by int Topoisomerase, Cell, 35, 795803, (1983)
16. Francis H. C. Crick , James C. Wang, W. R. Bauer, Is DNA Really a Double Helix? J. Mol. Biol. 129, 449461, (1979)
17. Francis H. C. Crick and James D. Watson, The Complementary Structure of Deoxyribonucleic Acid, Proc. Royal Society of London A 223, 80-96, (1954)
18. Douglas R. Davies, Igor Y. Goryshin, William Reznikoff, Ivan Rayment, Three-Dimensional Structure of the Tn5 Synaptic Complex Transposition Intermediate, Science 289, 77-85, (2000)
19. H. Drew, R. M. Wing, T. Takano, C. Broka, S. Tanaka, K.Itakura, R. E. Dickerson, Structure of a B-DNA dodecamer:Conformation and Dynamics, Proc. Natl, Acad. Sci. USA 78, 2179. (1981)
20. H. Echols, L. Green, Some Properties of Site-Specific and General Recombination Inferred from int-Initiated Exchanges by Bacteriophage Lambda, Genetics 93, 297-307, (1979)
21. L. W. Enquist, H. Nash, R. A. Weisberg, Strand Exchange in Site-Specific Recombination, Proc. Natl. Acad. Sci. USA, 76, 1363-1367, (1979)
22. M. Feughelman et al., Nature 175, 834-838, (1955)
23. N. D. F. Grindley, D. J. Sherrat, Sequence Analysis at IS1 Insertion Sites: Models for Transposition. Cold Spring Harbor Symp. Quant. Biol. 43, 1257.-1261, (1978)
24. S. C. Ha, K. Lowenhaupt, A. Rich, Y. K. Kim, K. K. Kim, Crysral Structure of a Junction Between BDNA and Z-DNA Reveals Two Extruded Bases, Nature, 437, 1183-1186, (2005)
25. F. Heffron, Tn3 and Its Relatives, In Mobile Genetic Elements (ed. J. A. Shapiro), p. 223, Academic Press, New York, (1983)
26. R. Hoess, K. Abremski, N. Sternberg, The Nature of the Interaction of the P1 Recombinase Cre with the Recombining Site loxP, Cold Spring Harbor Symp. Quant. Biol. 49, 761-768, (1984)
27. R. Holliday, A Mechanism for Gene Conversion in Fungi, Genet. Res., 5, 282, (1964)
28. R. C. Hopkins, Deoxyribonucleic Acid Structure: a New Model, Science 211, 289, (1981)
29. R. C. Hopkins, Alternative Description of the Transition between B-DNA and Z-DNA, Cold Spring Harbor Symp. Quant. Biol. 47, 129-131, (1982)
30. P. Hsu, A. Landy, Resolution of Synthetic att-Site Holliday Structures by the Integrase Protein of Bacteriophage

λ, Nature 311, 721-726, (1984)

31. Shigeru Iida, J. Meyer, W. Arber, Genesis and Natural History of IS-mediated Transposons, Cold Spring Harbor Symp. Quant. Biol. 45, 27-43, (1980)

32. Shigeru Iida, Rosemarie Hiestand-Nauer, Localized Conversion at the Crossover Sequences in the Site-Specific DNA Inversion System of Bacteriophage P1, Cell, 45, 71-79, (1986)

33. R.C. Johnson, M.F. Bruist, Intermediates in Hin-Mediated DNA Inversion: a Role for Fis and the Recombinational Enhancer in the Strand Exchange Reaction, EMBO J. 8, 1581-1590, (1989)

34. Paul A. Kitts, H. A. Nash, Lambda Integrase Recombination: Supercoiling, Synapsis, and Strand Exchange, Cold Spring Harbor Symp. Quant. Biol. 49, 735-744, (1984)

35. Paul A. Kitts, Howard A. Nash, Bacteriophage Lambda Site-specific Recombination Proceeds with a Defined Order of Strand Exchanges, J. Mol. Biol. 204,95-107, (1988)

36. Nancy Kleckner, Transposable Elements in Prokaryotes, Annu. Rev. Genet., 15, 341, (1981)

37. Anke Klippel, Gabriele Mertens, Tilo Patschinsky, Regine Kahmann, The DNA Invertase Gin of Phage Mu: Formation of a Covalent Complex with DNA via a Phosphoserine at Amino Acid Position 9, EMBO J. 7, 1229-1237, (1988)

38. Arthur Landy, Dynamic, Structural, and Regulatory Aspects of λ Site-Specific Recombination, Annu. Rev. Biochem. 58, 913-949, (1989)

39. R. Langridge, D. A. Marvin, W. E. Seeds, H. R. Wilson, C. W. Hooper, M. H. F. Wilkins, L. D. Hamilton, The Molecular Configuration Deoxyribonuc leicAcid. II. X-Ray Diffraction Study of Crystalline Form of Lithium Salt. J. Mol. Biol.,J. Mol. Biol. 2, 19. (1960)

40. P. Leder, E. E. Max, J. G. Seidman, S.-P. Kwan, M. Scharff, M. Nau, B. Norman, Recombination Events That Activate, Diversify, and Delete Immunoglobulin Genes, Cold Spring Harbor Symp. Quant. Biol. 45, 859-865, (1980)

41. J. M. Leong, S. Nunes-Duby, A. Oser, C. F. Lesser, P. Youderian, M. M. Suskind, A. Landy, Site-specific Recombination Systems of Phages φ80 and P22: Binding Sites of Integration Host Factor and Recombination-induced Mutations, Cold Spring Harbor Symp. Quant. Biol. 49, 707-714, (1984)

42. C. S. Levings,III, B.D. Kim, D. R. Pring, M. F. Conde, R. J. Mans, J. R. Laughnan, S.J. Gabay-Laughnan, Cytoplasmic Reversion of CMS-S in Maize -Association with a Transpositional Event, Science 209, 1021-1023, (1980)

43. R. Lewin, Genes. John Wiley & Sons,

Inc., New York. pp.715. (1983)

44. Yong Pyo Lim, Byung-Dong Kim, "Isolation and Characterization of a DNA-binding Protein from Pearl Millet Mitochondria" Korean Biochem. J. 21, 351-356, (1988a)
45. Yong Pyo Lim, Byung-Dong Kim, "A Novel Topoisomerase from Soluble Fraction of Pearl Millet Mitochondria: Its Purification and Characterization" Korean Biochem. J. 21, 357-364, (1988b)
46. Barbara McClintock, Controlling Elements and the Gene, Cold Spring Harbor Symp. Quant. Biol. 21, 197, (1957)
47. Stewart McGavin, Models of Specifically Paired Like (Homologous) Nucleic Acid Structures, J. Mol. Biol. 55 293. (1971)
48. Stewart McGavin, A Model for the Specific Pairing of Homologous Double-Stranded Nucleic Acid Molecules During Genetic Recombination, Heredity, 39, 15, (1977)
49. Mathew Meselson, Franklin Stahl, The Replication of DNA in Escherichia coli, Proc. Natl. Acad. Sci. USA, 44, 671-682, (1958)
50. M. S. Meselson, C. M. Radding, A General Model for Genetic Recombination, Proc. Natl. Acad. Sci. USA, 72, 358. (1975)
51. K. Mizuuchi, M. Mizuuchi, Integrative Recombination of Bacteriophage lambda: In vitro Study of the Intermolecular reaction, Cold Spring Harbor Symp. Quant. Biol. 43, 1111-1114, (1978)
52. Tae Sung Moon, Seung Mok Kim, Byung-Dong Kim, "The Structure of Four-stranded DNA: A Theoretical Approach" Mol. Cells, 4, 289-294, (1994)
53. Howard A. Nash, Integration and Excision of Bacteriophage λ: the Mechanism of Conservative Site Specific Recombination, Annu. Rev. Genet. 15, 143167 (1981)
54. Howard A. Nash, K. Mizuuchi, L. W. Enquist, R.A. Weisberg, Strand Exchange in λ Integrative Recombination: Genetics, Biochemistry, and Models, Cold Spring Harbor Symp. Quant. Biol. 45, 417-428. (1980)
55. Howard A. Nash, T. J. Pollock, Site-Specific Recombination of Bacteriophage Lambda. The Change in Topological Linking Number Associated with Exchange of DNA Strands, J. Mol. Biol. 170, 1938, (1983)
56. Simone E. Nunes-Duby, Marco A. Azaro, Arthur Landy, Swapping DNA Strands and Sensing Homology without Branch Migration in λ Site-Specific Recombination, Current Biology, 5, 139-148 (1995)
57. Simone E. Nunes-Duby, Lloyd Matsumoto, Arthur Landy. Site-Specific Recombination Intermediates Trapped with Suicide Substrates, Cell, 50, 779-788, (1987)

58. W. J. Peacock, E. S. Dennis, W. L. Gerlach, M. M. Sachs, D. Schwartz, Insertion and Excision of Ds Controlling Elements in Maize, , Cold Spring Harbor Symp. Quant. Biol. 49, 347.354, (1984)
59. R. R. Reed, N. D. F. Grindley, Transposon-Mediated Site-Specific Recombination in Vitro: DNA Cleavage and Protein-DNA Linkage at the Recombination Site, Cell, 25, 721-728, (1981)
60. Phoebe A. Rice, Visualizing Mu Transposition: Assembling the Puzzle Pieces, Genes & Develop. 19, 773-775, (2007)
61. G.. A. Rodley, R. S. Scobie, R. H. T. Bates, R. M. Lewitt, A Possible Conformation for Double-Stranded Polynucleotides, Proc. Natl. Acad. Sci. USA, 73, 29592963, (1976)
62. James A. Shapiro, Molecular Model for the Transposition of Bacteriophage Mu and Other Transposable Elements. Proc. Natl. Acad. Sci. USA, 76, 1933, (1979)
63. James A. Shapiro, (ed.) Mobile Genetic Elements. Academic Press, New York. pp. 688, (1983)
64. N. Sigal, B. Alberts, Genetic Recombination: The Nature of a Crossed Strand-Exchange between Two Homologous DNA Molecules, J. Mol. Biol. 71, 789, (1972)
65. David S. Thaler, Franklin W. Stahl, DNA Double-Chain Breaks in Recombination of Phage λ and of Yeast, Annu. Rev. Gent. 22, 169-197, (1988)
66. S. Tonegawa, H. Sakano, R. Maki, A. Traunecker, G. Heinrich, W. Roeder, Y. Kurosawa, Somatic Reorganization of Immunoglobulin Genes during Lymphocyte Differentiation, Cold Spring Harbor Symp. Quant. Biol. 45, 839-858, (1980)
67. Soheila Vaezeslami, Rachel Sterling, William Reznikoff, Site-Directed Mutagenesis Studies of Tn5 Transposase Residues Involved in Synaptic Complex Formation, J. Bacteriol. 189, 7436-7441, (2007)
68. Gregory D. Van Duyne, A Structural View of Cre-loxP Site-specific Recombination, Annu. Rev. Biophys. Biomol. Struct. 30, 87-104, (2001) 69. J. Craig Venter, M. D. Adams, E. W. Meyers, et al., The Sequence of the Human Genome, Science, 291, 1304-1351, (2001)
70. T. A. Weinert, K. M. Derbyshire, F. M. Hughson, N. D. F. Grindley, Replicative and Conservative Transpositional Recombination of Insertion Sequences, Cold Spring Harbor Symp. Quant. Biol. 49, 251- 260, (1984)
71. J. H. Wilson, Nick-free Formation of Reciprocal Heteroduplexes: A Simple Solution to the Topological Problem, Proc. Natl. Acad. Sci. USA, 76, 3641,

(1979)

72. George Yancopoulos, Frederick W. Alt, Regulation of the Assembly and Expression of Variable-Region Genes, Annu. Rev. Immunol. 4, 339-368, (1986)
73. Kefei Yu, Michael R. Lieber, The Nicking Step in V(D)J Recombination is Independent of Synapsis: Implications for the Immune Repertoire, Molec. Cell Biol. 20, 7914-7921, (2000)
74. James D. Watson, Tania A. Baker, Stephen P. Bell, Alexander Gann, Michael Levine, Richard Losick, Molecular Biology of the Gene, 5th ed., Benjamin Cummings, Cold Spring Harbor Laboratory Press, pp. 732, (2004)
75. James D. Watson, Francis H. C. Crick, Molecular Structure of Nucleic Acids: A Structure for Desoxyribose Nucleic Acid, Nature, 171, 737-738, (1953a)
76. James D. Watson, Francis H. C. Crick, The Structure of DNA, Cold Spring Harbor Symp. Quant. Biol. 18, 123-131, (1953b)